国家自然科学基金项目（32060367）
贵州省基础研究计划重点项目（黔科合基础〔2020〕1Z011)
贵州省科技支撑项目（黔科合支撑〔2021〕一般458）

中国式现代化｜人与自然和谐共生系列

多山城市遗存山体植物多样性城市化响应

包 玉 王志泰 著

图书在版编目(CIP)数据

多山城市遗存山体植物多样性城市化响应 / 包玉，王志泰著. — 西安 ：西安交通大学出版社，2023.6

ISBN 978-7-5693-3142-4

Ⅰ. ①多… Ⅱ. ①包… ②王… Ⅲ. ①植物-生物多样性-研究-贵阳 Ⅳ. ①Q948.527.31

中国国家版本馆 CIP 数据核字(2023)第 046599 号

书　　名 多山城市遗存山体植物多样性城市化响应
DUOSHAN CHENGSHI YICUN SHANTI ZHIWU DUOYANGXING CHENGSHIHUA XIANGYING

著　　者 包　玉　王志泰

责任编辑 王建洪

责任校对 韦鸽鸽

装帧设计 伍　胜

出版发行 西安交通大学出版社
(西安市兴庆南路 1 号　邮政编码 710048)

网　　址 http://www.xjtupress.com

电　　话 (029)82668357　82667874(市场营销中心)
(029)82668315(总编办)

传　　真 (029)82668280

印　　刷 西安五星印刷有限公司

开　　本 720 mm×1000 mm　1/16　**印张** 11.625　**字数** 210 千字

版次印次 2023 年 6 月第 1 版　2023 年 6 月第 1 次印刷

书　　号 ISBN 978-7-5693-3142-4

定　　价 88.00 元

审 图 号 黔 S(2023)006 号

如发现印装质量问题，请与本社市场营销中心联系。

订购热线：(029)82665248　(029)82667874

投稿热线：(029)82665397　QQ：793619240

读者信箱：793619240@qq.com

前　言

中国是一个多山的国家，且山地地形地貌复杂多样，不同的山地区域表现出不同的山地形态特征。城市化背景下，城市快速扩张，各地城市因自然地形地貌和山水格局的影响，城市形态各异。如中国西南喀斯特区域，有非常密集的锥状和塔状喀斯特山峰突起于相对平缓的基础地形上，这些山峰大多数呈孤立状，或呈峰丛状，也存在较大体量的连绵山体。随着城市的快速扩展，在山间平缓地带延展城市建成区，将大量的自然山体割裂、包围，最终使之镶嵌于城市建成区内，形成"城在山间，山在城中"的独特城市类型。这一类城市从形态上与当前所谓的山地城市有明显的差别，体现在其人工建成环境中遗存有原有自然或近自然植被的大量山体。在土地经济利益驱使下，这些城市内外的自然山体常面临被削平或开挖建房的遭遇，加之其不属于建设用地的"非城市户口"，其绿地不纳入相关指标统计，导致其生态系统服务功能未受到足够的重视，其植被未得到应有保护。

近年来，在生态文明理念指引下，经济社会由快速发展向高质量发展转变，城市生态环境建设和人居环境提升将是新时期重要课题，多山城市遗存山体的生态系统服务功能必将发挥重要的作用，而植物群落稳定是其生态系统功能可持续的前提与基础。因此，开展城市遗存山体植物群落相关研究具有重要的现实意义。另外，城市遗存山体是城市人工干扰基质海中的生态孤岛，这将有利于在复杂、特殊的城市干扰场背景下测试验证岛屿生物地理学理论、干扰理论、局域资源-竞争理论等生态学理论，且在开辟城市生态学研究的新领域方面具有非常重要的科学意义。

在此背景下，贵州大学王志泰教授的喀斯特多山城市生态学研究团队 30 余人历时 4 年，收集了研究区多期遥感影像，分析了多山地区城市演变特征和景观格局动态，通过与类似地区城市的比较分析，提出多山城市概念；对研究区城市内遗存山体的数量动态和景观动态进行了分析，揭示了城市扩展过程对城市遗存山体景观时空格局的塑造作用。同时，选择了建成区内 70 余座山体，设置 800 多个群落调查样地，分析了山体周边城市空间形态特征、城市基质特征，以及山体内部的人为干扰方式和程度等内外因素对城市遗存山体植物群落物种多样性的影响，初步揭示了城市遗存山体植物群落物种多样性的城市化响应规律，这也是本专著的主要内容。另外，研究团队还发现了新的生态过程、生态系统服务功能以及生态系统稳定性维持等科学问题，为下一步系统深入开展城市遗存山体生态学研究指明了方向。

研究团队成员邢龙、向信杏、陈信同、孔宁、汤娜、范春苗、邓国平、彭冲、周寒冰、孙玉真、罗秋雨、韦光富、杨兴艺、曾慕琳、葛虹艺、马星宇、魏文飞、林迅、乔韵薇、刘淑萍、李芩、莫亚国、王铁霖、吴斌等研究生参与了研究区遥感影像数字化和景观格局分析，以及城市遗存山体植物群落样地调查工作。本专著的撰写分工如下：第1章由包玉和王志泰撰写；第2章由王志泰、包玉和陈信同撰写；第3章由王志泰、邢龙、汤娜和马星宇撰写；第4章由包玉和汤娜撰写；第5章由王志泰和孔宁撰写；第6章由包玉、孙玉真和王志泰撰写；第7章由王志泰和曾慕琳撰写；第8章由包玉、王志泰和马星宇撰写。

本专著得以顺利付梓成书，还得到了有关单位在数据和资料方面提供的支持，西安交通大学出版社编辑老师们专业负责的校对，以及其他亲朋好友的指导、鼓励和支持，在此一并表示衷心的感谢！

由于水平有限，时间仓促，书稿中难免存在不妥之处，敬请业内同仁与专家指正。

包玉

2023年5月25日(四月初七)

目　录

第1章 绪 论

1.1 城市遗存山体植物多样性城市化响应研究背景、目的与意义

全球城市化的快速发展导致城市人口急剧增长，并伴随着城市规模的扩张和形态的变化（邬建国 等，2021）。许多城市正在经历大规模的土地利用转换（Ramalho et al.，2014）。城市通常位于自然物种丰富的地区，本地物种会受到城市化过程中一系列人为因素的威胁，如栖息地的丧失和外来物种的引入（Aronson et al.，2014）。城市化已经成为全球生物多样性下降的主要驱动因素之一（Aronson et al.，2016）。城市的扩张使周边原本完整的自然生境转换为不透水地表，导致物种栖息地破碎化和消失，对本土植物多样性产生了负面影响（Fahrig，2003；Kowarik et al.，2018），而城市人工环境中高强度密集的人为活动又会对周边自然生境形成长期的人工干扰，严重威胁到城市地区生物多样性的维持和保护。基于此，城市化通常被认为是生物多样性丧失的主要原因。

然而，在一些多山地区，城市的扩展往往在山间平地和谷地间蔓延，不宜开发或受到生态保护的山体生境被割裂破碎化后，形成一座座独立的山体，分散镶嵌于城市人工建成环境中，形成城市人工“基质海”中的遗存生境“岛屿”（Fernández et al.，2019；Han et al.，2019）。城市遗存生境基本上保留了原有生境和本土生物多样性，能够向城市人工环境提供多种非常重要且无可替代的生态系统服务功能，是城市基质中重要的自然生态斑块和城市生物多样性维持、保护核心区域（Alvey，2006；Frank et al.，2020；De Araújo et al.，2016）。然而，城市是一个高强度的人工干扰场，不同尺度上的干扰方式与强度下，城市遗存生境生态过程及其生物多样性的维持不仅是科学研究上的难点和热点问题（Ramalho et al.，2014），而且是多山城市生态环境保护与建设所面临的迫切的现实问题（Schlesinge et al.，2008）。

贵州高原是中国西南方岩溶地区的中心区域，是全球喀斯特发育最典型、最复杂、景观类型最丰富的一个片区，也是面积最大、最集中的生态脆弱区之一（王世杰 等，2015）。贵州高原也是一种复合地貌类型，不仅有高原、山原和山丘，而且有丘陵、台地和盆地，各类山地面积占比达 98.71%（《贵州省农业地貌区划》编写组，

1989)。该区域城镇建设主要在山间谷地和平地间选址，随着城市发展，尤其是西部大开发后，快速城市化发展促进城市规模的迅速扩张，城市建设用地类似水漫式在山间低缓地带蔓延，将喀斯特峰丛和峰林分隔，形成典型的“城在山间，山在城中”的景观镶嵌体多山城市空间形态特征。在城市人工建成环境中，该区域遗存了大量的喀斯特自然山体(任梅 等，2018；邢龙 等，2021；向信杏 等，2021)。这些城市遗存自然山体不仅形成了独特的城市景观风貌，为城市提供了重要的生态系统服务功能，更重要的是为开展城市人工“基质海”中遗存“岛屿”生境生态学研究提供了天然的研究对象。

快速城市化背景下，城市向外扩张的同时，城市内部建筑景观致密化，对岩溶地区城市遗存山体生境斑块产生了严重的工程性破坏，影响了城市遗存山体植物群落物种多样性和生态系统稳定性。贵阳市位于黔中丘原盆地，区内分布着大量的组合地貌类型，岩溶丘陵数量众多，高出盆地(谷地)多不超过 200 米，常在 150 米以下，丘陵多呈孤立状、垅岗状，或基部相连，呈峰林状。贵阳市在城市扩展过程中，城市建成区内遗存有大量自然山体，但在长期城市内部人工景观致密化过程中，自然山体持续不断地被侵占和破坏，同时受到公园化利用、周边居民复垦耕种等人为干扰的影响，其生境质量下降、植被退化，生态系统极其脆弱，亟须开展生态修复和生物多样性保护。植物多样性是城市遗存山体向城市地区提供各种生态系统服务的物质基础，也是维持城市遗存山体生态系统的关键因素。近年来，已有学者开始关注多山城市及其城市遗存山体生境特殊性和科学研究价值的重要性，开展了相关研究，并取得了初步的成果(向杏信，2020；邢龙 等，2021；汤娜 等，2021；Chen et al.，2021.)，但关于城市遗存山体植物多样性对城市化响应的相关研究仍较薄弱，相关研究成果仍然不足以为多山城市国土空间规划、城市遗存山体生态保护以及城市生态修复等提供充分的理论支撑和科学依据。

本研究以典型多山城市的城市化发展为背景，以人工建成环境中的城市遗存山体为研究对象，运用群落生态学、景观生态学和城乡规划学相关学科理论，通过样地调查，基于 ArcGIS 软件平台及相关分析软件，分析城市遗存山体植物多样性对城市基质、城市空间形态、人为干扰等方面的响应，并在此基础上探索城市遗存山体植物多样性响应及其各尺度上各种干扰类型的斑块效应和时间效应。为进一步深入揭示其响应机理与机制，本研究构建了多山城市生态学研究体系，研究结果也可为多山城市相关规划、城市遗存山体生态保护与管理以及城市生态修复等实践提供理论参考和科学依据。

1.2 国内外研究现状及发展动态

1.2.1 城市遗存生境植物多样性梯度特征研究进展

城市化过程对植物多样性的影响近年来日益受到全球学者的重视(Peng et al.,2019;Liu et al.,2015)。城市化以土地利用和破碎化为主要特征(Ramalho et al.,2016;Richard,2017),导致自然或近自然生境的丧失或类岛屿化(Fernández et al.,2019;Han et al.,2020),破坏了生物物种的栖息地,造成本地物种消失或减少,外来物种增加(Berthon et al.,2021)。城市植物多样性在物种丰度和空间分布上均趋于同质化,生物多样性总体水平与质量降低,进而对城市生态环境造成巨大影响(Kowarik et al.,2018)。一般认为,研究城市植物多样性的时空梯度特征可以揭示城市化过程对植物多样性的影响,也可以在一定程度上反映城市化强度和景观格局变化与植物多样性之间的关系,目前主要研究方法是城乡梯度分析(Ramalho et al.,2014;Peng et al.,2019)。一些研究表明,非本地植物丰富度在城市地区高于农村地区(Vakhlamova et al.,2014),而其他一些研究发现,本地植物丰富度在城市建成区最低(Ranta et al.,2011;Lippe et al.,2008)。Wang 等(2012)在北京的研究发现,植物多样性随着离城市中心距离的增加而增加,但近一半的城市植物物种都是外来物种。Wang 等(2020)通过调查上海 4 个城乡样带上的 134 个样地,分析了植物多样性的空间格局及其与城市化程度的关系,研究发现 6 种不同植物类群的空间分布格局沿着城乡梯度共存,总植物、木本植物、多年生草本植物和外来植物丰富度随城市化程度的增强而增加,而一年生草本植物丰富度随城市化程度的增强而降低。虽然关于城市植物多样性的梯度分析已有大量的研究,也取得了丰硕的成果,但由于研究对象和地域迥异,城市化梯度上的城市植物多样性分布模式与特征的研究结果差异较大,且研究主要集中在发达城市中的所有生境斑块上。众所周知,一般城市建成环境中的植物物种组成主要是由人为因素驱动的,如土地利用和土地覆盖变化,以及人工景观营造等,而不是由城市的生物地理和气候特征决定的(Aronson et al.,2016),城市人工生境的高强度人为干预很大程度上抵消了城市化发展对植物多样性的影响(Ramalho et al.,2018)。所以,在城乡空间梯度上分析植物多样性的分布特征,并不能真正地反映城市化程度对城市植物多样性的影响,特别是在更精细的尺度上,因为在分析过程中往往忽略了城市人工生境的斑块特征和人为管理的高干预性。

城市景观格局虽然在城市扩展过程中发生着剧烈的变化,但建成环境一旦形成，在一定时期内其景观格局会处于相对稳定的状态，而城市环境中的非生物因素的各种人为干扰活动却持续存在(Aronson et al.，2016)。因此，在时间尺度上，研究保留了原生植被且处于低人为干预或无管理状态的城市遗存生境植物多样性的梯度特征，更有利于从机制上揭示城市遗存生境植物多样性对城市发展的响应。但如前所述，大多数城市中几乎无遗存自然生境，或因历史数据不足等原因，相关研究十分匮乏。我国西南喀斯特多山地区，近40年的城市快速扩张形成的多山城市，其建成区扩张时序清楚，城市遗存自然山体被围入城的年龄容易确定。因此，选择各时段不同规模的城市遗存山体，调查分析其植物多样性的梯度特征，可为深入揭示城市遗存植物多样性对城市化发展的响应过程和机制提供理论基础，为城市遗存生境植物多样性保护和城市人工生境再野化管理提供科学依据。

1.2.2 城市遗存生境植物多样性城市化响应研究进展

1. 城市遗存生境植物多样性响应城市化影响的斑块特征效应

城市化是自然生境丧失或破碎化成小的、孤立的岛屿状城市遗存生境的主要驱动因素(Ramalho et al.，2014；韩会庆 等，2020)。城市遗存生境可以相对完整，但会经历缓慢变化的过程，以响应生境碎片化和城市人为干扰(Ramalho et al.，2016)。在经历栖息地丧失和剩余栖息地破碎化成更小、更孤立的残余斑块的系统过程中，物种不仅会面临种群规模的下降，而且还会面临随着斑块面积的减小而增加的干扰和非生物边缘效应的影响(Haddad et al.，2015)。城市遗存生境中岛屿的物种-面积关系一直是预测栖息地丧失和破碎化后物种损失率的基石之一(Matthews et al.，2014)。Ramalho 等(2018)在澳大利亚珀斯市 30 个城市遗存生境植物功能性状丰度和多样性对破碎化响应的研究中，发现城市遗存生境植物群落的生长形式、授粉的扩散等功能性状对生境碎片化具有标志性响应，而且具有明显的时滞效应，小的城市遗存生境更为脆弱(Ramalho et al.，2018)。Yang 等(2021)分析了斑块特征对城市遗存森林中木本植物多层次分类多样性的影响，结果表明斑块规模对灌木组成的影响最大，而所有木本植物组成在小斑块中周转率较高。Zhang 等(2021)研究了中国东部千岛湖地区 29 个陆桥岛的岛区对重组植物群落分类丰富度和功能多样性的潜在非线性影响，发现 1 hm^2 以下岛屿的丰富度出现阈值崩溃，导致功能丰富度显著降低，小岛群落物种间生态位分化程度增加(功能分化)，维持木本植物群落的功能多样性需要一个最小的临界生境面积。了解面积阈值可以更好地预测最低生境需求，以减轻城市遗存生境植物多样性的损失，从而有助于改善不同斑块区域破碎生境的环境管理和保护策略(Groffman et al.,2006)。斑块的其他空间变量,如斑块形状和边缘效应也是物种丰富度及分布格局的重要影响因素(Santana et al.,2021)。王金旺等(2017)选取了反映岛屿斑块特征的参数(如岛屿面积、相对高度、边界长度、周长面积比、形状指数、与大陆距离和岛屿间距离等),分析其与物种多样性之间的关系,发现岛屿空间形态特征指数对岛屿物种多样性有显著的影响。以往的研究主要都是利用周长面积比、形状指数、斑块面积、斑块边缘线等二维空间属性的景观指数量化斑块形态特征,且主要集中于自然背景下的残余斑块特征效应。而关于城市遗存生境植物多样性的斑块特征效应研究较为匮乏,尤其是城市遗存自然山体斑块作为城市中特殊的残余生境斑块,它在竖向上的隆起,使其本身的斑块特征更为复杂。在高楼林立的城市人工环境中,高大建筑的阴影将会使城市遗存山体南坡由阳坡变为阴坡,且城市照明可能会对山体北坡植物光环境产生影响,所以城市遗存山体的凸曲面三维特征,使其在城市人工干扰场中的斑块特征效应更为复杂。因此,亟须针对城市遗存山体这类特殊的城市残余生境植物多样性的斑块特征效应开展研究,以期为城市遗存山体植物多样性的城市化响应机制提供重要的理论依据。

2. 城市遗存生境植物多样性的城市化响应机制

人类是城市环境中的主导因素,城市环境一旦建成后将是一个持续不断的人工干扰场。然而即使是在城市中,生物区域环境、气候条件和当地生物物理变量仍然是决定物种分布的重要因素(Aronson et al.,2014)。但是,对于碎片化的城市遗存生境,其原生植物多样性更多地长期受到非生物、生物和人为因素等过滤器的影响,这些过滤器在不同的尺度上产生作用(Ramalho et al.,2018)。Aronson 等(2016)通过综述以往关于城市地区生态过程研究的成果,提出了影响城市物种分布的分层过滤器假设。在城市整体尺度上,土地利用/覆盖的变化改变了城市遗存生境的大小和连通性。首先,土地利用/覆盖的变化可能改变城市遗存生境中存在的物种库,影响植物物种的定殖-灭绝动态,以及它们依赖于种子传播和传粉的方式与途径(Damschen et al.,2008)。其次,破碎化通过改变干扰状态和当地环境条件而产生间接影响(Hobbs et al.,2003),如城市热岛效应和空气质量下降影响物种分布和生物相互作用(Youngsteadt et al.,2014)。城市局部尺度上,林立的高楼直接改变了城市遗存生境的光环境,从而改变原生植物的功能性状或者使光敏感植物灭绝或迁入。在城市遗存生境本体尺度上,最主要的影响因素是人类的直接干扰,如景观改造和公园化利用等(汤娜 等,2021)。这些从理论层面提出的影响城市植物多样性的环境过滤器假设,需要大量的实证研究来验证。目前,城市遗存生境植物多样性在时间尺度上如何响应各种城市化环境中的各种过滤器?不同分类群的植物层次的响应差异如何？各种响应的斑块效应与综合作用机制是什么？这些科学问题仍不清楚，而这些问题也正是喀斯特多山城市遗存山体植物多样性保护和利用亟待解决的关键问题。

综上所述，城市化对植物多样性的影响已成为学术界的共识。而城市植物多样性，尤其是城市遗存生境植物多样性对城市化过程的响应规律及机制是城市化发展与植物多样性关系协调与平衡的研究瓶颈，也是喀斯特多山城市生物多样性保护和城市空间优化亟须解决的关键问题。大量的城市遗存山体为开展城市植物多样性的城市化响应研究，提供了天然的实验条件。为此，针对岩溶地区快速城市化导致城市发展与生物多样性保护矛盾的现状与问题，选择不同年龄的城市遗存山体，建立固定样地长期观测，开展城市遗存山体植物多样性城市化响应研究，以揭示城市遗存植物多样性城市化响应规律、斑块特征效应及响应机制，将对丰富和完善城市化背景下城市生物多样性相关理论具有重要意义，并可为喀斯特多山城市遗存山体生物多样性保护与利用、城市景观格局优化、协调城市化发展与生物多样性保护的矛盾提供重要的科学依据。

1.3　多山城市遗存山体植物多样性研究内容

本研究选择黔中地区典型的多山城市——贵阳市中心城区为研究区，选择了镶嵌于贵阳市中心城区建成区的 81 座城市遗存山体，每座山体按坡向与坡位组合方式设置 12 个样点(部分小山体或被开挖的山体样点数为 8)，于 2019—2021 年开展了城市遗存山体植物多样性的样地调查。同时，本研究获取多期遥感影像解析了城市景观格局动态的城市遗存山体时空格局的塑造作用，分析了研究区内 539 座(截至 2020 年底)城市遗存山体镶嵌入城的时间。在此基础上，本研究从以下几个方面开展了城市遗存山体植物多样性的城市化响应：第一，多山城市和城市遗存山体的概念与特征；第二，研究区及其城市遗存山体时空格局动态变化；第三，城市遗存山体的城市基质、城市空间形态和人为干扰方面的响应；第四，城市遗存山体植物多样性城市化响应的斑块与时间效应。本研究从现象层面揭示了城市遗存山体植物多样性对城市化过程的响应规律，为深入开展城市遗存山体植物群落的城市化响应机理与机制、城市遗存山体植物生态学等理论研究奠定了基础，也为多山城市国土空间相关规划、城市绿地生态系统规划、城市遗存山体生态修复和保护等城市管理提供了理论基础和科学依据。

第 2 章　多山城市：概念、形态与空间特征

2.1　多山城市概念的提出

城市空间形态特征是城市发展演变的外在表征（郑莘 等，2002；陈瑞瑞，2014），是人为主导下的经济、社会、文化、环境等综合作用的结果（陈瑞瑞，2014；Zhao et al.，2020），具有动态性和差异性（Omer，2018）。城市的发展演变虽然由人主导，但其形态和空间特征很大程度上取决于所在区域的地形地貌和山水格局，于是形成了基于地形特征的城市模式，如平原城市、海岸城市、沙漠城市和山地城市等城市类型（Mansour et al.，2020）。山地在地球表面的陆地中面积最大，覆盖了地球表面的四分之一（Mansour et al.，2020）。全球大多数城市坐落于山地区域，一般将这些城市统称为山地城市（黄光宇，2002；Ehrlich et al.，2021）。

从 20 世纪 70 年代初开始，山地区域和山地开始受到各方的关注（黄光宇，1998），各种相关机构和组织相继成立。联合国教科文组织国际山地学会（IMS）于 1971 年成立（艾佛士，1981），1974 年国际山地环境发展会议在慕尼黑举行（张荣祖，1983），1983 年又成立了国际山地综合开发中心（ICIMOD）（中泰，1983），后来世界各国相继成立了专门研究山地地区的机构。这些研究机构的核心理念是保护山地地区生态系统和山地地区的可持续发展（Körner et al.，2021；2011），但其研究重点主要局限于山地自然地理及人口增长与山地地区生态环境的恶化关系方面（Korner，2004；Messerli et al.，2001；陈瑞瑞，2014），而关于山地城市的发展理念、开发建设和空间形态等领域的研究相对较少（陈瑞瑞，2014）。

对于山地城市，至今学术界没有严格的定义来界定（余佳，2009），欧美国家叫 hillslide cities（坡地城市），日本称为 slide cities（斜坡城市）（吴勇，2012）。一般把山地地区地形地貌三维特性形成的坡度、斜面作为山地城市的基本特征。如苏联学者克罗基乌斯将位于山地地区或丘陵地区的，规划范围内 50%以上的建设实体处于复杂地形地貌上的城市界定为山地城市（克罗基乌斯，1982；陈瑞瑞，2014）。中国是一个多山的国家，山地约占国土面积的 67%，分布在山地区域的城市约占全国城市总数的一半以上（黄光宇，2002；汪昭兵 等，2008，陈瑞瑞，2014）。所以，中国关于山地城市的相关研究相对丰富，但是大量研究主要以中国典型山地城市

重庆为主要研究区域开展。关于山地城市的定义，不同的学者或者不同的研究领域有不同理解和描述。黄光宇认为，山地城市是指主要分布于广义的山地区域的城市，形成与平原地区迥然不同的城市形态与生境（黄光宇，2002；2005），并提出以坡度大于5°(8.75%)的城市建设用地的坡度量化来界定山地城市的概念（黄光宇，2002；吴勇，2012；陈瑞瑞，2014）。在工程学领域中，以承载城市的地形地貌对城市开发建设、工程技术、空间布局的影响来界定山地城市，即当城市建成区内1 km×1 km范围内地形有断面平均坡度大于5°，以及在2 km × 2 km范围内有垂直切割深度大于25 m的地貌特征的城市称为山地城市（吴勇，2012；陈瑞瑞，2014）。这种界定方式一方面依据建成区建设实体在复杂地形地貌的占比大于50%以上，另一方面强调城市建设用地的坡度要大于5°。然而，山地区域的地理环境具有多样性，而城市与山地结合的方式具有复杂性，所以以确定的建设实体占比和地形坡度界定是否属于山地城市缺乏科学性，也不符合实际（Liu et al.，2017）。虽然对山地城市的定量界定存在不同观点和意见，但学界对于山地城市概念的广义内涵基本相同，即山地城市有两个基本的特征：一是城市建设实体大部分建在具有一定坡度的山坡和丘陵等复杂地形上，城市各种功能的组织和形成受复杂地形的影响；二是城市建设实体在平缓的地形上，但空间形态、结构布局和城市环境受到周边山地的重大影响和制约（吴勇，2012；陈瑞瑞，2014）。

然而，山地地形地貌复杂多样，不同的山地区域表现出不同的山地形态特征（Körner et al.，2021），如中国西南喀斯特区域，有非常密集的锥状和塔状喀斯特山峰突起于相对平缓的基础地形上，这些山峰大多数呈孤立状或呈峰丛状，也存在较大体量的连绵山体（王世杰 等，2015）。在这些区域形成和发展起来的城市，在开始阶段城市规模小，建成区集中在山间平地。随着城市的快速扩展，城市建设用地在山间平缓地带延展，大量的山体被割裂、包围，最终被镶嵌于城市建成区内，形成“城在山间，山在城中”的独特城市类型（见图2-1）。这一类城市从形态上与当前所谓的山地城市有明显的差别。首先，其建成区并不一定建在较陡的坡地上，或者说其建设用地平均坡度不一定大于5°。其次，城市建设区域与山体的关系不仅是城市环境受周围山地的影响，更重要的是城市建成区内遗存有大量的自然山体。总体来说，这种类型城市的城与山之间关系更为复杂。用广义的山地城市定义这类城市，并不能够体现其城市形态和空间特征，也无法体现出其与建设在坡地上的山地城市的区别。于是我们提出多山城市概念，来定义这类并不一定建在坡地上，但城市内部遗存有大量自然山体的城市。

图2-1　多山城市“城-山”镶嵌体景观

一般地,城市有行政区、规划区和城市建成区三个空间层次(中华人民共和国城乡规划法,2017)。本书所指多山城市是以城市建成区为研究对象,因为行政边界包括的范围远远大于其中心城市建设实体的范围,如果以城市行政区为对象,大多数在山地区域的城市都可能被认为是多山城市。规划区包括了在建成区外保留较大规模的发展预留用地。不同的城市因规划编制的诸多原因,发展预留用地的规模和比例不尽相同,因此不具有可比性。而建成区是已经建设完成的城市实体,是真正意义上的城市区域,不同的城市建成区规模虽然有差异,但其是否有山体完全被镶嵌于城市建成区内,镶嵌在城市建成区的山体的数量、密度,以及城市与山体之间的作用关系是可以被量化和比较分析的。所以,本研究的城市指的是以建成区为研究区域的城市。

山体一直以来都是难以界定的,不是因为它们的山脊和顶部相对容易识别,而是很难确定山体的坡地到底在哪里延伸到周围的平地(Körner et al.,2021)。有些人认为的大山,而另一些人可能认为是小山丘(Smith et al.,2003)。不同的学者基于不同的研究目的提出了不同的山体定义(Körner et al.,2021)。本研究所指城市遗存山体是指位于城市建成区内部、有明显边界、易识别的顶部和山脊、被完全或部分(超过2/3的边界)镶嵌于城市建设用地之内、突起的自然而非人为的地形景观元素,一般都保留有自然植被。

多山城市作为一种特殊的城市形态,有其非常重要的理论研究与实践意义。首先,这些镶嵌在城市基质“海洋”的岛屿状山体,保留了本土自然或近自然的植被系统,这将有利于在复杂、特殊的城市干扰场背景下测试验证岛屿生物地理学理论、干扰理论、局域资源-竞争理论等生态学理论,也有助于开辟城市生态学研究的新领域。其次，随着全球城市化进程加快，城市快速扩张，城市人口激增，城市在水平扩张的同时也在向上生长，城市生态环境成为制约城市高质量发展的瓶颈(雒占福 等,2021)，且高密度的城市人口对城市绿色基础设施的需求更高(Hansen et al.,2017)，因此对城市形态特征的精细刻画有利于城市高质量发展的精准规划。多山城市建成区内的城市遗存山体能够为城市区域提供多种生态系统服务功能(Chen et al.,2021)，尤其是能为城市高空生活和工作的居民提供绿视服务功能。

2.2　目标城市的选择及其城市遗存山体数量特征

中国分布在山区的城市很多，因山体而塑造的城市形态多样，本研究选择了城市建成区内镶嵌有一定数量呈自然或近自然生境的城市遗存山体的典型城市作为样本城市。它们是位于中国西南喀斯特地区的贵阳市、安顺市、遵义市(这三市属于贵州省)、桂林市(属于广西壮族自治区)，中国东部山东省的济南市。贵阳和济南分别是贵州省和山东省的省会城市，遵义、安顺和桂林是中等城市。

本节以贵阳、济南、遵义、安顺和桂林 5 个城市中心城区的 2020 年 Pleiades 卫星影像图(0.5 m 空间分辨率；含 DEM 高程图，分辨率为 12.5 m)为数据源，基于 ArcGIS 11.0 平台，目视解译、识别并提取各城市的建成区边界，结合地形图、百度街景地图提取城市遗存山体边界、高程数据和相对高度。

通过参考前人研究成果，本研究在斑块水平和类型水平上选取了斑块数量(NP)、斑块密度(PD)、边缘密度(ED)、平均斑块大小(MPS)、最大斑块指数(LPI)、最小斑块指数、景观面积占比(PLAND)等景观格局指数，分析不同城市内部城市遗存山体景观格局特征。各指数计算公式及生态学含义详见 Fragstats 4.2 及邬建国(2007)所著的《景观生态学：格局、过程、尺度与等级》(第二版)。

本研究分析了所选多山城市遗存山体的数量特征，见表 2－1。

表 2－1　城市山体特征指标

城市遗存山体的数量特征指标	样本城市				
	贵阳	安顺	遵义	桂林	济南
城市遗存山体数量/座	539	185	163	99	126
密度/(座/100 km^2)	131	265	105	66	15
占建成区面积占比/%	16.53	24.68	15.76	6.47	6.37
城市遗存山体平均投影面积/km^2	0.13	0.09	0.15	0.10	0.43
城市遗存山体最大斑块指数/%	5.829	3.94	10.84	18.685	13.9
山体平均高度/m	45.86	29.73	45.34	35.83	61.48

表2-1为5个多山城市建成区内遗存山体的数量和景观格局指数。重庆市虽然是典型的山地城市，但除了将建成区分隔成东、中、西三个片区的两条山脉外，建成区内没有被建设用地镶嵌且保留自然或近自然生境的自然山体，故在此不考虑。从城市遗存山体斑块数量来看，贵阳市建成区内遗存自然山体数量最多，达539座；最少的桂林市也有99座。建成区内遗存山体密度最大的城市是安顺市（265座/100 km^2），最小的城市是济南市（15座/100 km^2）。按城市遗存山体占建成区面积比例来看，安顺市最高，遵义市和贵阳市接近，都大于15%，而桂林和济南占比最小，且两者相差无几。综合建成区规模和城市遗存山体数量、密度、面积占比几个指标，多山城市综合特征评价从高到低的顺序为安顺市、贵阳市、遵义市、桂林市和济南市。

各城市的城市遗存山体规模（垂直投影面积）差异较大，济南市的山体平均规模最大，达0.43 km^2，而安顺市的山体斑块平均面积最小，桂林的城市遗存山体大小与安顺市相近，贵阳和遵义的山体斑块面积大小相近。由图2-2可以看出，在济南市城市建成区内，大量山体为超大型山体，小型山体数量最少；贵阳、安顺和桂林建成区内城市遗存山体主要以中型山体为主，小型山体次之，大型山体再次之，超大型山体最少；遵义市各规模山体数量分布由大到小的顺序为小型、中型、大型和超大型山体。此外，山体平均相对高度都较低，最高的是济南（61.48 m），安顺市最低，建成区内遗存山体平均高度为29.73 m。

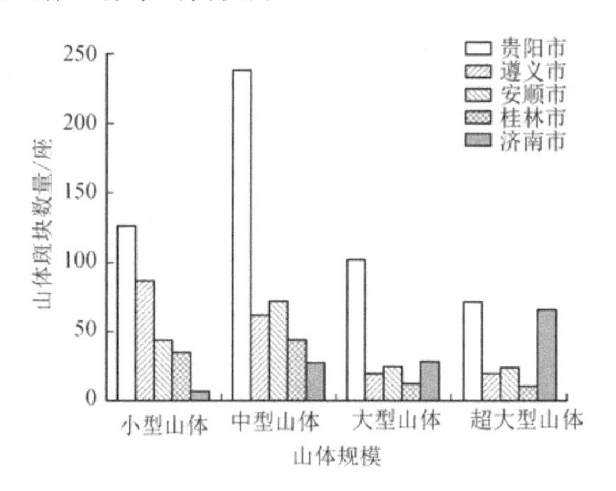

图2-2　各样本城市遗存山体数量分布

2.3 多山城市形态与空间特征

2.3.1 数据源及处理

本节以重庆、贵阳、济南、遵义、安顺和桂林 6 个城市中心城区的 2020 年 Pleiades 卫星影像图(0.5 m 空间分辨率;含 DEM 高程图,分辨率为 12.5 m)为数据源,基于 ArcGIS 11.0 平台,目视解译、识别并提取各城市的建成区边界和城市路网,用于城市形态分析;结合地形图、百度街景地图提取城市遗存山体边界、高程数据和相对高度;各城市随机选择一定数量山体,以山体边界为基准向外按 100 m 步长设置缓冲区,共设置 5 个缓冲区,缓冲区总宽度 500 m,提取各缓冲区内的建筑数据,用于分析城市遗存山体局域尺度上山体与城市建设之间的关系。

1. 城市形态特征指标

本研究选择紧凑度指数(C)、分形维数(F)、地表起伏度(SF)、地表切割度(SD)和地表粗糙度(SR)等指标用于表征城市建成区形态特征,各指标的公式、意义和代码含义见表 2-2。

表 2-2　城市形态特征指标的意义与计算公式

指标	意义	公式	代码含义
紧凑度(C)	紧凑度指数用于描述城市建成区的形状,紧凑度值一般在 0 到 1 之间,该值越接近 1,形状越圆,反之则越复杂(Geng et al.,2019)	$C=\frac{2\sqrt{\pi A}}{P}$	C 为紧凑度指数,A 为城市建成区面积(m^2),P 为城市建成区的周长(m)
分形维数(F)	分形维数用于反映地球形态的正则程度、复杂度和边界扭曲程度(Xu et al.,2019)。分形维数值一般在 1 到 2 之间,越接近 2,图边界越不规则,反之越规则	$F=\frac{2\ln(P/4)}{\ln A}$	F 是分形维数,A 为城市建成区面积(m^2),P 为城市建成区的周长(m)

续表

指标	意义	公式	代码含义
地表起伏度（SF）	地表起伏度（SF）是某一区域内最高点和最低点的高差（Zheng et al.，2021）	$SF=H_{max}-H_{min}$	SF 为地表起伏度，H_{max} 为建成区内最大高程值（m），H_{min} 为建成区内最小高程值（m）
地表切割度（SD）	地表切割度是地面上某一场地的平均高程与最低高程之差，直观地反映了地表侵蚀切割的程度（Zhang et al.，2020）	$SD=H_{mean}-H_{min}$	SD 为地表切割度，H_{mean} 为建成区平均高程（m），H_{min} 为建成区最小高程（m）
地表粗糙度（SR）	地表粗糙度一般定义为某一场地的曲面面积与其投影面积的比值	$SR=\frac{A_{surf}}{A_{prj}}$	SR 是地表粗糙度，A_{surf} 为建成区三维表面积，A_{prj} 为建成区二维投影面积

2. 城市空间特征指标

空间句法通过对包括建筑、聚落、城市甚至景观在内的人居空间形态结构的量化描述，来表征空间及其组织与人类社会之间的相互影响、相互作用的关系（希列尔 等，2014）。此外，道路密度是反映区域交通、经济和商业等要素活跃程度的重要指标，同时也是解释城市内部空间形态特征的重要指标（向杏信 等，2021；Kong et al.，2021）。本研究通过空间句法指标与道路密度共同表征城市内部空间形态，探讨不同城市之间的空间形态差异，选取的指标如表 2－3 所示。

表 2－3　空间句法指标计算与含义

指标	公式	代码含义
道路密度（RD）	$RD=\frac{L}{A}$	RD 为城市内部的道路密度（km/km^2）；L 为城市内的道路总长度；A 为城市建成区面积。道路密度反映了区域交通线路的疏密程度，数值越大，城市交通联系越便捷

续表

指标	公式	代码含义
整合度(I)	$I=\frac{n-2}{2(\mathrm{MD}-1)}$	n 为网络中总节点数(轴线数);MD 为平均深度值。I 表征特定区域整体的空间属性,反映了一个空间的可达性,空间的整合度越高,其可达性越高
连接度(Con)	$\mathrm{Con}_i=k$	k 为与节点 i 直接相连的节点个数,在实际空间系统中,一个空间的连接度越高,说明该空间渗透性越好
平均深度(MD)	$\mathrm{MD}=\frac{D}{n-1}$	D 为全局深度值;n 为网络中总节点数(轴线数);MD 是平均深度值,数值越大,该空间节点的便捷程度越低
可理解度(R^2)	$R^2=\frac{\left\{\sum[(C_i-\bar{C})-(I_i-\bar{I})]\right\}^2}{\sum(C_i-\bar{C})^2\sum(I_i-\bar{I})^2}$	C_i 为道路 i 的连接度;I_i 为整合度;$\bar{C}$ 为所有单元空间连接度的均值;$\bar{I}$ 为所有空间整合度的均值。R^2 反映了局部空间结构与整体空间结构的耦合程度,可理解度越高,局部空间与整体空间一致性越高,越容易被认知理解

2.3.2 多山城市形态特征

表 2-4 和图 2-3 是几个样本城市的整体形态特征。可以看出,除安顺市和济南市外,其余几个城市的建成区形状均很复杂,呈多级分枝状,其中形状分维数指数值最高的是遵义市,值为 1.671。从图 2-3 可以直观地看出,遵义市建成区呈狭窄的三杈分枝状,向北、南和东延伸。几个城市中,安顺市建成区边界最为规整,其形状分维数指数值为 1.145,这是因为安顺市建成区规模最小,且安顺市所在地地形为喀斯特盆地丘陵地形,其中山体基本上都是小山丘,不会对城市发展起到明显的阻挡作用,所以城市建设用地在山间平地延展,建成区相对规整。同时,我们可以看出,其他几个城市的边界形状主要受到外围较大的或连绵的山体的阻挡作用。

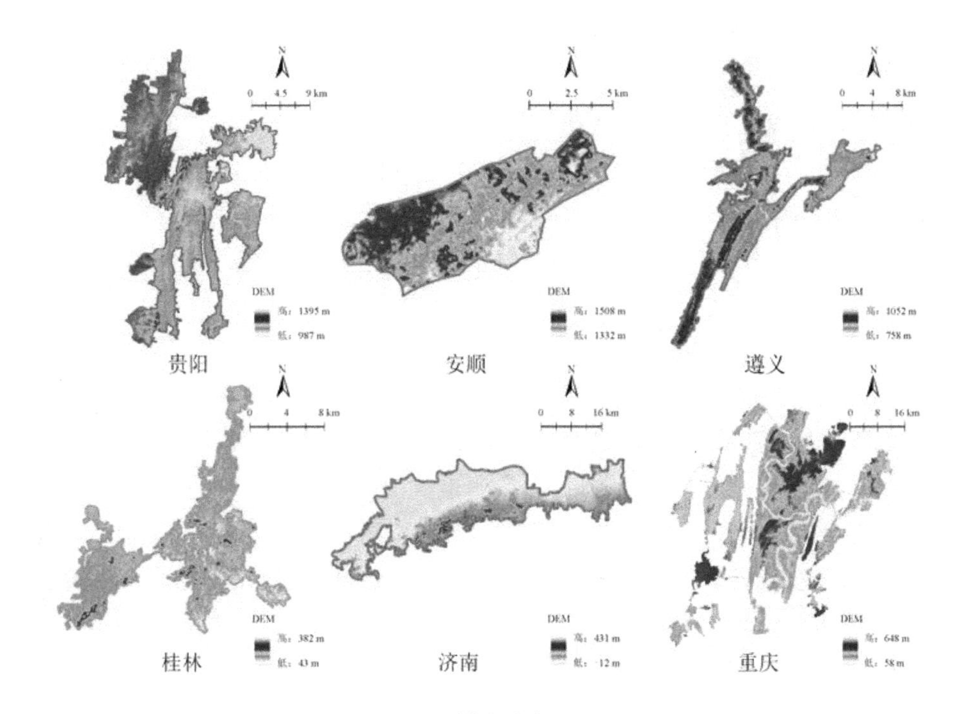

图 2-3　样本城市 DEM

表 2-4　城市建成区整体特征相关指标

指标	贵阳市	安顺市	遵义市	桂林市	济南市	重庆市
建成区面积/km^2	410.11	69.78	155.72	149.85	858.16	1390.52
建成区周长/km	469.98	45.46	271.21	218.31	452.51	1158.13
空间紧凑度指数	0.153	0.651	0.163	0.199	0.229	0.121
形状分维数指数	1.584	1.145	1.671	1.597	1.400	1.551
地表起伏度/m	408	185	294	339	443	560
除山体以外地表起伏度/m	367	167	269	199	308	503
地表切割度/m	182	75	130	111	79	220
平均地表粗糙度	1.0131±0.0364	1.0111±0.0226	1.0117±0.0243	1.0068±0.0266	1.0032±0.0122	1.0076±0.0168

从表 2-4 可以看出,6 个城市的建成区都具有明显的地表起伏度,地表起伏度由高到低依次为重庆、济南、贵阳、桂林、遵义和安顺,重庆和安顺的地表起伏度

分别为 560 m 和 185 m。但当把建成区内城市遗存山体除去后，获取的各城市建成区建设用地的起伏度由高到低的顺序变为重庆、贵阳、济南、遵义、桂林和安顺。桂林和济南建成区内最高的遗存山体与城市建设用地最高点的高差分别达到 140 m 和 135 m，而贵阳、安顺和遵义含城市遗存山体的地表起伏度与城市建设用地的起伏度的差值不超过 45 m。由上述结果可以看出，与平原城市相比，多山城市的建设用地也具有一般山地城市的特征，济南和桂林的建成区内存在体量较大的城市遗存山体。

2.3.3　多山城市的空间特征

本研究基于各城市路网，选择空间句法轴线模型来分析各城市的空间特征。表 2-5 表明道路密度最高的城市为遵义，最低的是贵阳；安顺市全局整合度指标最高且明显高于其他城市，最低的是贵阳，说明安顺市空间集聚度明显大于其他城市，这可能与安顺市城市山体规模整体较小，对城市路网建设影响较小有关。图 2-4 表明几个城市的全局整合度(I)高值均位于城市中心区域，在城市边缘区域受到周边和内部山体双重影响，空间离散程度均大于中心地带。从表 2-5 连接度指标可以看出，空间渗透性最强的城市为桂林市，其连接度值是其他城市的近两倍，其余城市连接度值相差不明显。

表 2-5　空间句法轴线模型指标

城市空间形态指标	贵阳市	安顺市	遵义市	桂林市	济南市	重庆市
道路密度	3.1597	3.2107	6.2205	3.5851	4.2000	4.0269
全局整合度	0.2000	0.6670	0.3068	0.3792	0.3741	0.2188
连接度	2.4000	2.5606	2.5497	5.4762	2.6941	2.5951
平均深度	53.4700	12.4753	31.8842	22.1848	30.5530	56.2713
可理解度	0.0950	0.4362	0.1189	0.0782	0.2147	0.0568

可理解度主要是用来表征城市空间形态结构的认知程度，由图 2-5 可知，安顺市全局整合度和局部整合度拟合系数最高，R^2 值达 0.436，其次是济南，R^2 值为 0.215，贵阳、重庆和桂林的拟合系数较低，遵义处于中间水平。这说明安顺市和济南市整体可理解度较高，人们行走于市区内的道路中，可以通过几条街道或几片区域形成整体城市印象。安顺市虽然城市遗存山体密度高，但由于城市遗存山体基本上规模较小，对城市空间影响不是太大；济南市城市建成区规模较大，城市

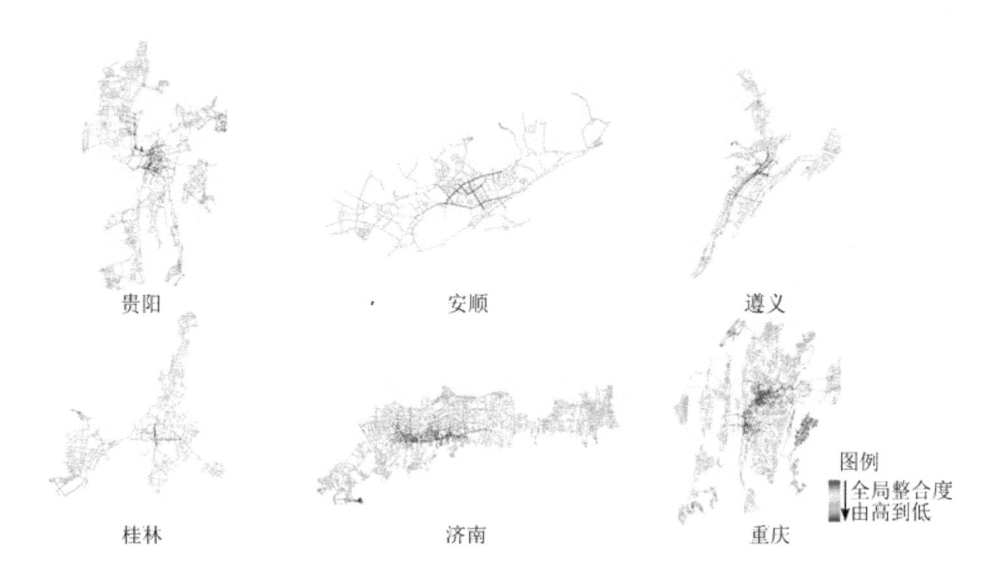

图 2-4　城市道路轴线模型全局整合度

遗存山体主要集中分布于建成区南部,受中国北方纵横路网规划理念影响,城市道路系统规整,一些道路穿山而建,所以城市空间形态结构的认知程度较高。贵阳、重庆和桂林城市中山体大小不等,对城市道路和空间规划产生了明显的影响,局部空间与整体空间拟合程度不高,使其可理解度也不高。

城市扩张导致城市空间形态转变,多山城市在城市化发展的过程中,受到自然、经济、文化等综合影响,形成多种城市边界形态,其中主要以条带状和分枝状边界形态为主。多山城市空间形态不仅受到周边自然山体的影响,使城市边界形态复杂多样,多呈不规则多分枝状,如本研究的贵阳市、桂林市和遵义市,城市建成区的边缘面积比很大;同时多山城市建成区空间特征受到城市内部遗存自然山体的影响,道路形式随地形而变化,城市内部空间的渗透性、局部整合度和可理解度都比较低。王洁晶等人(2012)利用空间句法在探究中国几个大都市空间形态时发现,北京、西安、郑州等平原城市呈现出明显的"自由轮轴"特征,环状以及格网状放射性路网皆具有较高的整合度,城市中心与边缘区的连接较为便捷。因此,这些空间特征必然会对多山城市的社会、经济和自然过程产生一定的影响,这可能是多山城市遗存山体对城市发展的负面作用,如山体滑坡对周边居民生计、财产和安全的影响等(Samia et al.,2017)。然而,随着城市的扩展和高生长,城市生态系统服务的需求日益强烈,城市遗存山体在改善城市热环境、保留当地原生生物多样性、提供野性体验和公园化游憩服务等方面的正面作用日益引起重视。Chen 等(2021)研究发现,城市遗存山体对周边社区具有明显的降温作用;汤娜等(2021)研究发

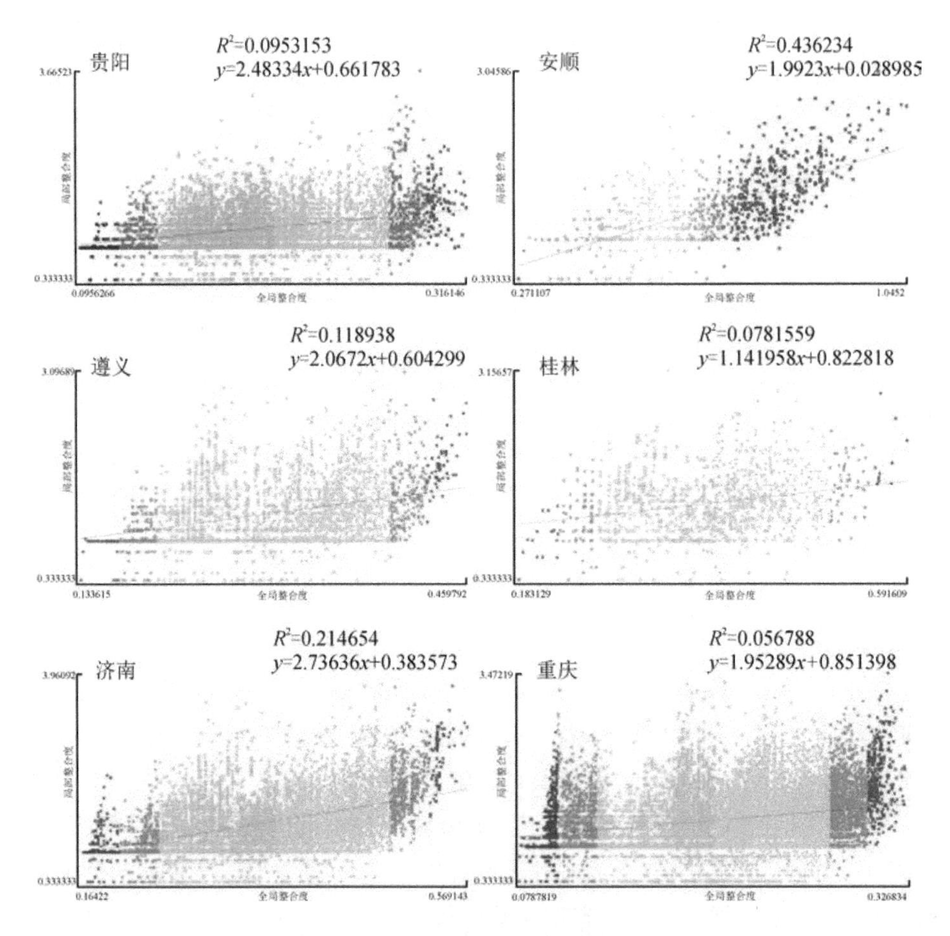

图 2－5　城市道路轴线模型可理解度

现，城市遗存山体保留了大量的本地乡土植物，且适当的公园化利用有利于维持城市遗存山体多样性的水平；Kong 等(2021)研究发现，城市遗存山体植物多样性与周边城市空间形态特征具有一定的关系，且存在尺度效应。

2.4　本章小结

2.4.1　多山城市概念的界定

严谨的科学始于准确的定义，清楚地定义术语是任何一门学科能够成功且顺利发展的前提(邬建国，2007)。黄光宇(2005)对山地城市按照地貌类型和不同职能进行了分类，按地貌类型将山地城市分为丘陵山地城市、河谷山地城市和沟壑山地城市，其中丘陵山地城市又进一步分为平原滨海地区丘陵山地城市、盆地地区丘陵山地城市和高原地区丘陵山地城市。这种基于广义山地城市的分类方法,只说明了城市所在区域的地貌特征,是基于城市整体尺度上的分类,这种分类无法细致刻画这些山地城市的城市与山体之间的关系和城市内部空间特征。而按职能进行山地城市的分类,与平原城市又没有差别。本研究结果表明,多山城市不仅其区域位置与山地地形地貌有关,更重要的是其真正的城市建成区内,城市人工系统与自然山体生态系统之间有着复杂的关系,而且,多山城市从形态上与山地城市有明显的区别,区别的关键在于城市建成区内是否有一定数量自然遗存山体的存在。山地城市虽然是基于山地地形建设的城市,整个山体已由自然生境转化为人工城市用地,但其城市内部不一定存在较多数量的保存有自然生境的山体,如重庆市。而多山城市,其城市建设实体可以不建在相对陡峭的山坡上,但其建成区内却有大量的城市遗存自然山体,如本研究的几个典型多山城市都有较高密度的城市遗存山体,这些城市遗存山体向城市提供的生态系统服务远超过城市内部没有遗存山体的山地城市。所以,多山城市的概念提出非常必要。

地球陆地约74.62%为山地和丘陵(Yi et al.,2016),大多数分布在山地区域的城市或多或少都有城市遗存山体。但是,如何界定多山城市是一个难题。有三个因素关系着多山城市的概念:第一,山体要镶嵌在城市建成区内,大多数山体以孤峰或峰丛形式分散布局;第二,城市遗存山体要保留原有生境和植被;第三,遗存山体的量。量化城市遗存山体有三种方式,其一是建成区内城市遗存山体的绝对数量,其二是建成区内城市遗存山体的密度,其三是建成区内城市遗存山体垂直投影面积之和占建成区总面积的比例。本研究结果表明,城市遗存山体的数量、密度和面积占比并不成线性比例关系,从数量来看,几个城市都具有非常多的城市遗存山体,虽然济南市的密度最低(15座/100 km^2),但已经明显具有多山城市感知特征。所以,我们认为多山城市是指城市建成区内镶嵌有一定数量(密度不低于10座/100 km^2)、保留了原有生境和植被的遗存自然山体,形成独特的多山城市风貌的城市。

2.4.2 开展多山城市相关研究具有重要的理论与现实研究意义

随着全球城市化的发展,至2050年,全球约70%的人口将居住于城市之中(United Nations,2019),城市将成为人类主要的聚居形式。城市规模的不断扩大和城市人口激增所导致的城市生态环境恶化、人地关系紧张等一系列问题(Van Vliet,2019),使城市成为社会、经济和生态各学科领域的热门研究对象。如何提升城市功能,改善城市人居环境,让城市居民生活更美好,已是全球城市高质量发展亟须研究和解决的问题(Hansen et al.,2017)。所以,从理论研究角度出发,多山城市是研究以人为主导的社会-自然复合系统社会、经济和自然过程的一个城市类型,也是研究人工干扰场中遗存生境生态过程的理想实验场所,对于丰富城市生态学、城市景观生态学和残余生境生态学等领域的理论研究具有重要意义。从城市人居环境质量角度看,多山城市具有自然的生态斑块,其生态系统服务功能多样而独特,尤其是突起的三维绿量可以向高层建筑中工作生活的居民提供自然绿视感知服务,且研究城市遗存山体的生态服务效能,对于城市绿地系统的三维空间规划与建设以及人工园林绿地的野性化等城市人居环境建设具有实践探索意义。

第 3 章　研究区及其城市遗存山体格局动态

贵阳市地处黔中丘原盆地的腹地，整体地势相对平缓，但有大量的喀斯特丘陵山体散布其间，建成区内遗存的喀斯特山体资源丰富，是西南地区典型的多山城市，城市内外的山体对城市空间形态、建设用地布局以及城市功能的组织具有很大的影响和制约。截至 2020 年，贵阳市有 539 座锥状、塔状喀斯特山体星罗棋布地镶嵌于中心城区建成区内，总面积 67.79 km^2，占建成区面积的 16.53%。贵阳市城市遗存山体具有脆弱的喀斯特生态环境和较好的自然植被资源共存的特殊性。西部大开发战略实施以来，快速城市化过程和经济社会的迅速发展导致的生态环境问题，是喀斯特多山地区城市发展的共性问题。基于此，本章选择贵阳市中心城区作为研究区，以城市遗存自然山体为对象，分析其近 40 年快速城市化过程中的时空格局演变规律，探明其植物多样性的梯度特征，剖析不同尺度上各种干扰因素对城市遗存山体植物多样性的影响，阐明城市遗存山体植物多样性在城市人工干扰场中的维持与变化机制，以期为喀斯特多山城市生物多样性保护和受损城市遗存山体生态修复提供理论基础和科学依据，并为该区域城市绿地生态系统规划、城市人居环境提升提供重要的理论支撑。本章通过建立城市遗存山体固定样地，长期监测植物多样性动态，深入准确解析城市遗存山体植物群落生态过程对城市人工干扰场的响应机制，对丰富和完善城市化背景下城市生物多样性相关理论具有重要意义。

3.1　数据来源与方法

3.1.1　数据源及其处理

获取研究区 2018 年、2013 年和 2008 年高分辨率遥感影像(Pleiades 高分辨率卫星图片，0.5 m 空间分辨率)，2003 年、1998 年和 1988 年中等分辨率影像(Pleiades 卫星影像，17 m 空间分辨率)以及各期 DEM 影像，作为本章研究的基础数据源。本章以 2018 年贵阳市建成区边界确定研究区范围，基于遥感影像，通过实地调查以及查阅相关规划和历史资料，依据《城市用地分类与规划建设用地标准》

(GB 50137—2011)，在 ArcGIS 11 软件平台上，对研究区范围内各期遥感影像进行识别与解译，得到各时期空间属性矢量数据，构建研究区空间属性数据库。同时，本章将城市遗存山体作为研究对象，结合研究区地形图(1∶10000 和 1∶2000)，识别并提取各时期空间属性矢量数据中的山体数据(研究区范围内的有些山体在早期并未镶嵌于建成区内，故有建成区外围自然山体和建成区内的城市遗存山体，2018 年研究区范围内的山体全为城市遗存山体)，专门构建各时期山体空间属性数据。

3.1.2　景观指数选取

城市遗存山体不同于其他城市生态斑块，具有三维立体特征。因此在分析城市遗存山体的时空格局动态时，不仅要选择景观格局指数，同时要选择能表征其三维立体特征的形态特征指标。本章所选景观格局指数为斑块面积(AREA)、平均斑块面积(MEAN)、最大斑块指数(LPI)、斑块类型面积占比(PLAND)、斑块个数(NP)和斑块形状指数(SHAPE)，形态特征指标选取相对高度(High)和平均坡度(Slope)两个指标。

在 ArcGIS 11 软件中，对各期 DEM 高程数据影像进行处理，以山体斑块为掩膜，用“Spatial Analyst—提取分析—按掩膜提取”方法提取城市遗存山体的 DEM 高程数据，叠加研究区地形图，最终确定各山体相对高度(High)和坡度(Slope)数据，同时用“Spatial Analyst—表面分析—坡度”方法最终获取各山体的平均坡度($\bar{\text{S}}\text{lope}$)。计算公式如下：

$$\text{High} = D_{\text{H}} - D_{\text{L}} \tag{3-1}$$

$$\bar{\text{S}}\text{lope} = \frac{\sum S_i A_i}{A} \tag{3-2}$$

式中，D_{H} 为山体最高等高线；D_{L} 为山体最低等高线；S_i 为山体某一类坡度；A_i 为山体对应此类坡度的分布面积。

3.1.3　数据处理

数据库构建及后期的景观格局分析和统计分析在 Excel 2019、Fragstats 4.2 和 SPSS Statistics 19.0 等软件上处理。

3.2 研究区城市遗存山体景观格局动态特征

3.2.1 研究区内建成区面积与城市遗存山体数量动态

对研究区 6 期空间属性数据进行统计分析，得到各时期建成区面积以及建成区内城市遗存山体的数量和总面积，见表 3 - 1。在 1988 年到 2018 年的 30 年间，建成区面积以平均 77.68%的年增长率在扩大，共增加了约 15 倍。城市遗存山体的数量由 1988 年的 27 座增加到 2018 年的 527 座，数据增加了约 18.5 倍。结果证明，黔中丘原盆地分布有大量孤立状喀斯特山体，随着城市发展，大量山体被镶嵌入城市建成区，形成城市遗存山体。由表 3 - 1 还可以看出，城市遗存山体的面积占建成区面积的占比在 1988—2003 年持续上升，2003—2013 年面积占比相对稳定在 14%左右，之后 5 年有所下降。这种情况说明城市建成区一方面向外扩展新纳入一些山体(见图 3 - 1)，另一方面随着城市内部致密化发展，部分城市遗存山体被建设用地蚕食甚至吞没，所以出现山体数量虽然一直增加但山体面积占比却有所下降的现象。

表 3 - 1 研究区建成区面积与城市遗存山体的面积与数量特征

年份	山体数量/座	山体总面积/hm^2	建城区面积/hm^2	山体占建成区面积百分比/%
1988	27	181.52	2219.13	8.3
1998	50	653.09	4953.60	13.2
2003	133	961.87	6887.07	14.0
2008	259	1839.56	13047.74	14.1
2013	453	3272.63	23297.82	14.0
2018	527	4493.09	36838.79	12.2

由 1998 年到 2018 年城市遗存山体的数量与面积变化的量化结果(见图 3 - 2)可以直观看出：城市遗存山体的数量随建成面积的扩展持续增加，即 2008 年到 2013 年 5 年间随着建成区扩展而增加了 222 座，平均每年新增 40 余座城市遗存山体；1988—1998 年的 10 年间没有出现消失城市遗存山体，但从 1998 年以后开始有城市遗存山体消失现象，而在 2013—2018 年短短 5 年间，城市遗存山体消失了 130 座，是 2013 年以前消失山体数量总和(60 座)的 2.2 倍。可以看出，在城市

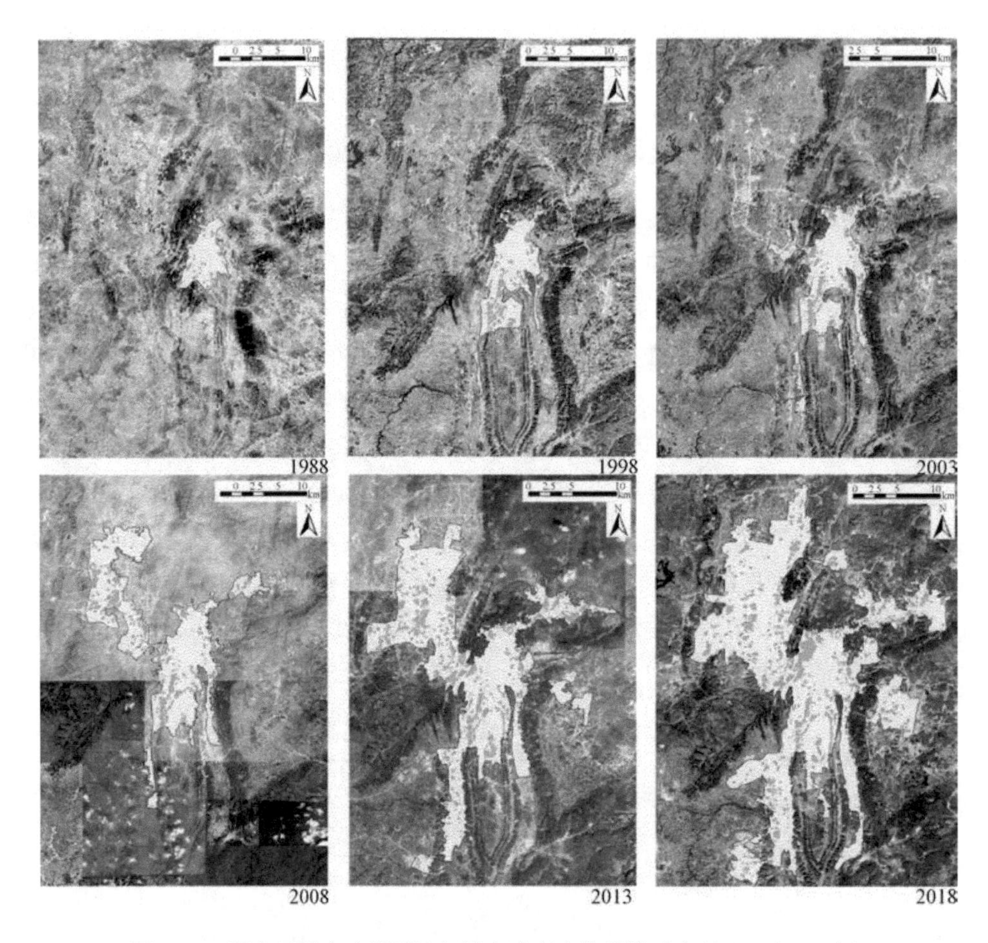

图 3－1　研究区城市建设用地与城市遗存山体镶嵌动态(1988—2018 年)

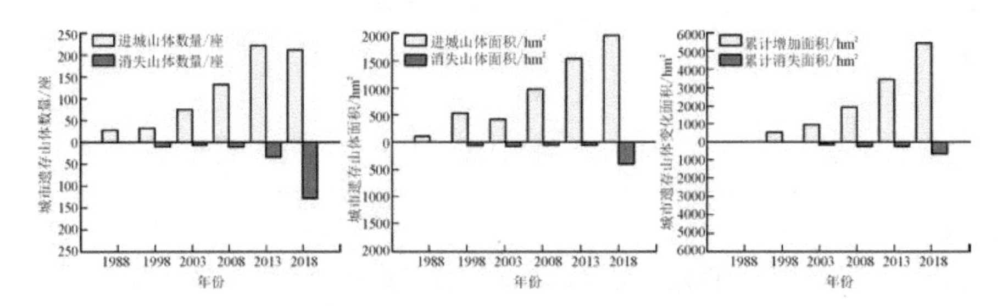

图 3－2　研究区城市遗存山体数量与面积消长特征

外向扩展受到政策限制以后，内部致密化发展对城市遗存山体形成了严重的破坏，城市经济发展和生态环境保护之间的矛盾十分突出。由城市遗存山体的面积变化动态柱状图可以看出，城市遗存山体的面积也在随建成区面积的增大而持续增加，且在 1998 年出现了一个小高峰，说明这一时期一些较大规模的山体被城市建设用地包围镶嵌入城；2003—2018 年明显呈阶梯状直线上升，2013—2018 年面积增幅最大，与这一时期数量增幅并不同步，在数量增幅减缓的情况下面积增加反而增大，说明 2013—2018 年镶嵌入城的城市遗存山体规模均较大，而且 2013—2018 年消失的山体面积(397.66 hm^2)是 1988—2013 年累积消失面积的 1.5 倍。同时，从城市遗存山体消失的面积变化可以看出，消失的面积始终较小，说明在内部致密化过程中，规模较小的城市遗存山体更容易被建设用地所侵吞。

在实地调研过程中，我们发现在城市发展过程中，城市建设用地对城市遗存山体的干扰和破坏方式较多，大多数城市遗存山体被进行了工程性开挖，有些山体甚至三分之二的部分被城市道路、居住楼房及其他用途的城市建设用地所替代，有些山体被城市道路建设一分为二或被其他方式破碎化为几个斑块，说明城市遗存山体生态系统服务价值并未到得到相关部门和民众的认识。

3.2.2　研究区城市遗存山体的规模动态

通过聚类分析，本研究将城市遗存山体按规模分为大型山体(＞10 hm^2)、中型山体((3,10] hm^2)和小型山体(≤3 hm^2)三个类型，并分别统计各时期不同规模山体的数量和面积分布特征(见图 3 - 3)。由图 3 - 3 可以看出，在数量方面，1998 年以前中型山体多于大型山体和小型山体；2003—2013 年，小型山体的数量大于大型山体和中型山体；2018 年，中型山体的数量大于大型和小型山体的数量。总体上来说，各时段中小型城市遗存山体的数量在建成区内占优势。由图 3 - 3 可以看出，大型山体的面积占比在各时期都处于优势地位，1998 年面积占比与 1988 年相比有大幅突增现象，1998 年以后大型山体的面积占比呈小幅下降趋势，直到

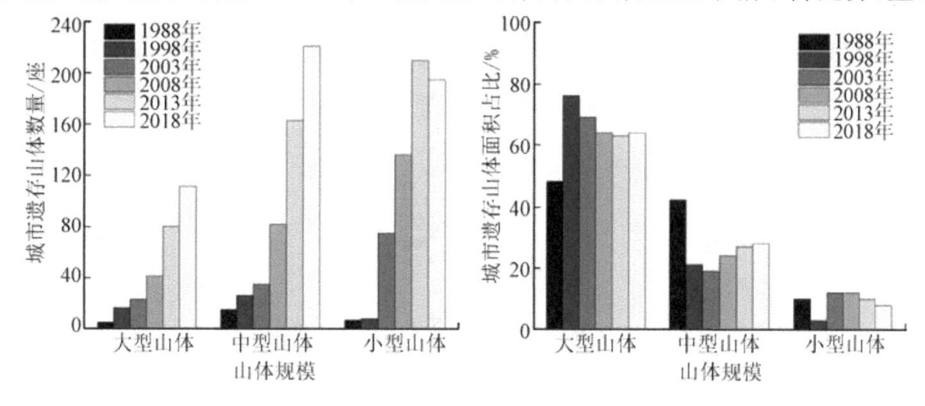

图 3 - 3　研究区各时期不同规模城市遗存山体的数量特征

2018 年略有回升；中型山体面积占比在 1998 年先大幅下降之后小幅下降，到 2008 年后小幅上升；小型山体面积占比在 1998 年陡然下降，明显比其他时期低，2003—2008 年持平，之后小幅下降。1998—2018 年，大型城市遗存山体的面积占比始终保持在 60%以上。总的来说：①整体上，中型、小型城市遗存山体在数量上具有绝对优势；② 6 个时期大型城市遗存山体均在面积上具有绝对优势，并且大型城市遗存山体斑块面积占比一直保持在 60%至 80%之间(1988 年除外)。

从各时期不同规模城市遗存山体的空间分布(见图 3 - 4)看出，在 2003 年以前，大型山体主要分布于建成区的边界地带，2013 年以后新老城区交界地带有大型山体分布(如云岩区与观山湖区交界处，以黔灵山为主的大型山体分布较多)；而中、小型山体在不同时期的建成区内均呈近乎均匀的随机分散分布。然而，小型城市遗存山体具有抗干扰能力弱、难以维持斑块面积和生境完整性等弱点。因此，在未来城市化建设与城市绿地系统规划过程中，应该对小型城市遗存山体进行科学合理的保护与利用，避免其在城市致密化过程中被吞噬。

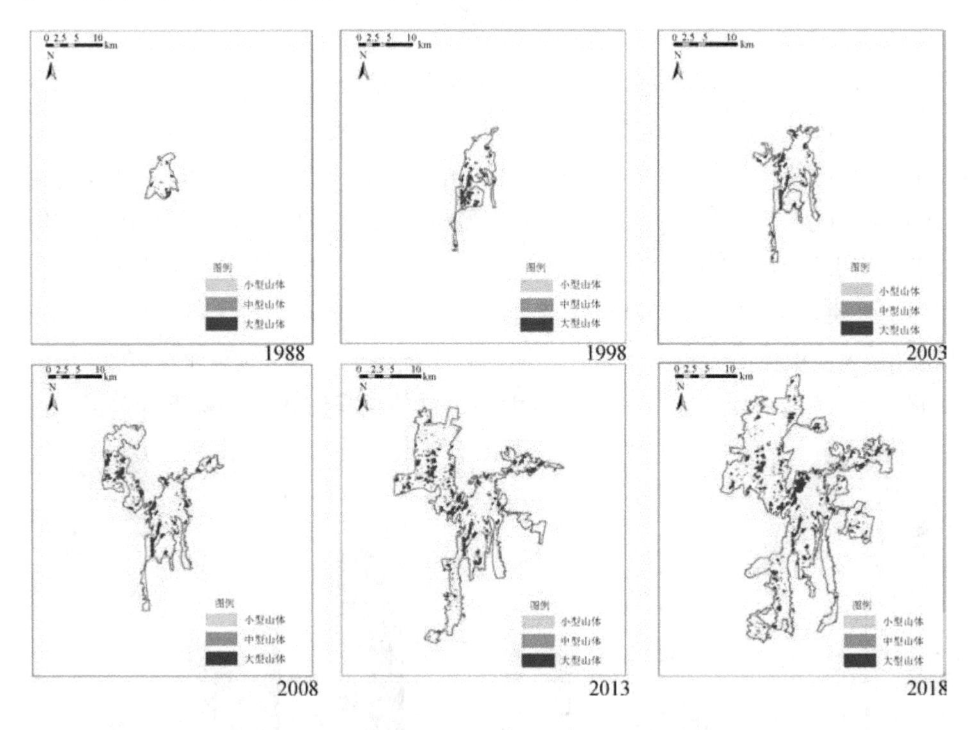

图 3 - 4　研究区城市遗存山体空间分布特征

3.2.3　研究区城市遗存山体最大、最小、平均斑块面积动态

图 3 - 5 是贵阳市城市遗存山体最大、最小、平均斑块面积变化特征分析结果。可以看出：①最大斑块面积呈现出先增加后急剧减少的趋势，2008 年为最大斑块面积的最高值时期，达 112.08 hm^2，2008 年以后最大斑块面积急剧减少；②最小斑块面积从 1988 年（1.93 hm^2）到 2018 年（0.27 hm^2）呈减少的趋势；③平均斑块面积则呈现出阶梯状大幅度减少的趋势，即 1998—2003 年平均斑块面积由 97.13 hm^2 减少至 51.14 hm^2，2003—2008 年变化不大，2008—2013 年平均斑块面积由 50.18 hm^2 减少至 7.21 hm^2，2013—2018 年呈现出平稳趋势。由此可知，黔中喀斯特多山城市的发展呈向外扩张的同时内部致密化的变化过程，在这个过程中，大型城市遗存山体因城市扩张被建设用地包围入城，又逐渐破碎化，而大多数小型城市遗存山体难以抵抗城市建设的侵占和毁坏，面积急剧减少甚至消失。

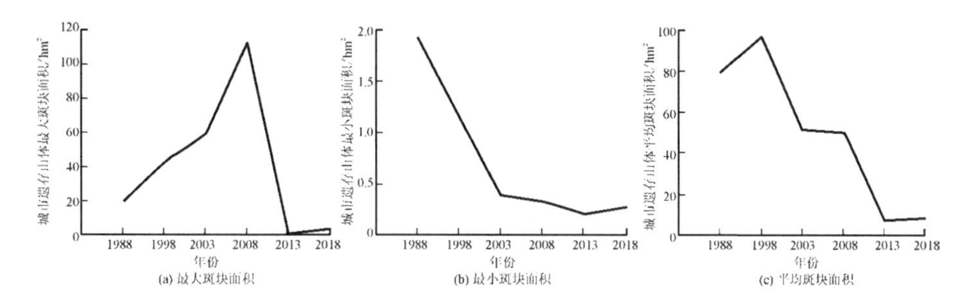

图 3 - 5　研究区城市遗存山体最大、最小、平均斑块面积动态特征

3.2.4　研究区各城区城市遗存山体特征

按照行政区划分别分析研究区各行政辖区城市遗存山体的数量与空间分布特征，结果如图 3 - 6、3 - 7 所示。至 2018 年，各辖区建成区内的城市遗存山体在数量上存在较大差异，城市遗存山体数量最多的是花溪区（132 座），最少的是乌当区（59 座），南明区（109 座）城市遗存山体数量明显高于观山湖区（82 座）、白云区（75 座）、云岩区（70 座）和乌当区（59 座）。虽然云岩区城市遗存山体数量比其他区域低，但云岩区城市遗存山体总面积占贵阳市城市遗存山体总面积的比例（24%）明显高于其他 5 个城区。这可能是因为云岩区作为老城区，为贵阳市内的“最美中国 · 生态旅游 · 文化旅游目的地”，所以该区域在城市化建设发展过程中对城市遗存山体等（近）自然生境的破坏相对较少。另外，黔灵山公园位于云岩区，2018 年，黔灵山公园为贵阳市内城市遗存山体最大的斑块（354.28 hm^2），这也是该区

域城市遗存山体面积占比较大的重要原因。

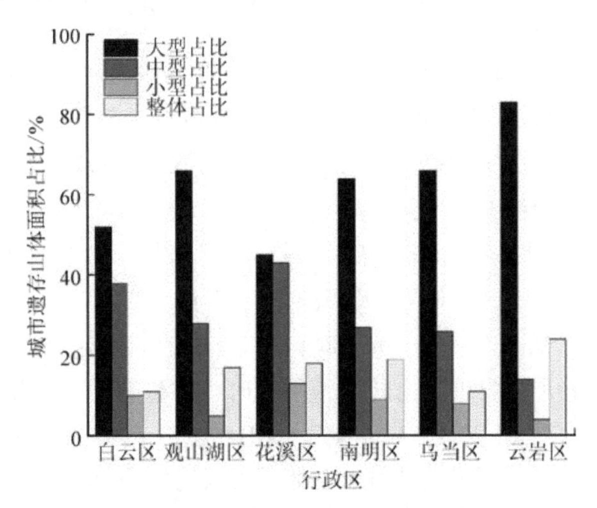

图 3-6　贵阳市建成区各城区城市遗存山体规模特征

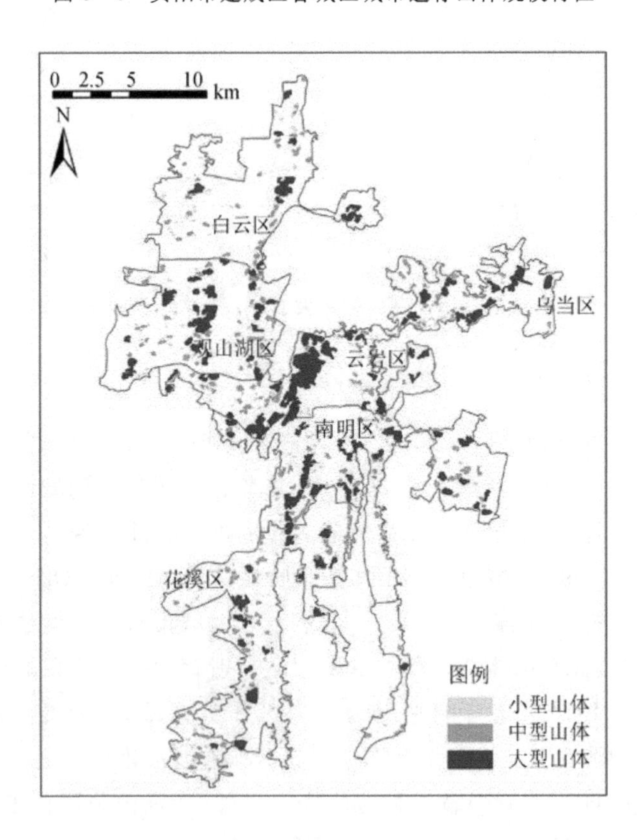

图 3-7　贵阳市建成区各城区城市遗存山体规模分布特征

由各城区不同规模城市遗存山体分布特征(见图 3-7)可知:各城区大型城市遗存山体多分布在城市边界处,中型、小型城市遗存山体多无规律地分散在各城区。究其原因:其一,在社会经济快速发展的推动下,贵阳市城市景观类型与空间格局发生了剧烈且复杂的变化,各城区空间扩展方向、幅度与功能定位、发展战略各异,导致各城区景观环境各具特色并存在差异性。近些年来,花溪区逐渐成为贵阳市交通设施用地扩展的主要区域,国家经济技术开发区的建设使区域开发建设范围不断向西南方向扩张,不断有山体生境被包围入城,该城区城市遗存山体数量明显高于其他城区。而白云区和乌当区为工业区,分别处于城市高速与中速发展阶段,城市扩张的同时还伴随着内部致密化,导致这两个城区城市遗存山体数量明显低于其他几个城区。其二,贵阳市不同城区发展阶段存在明显差异。城市遗存山体在各城区的城市扩展过程中不断被包围入城(1990 年前贵阳市仅南明、云岩两个主城区,1990 年后城市空间快速向外扩张,乌当区、白云区与花溪区逐渐发展并向外扩展,2001—2006 年观山湖区基本建成),且城市遗存山体周边城市基质(不透水表面)的形成时间以及城市遗存山体"进城"时间存在差异,各城市遗存山体受到的城市化干扰类型、强度和频率各不相同,导致各城区城市遗存山体面积存在显著性差异。

3.2.5　研究区城市遗存山体形状特征

1988—2018 年贵阳市建成区城市遗存山体斑块形状特征占比分析结果(见图 3-8)表明:6 个时期均表现为形状简单型城市遗存山体在数量上占绝对优势(占总数量的 50%~85%),整体表现为简单形状>一般形状>复杂形状。由城市遗存山体斑块形状空间分布特征(见图 3-9)可以看出:简单形状城市遗存山体 1988—2013 年多分布在城市中心区域,复杂形状城市遗存山体多分布在与城市边界相邻区域,复杂形状城市遗存山体 2018 年则多分布在城市中心区域;并且,1988—2018 年大型城市遗存山体平面形状复杂程度整体相对较高,中型、小型城市遗存山体平面形状相对简单。这可能是近年来城市建设不断逼近大型城市遗存山体的山坳区域,或是山体边缘多受工程护坡、耕种等人为干扰影响,导致大型城市遗存山体斑块形状复杂程度增加。而中小型城市遗存山体多被周围城市建设用地完全包围,生境难以向外延伸扩展,且城市道路、建设用地的规划边界切割等,导致其边界多呈现出近圆形,形状较为规则化。

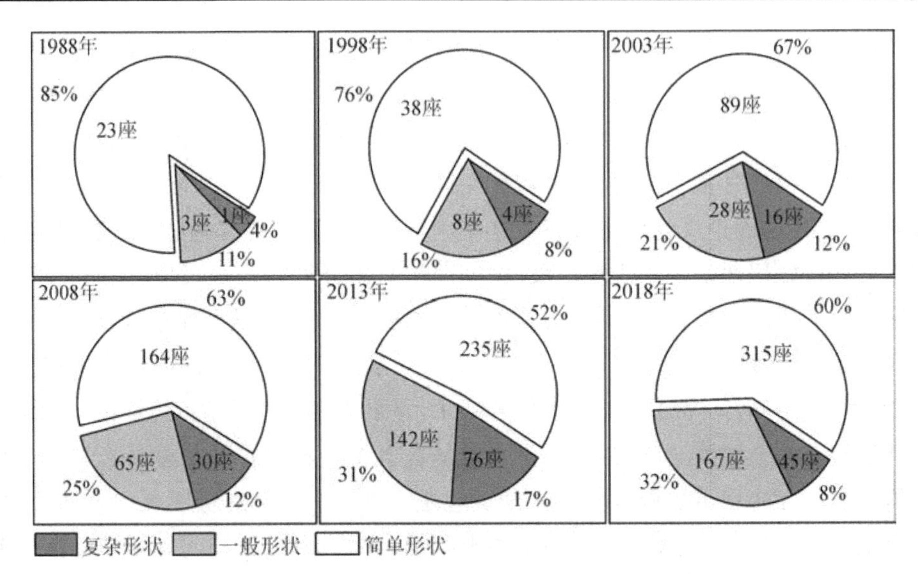

图 3-8　贵阳市建成区城市遗存山体斑块形状指数特征分析

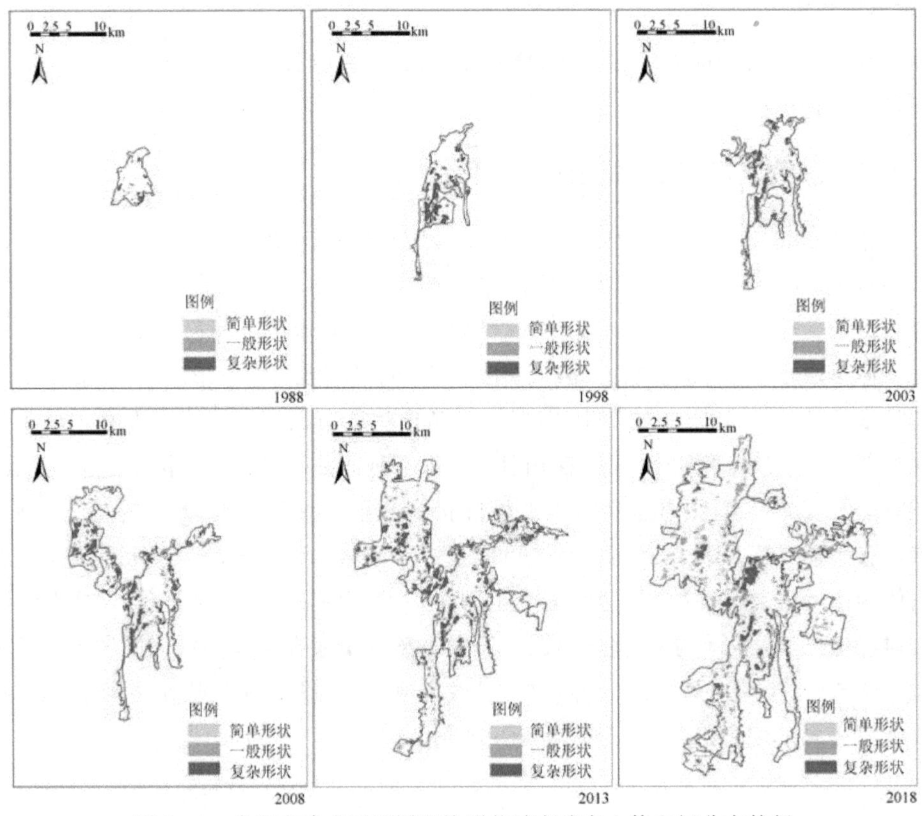

图 3-9　贵阳市建成区不同斑块形状城市遗存山体空间分布特征

3.2.6　研究区城市遗存山体相对高度特征

通过聚类分类，结合城市遗存山体不同高度的数量分布，城市遗存山体按相对高度可以划分为 4 个等级：大于 100 m、(50,100] m、(25,50] m 和小于等于25 m。由图 3－10 可以看出，研究区内城市遗存山体整体上以 50 m 以内的山丘为主，相对高度大于 50 m 的山体在数量上相对较少，大于 100 m 的更少。1988—2008 年，相对高度小于等于 25 m 的城市遗存山体在数量上均占据明显优势。这说明城市扩展过程中对周边城市遗存山体的纳入程度越来越强，一些体量较大的山体(相对高度大于50 m)在 2008 年以后较多地被镶嵌入建成区内。图 3－11 也表明这一时期，相对高度大于 50 m 的城市遗存山体主要分布在中心城区建成区的边缘地带。另外，城市遗存山体的相对高度与其规模成正比，相对高度大于 50 m 的多为大中型城市遗存山体，且以大型山体居多；中型城市遗存山体的相对高度主要集中于(25,50] m；小型城市遗存山体的相对高度基本在 25 m 以下。

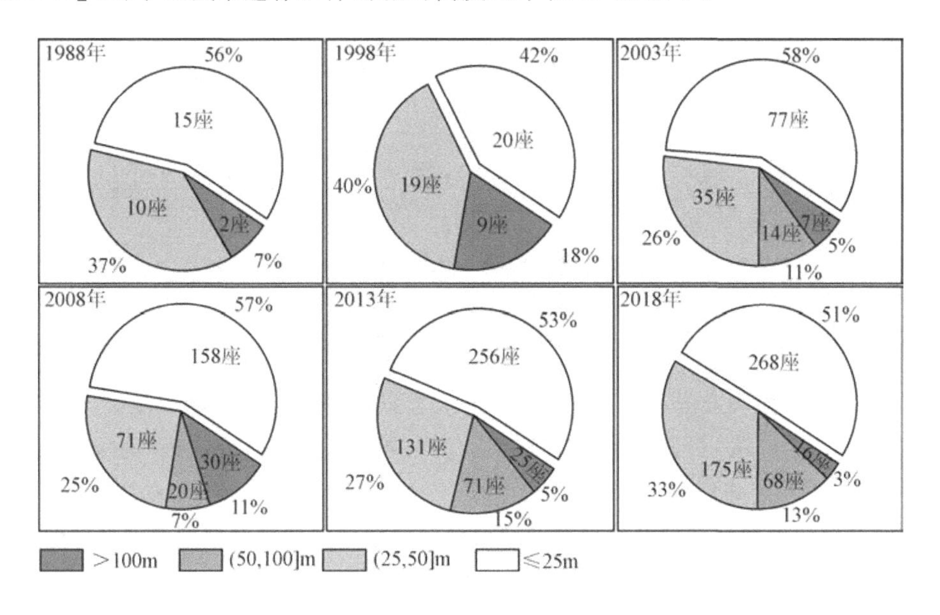

图 3－10　贵阳市建成区城市遗存山体相对高度变化特征

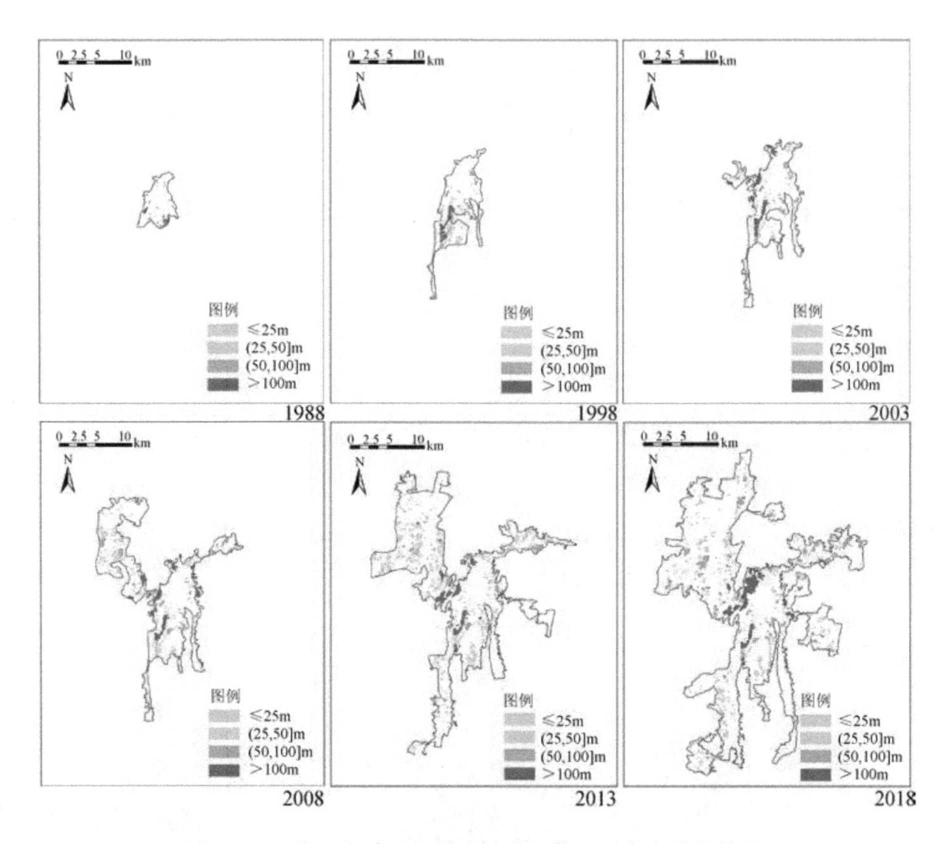

图 3-11　贵阳市建成区城市遗存山体相对高度分布特征

3.2.7　研究区城市遗存山体平均坡度特征

图 3-12 是研究区不同时期不同陡峭程度的城市遗存山体的数量占比。本研究采用自然断点法，对各时期城市遗存山体平均坡度进行划分，分别为极陡坡（坡度为(24°,56°]）、陡坡（坡度为(14°,24°]）、中陡坡（坡度为(7°,14°]）和缓坡（坡度小于等于 7°）。由图 3-12 可以看出：①1988—2018 年的城市扩展过程中，缓坡山体和中陡坡山体在数量上占据优势，而陡坡城市遗存山体数量在各时期均较小。6 期城市演变过程中，缓坡、中陡坡城市遗存山体均在数量上处于优势地位，而陡坡型城市遗存山体占各时期城市遗存山体数量的比例均小于 10%。②研究时段内，只有 2018 年出现 1 座极陡坡山体在研究区内，其余时段无极陡坡城市遗存山体出现。

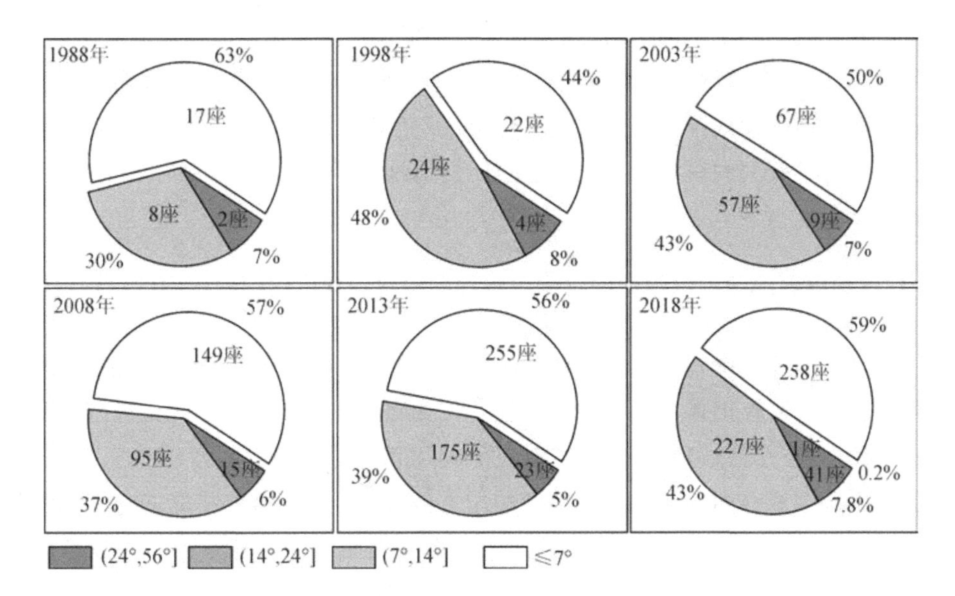

图 3－12　贵阳市建成区城市遗存山体平均坡度变化特征

从各时期不同坡度城市遗存山体的空间分布图(见图 3－13)可以看出,2013

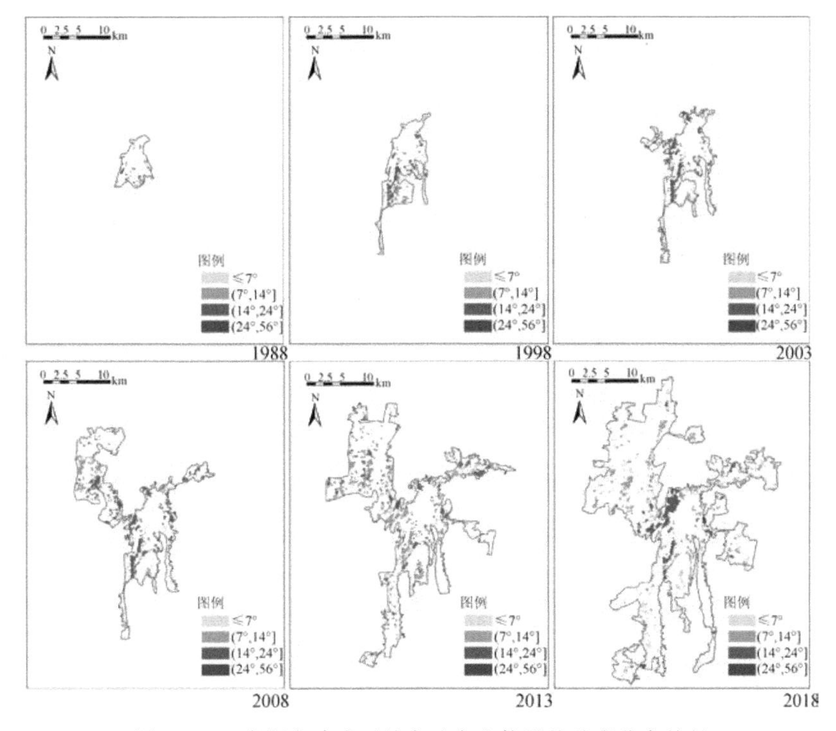

图 3－13　贵阳市建成区城市遗存山体平均坡度分布特征

年以前各种坡度的城市遗存山体在空间上分布整体较为分散，而到 2018 年，在研究区中心区域，多出现极陡坡和陡坡山体的集中分布现象，中陡坡和缓坡山体主要分布于建成区边缘地带。这说明 2013—2018 年城市内部的致密化发展对城市遗存山体产生了较大的影响，大部分山体被开挖，增大了城市遗存山体的平均坡度的陡峭程度。

3.3　本章小结

城市扩展过程中，研究区内城市遗存山体数量和面积随着建成区面积的增大而增加。城市遗存山体在建成区内的面积占比随时间推移表现为先增后减的变化规律。然而，在总体数量和面积增加的同时，城市遗存山体也出现了消失现象，且消失的山体数量和面积随建成区面积的增大而增加。由于外向扩展的速度和内部致密化的速度不同，所以被建设用地包围而镶嵌入城的城市遗存山体数量和面积出现的高峰时期，与被建设用地吞噬而消失的城市遗存山体的数量和面积出现的高峰时期不同步。在数量上，研究区内各时期小型和中型城市遗存山体占据优势，而大型城市遗存山体虽然数量少，但面积占比大于中小型山体。在空间分布上，大型城市遗存山体主要位于各城区的边缘地带，中小型城市遗存山体主要分布于各城区的中部地带。

多山地区城市扩展过程中，城市遗存山体的数量特征、空间格局及其形态特征的动态变化，主要是由城市化背景下的城市向外扩张和向内致密化发展驱动的。城市遗存山体不断受到建设用地的侵占，使其边缘形状总体趋于简单化。研究区内各时期边缘形状简单型的城市遗存山体均表现为以形状简单型山体为主的状态；在 1988—2018 年的城市景观格局变化过程中，小型和中型城市遗存山体边缘形状呈规则化和简单化的变化趋势，大型城市遗存山体的边缘线长，受到城市开展建设的影响，其边缘形状呈复杂化的变化动态。研究区内的城市遗存山体相对高度不高，多数山体相对高度在 50 m 以内，大型和少量中型城市遗存山体的高度超过 50 m，极少数大型山体相对高度超过 100 m。在空间分布上，中小型城市遗存山体主要分布于各城区中心地带，而大型山体主要分布于研究区边缘地带及部分城区之间的交接地带，即大型城市遗存山体自然划分了多山城市的行政区域。大多数城市遗存山体为缓坡和中陡坡山体，但随着城市内部致密化发展，城市遗存山体的坡度呈增加趋势。

总体来看，在建成区高强度人为干扰的影响下，绝大多数城市遗存山体被镶嵌入城后，其面积逐渐在减小，边缘形状趋于简单和规则化，山体受城市建设的侵占被开挖成陡边坡现象较普遍，既破坏了山体原有植被，也形成了陡峭的工程边坡，对城市遗存山体的原有植被造成了严重影响和破坏，降低了城市遗存山体的生态系统服务功能价值。然而，也有一些人为干扰，如公园化利用和复垦耕种等，使某些城市遗存山体坡度变缓或形成阶梯状。在城市建成区人工干扰场中，呈孤岛状存在的城市遗存山体，受到各种类型和程度不同的人为干扰，不仅直接影响着城市遗存山体的形态特征，对其原有植物也会形成直接或间接的负面影响，使原本脆弱的喀斯特山体植物群落稳定性和生物多样性面临严重的生态风险。

第4章　周边城市基质特征对城市遗存山体植物多样性的影响

城市化背景下的城市植物多样性一直以来是相关领域研究的热点问题。城市是一个复杂的自然-社会-文化复合生态系统，人类是城市环境中的主要因素，城市环境一旦建成后将是一个持续不断的人工干扰场。由于城市形态各异，城市发展程度不同，城市化对城市生物多样性影响的相关研究结果迥然不同，目前未形成统一的认识。多山城市作为一类特殊的城市类型，其镶嵌于城市建成区内的遗存山体多以原有植被为主，保留了当地植物物种的多样性。然而城市"基质海"中的遗存山体"岛屿"植物多样性与其周边城市基质之间存在相关关系，这一问题关系着城市遗存山体植物群落稳定性和植物多样性维持，而目前相关研究比较薄弱。城市基质特征是城市人为建设和活动的结果，一定程度上可以反映出其干扰强度，城市遗存山体植物多样性对周边的城市基质有哪些响应特征，这些响应中是否具有尺度效应？不同规模、区位的城市遗存山体，以及山体不同生活型植物对周边城市基质的响应规律如何？这些问题的探索对保护城市遗存山体生态系统完整性，以及合理规划城市遗存山体周边城市用地配置等，具有重要的科学意义和显著的现实意义。

4.1　样本山体选择、样地设置与植物群落调查

4.1.1　样本山体选择

为分析不同规模类型的城市遗存山体对周边城市基质特征响应的差异性，本研究基于高分辨率遥感影像解译和研究区 1∶10000 地形图等数据，运用系统聚类分析法，将研究区内 539 座城市遗存山体按投影面积规模划分为：小型城市遗存山体斑块（$\leqslant$3 hm^2）、中型城市遗存山体斑块（3 hm^2<面积<10 hm^2）和大型城市遗存山体斑块（$\geqslant$10 hm^2）三个类型。

为更全面探索城市遗存山体及其基质的空间分布特征，对研究区进行核密度分析。在 ArcGIS 11 平台中，运用 Kernel Density 工具测算研究区核密度。本研究将核密度划分为：低核密度（7～9 级）、中核密度（4～6 级）和高核密度（1～3 级）

三个等级。由图 4－1 可以看出，研究区的核密度分布表现出四周疏而中心密的总体布局特征。具体来看，核密度低值区域主要出现在白云区、乌当区和花溪区边缘地带；核心密度高值区主要位于云岩区、南明区和观山湖区的中心区域。

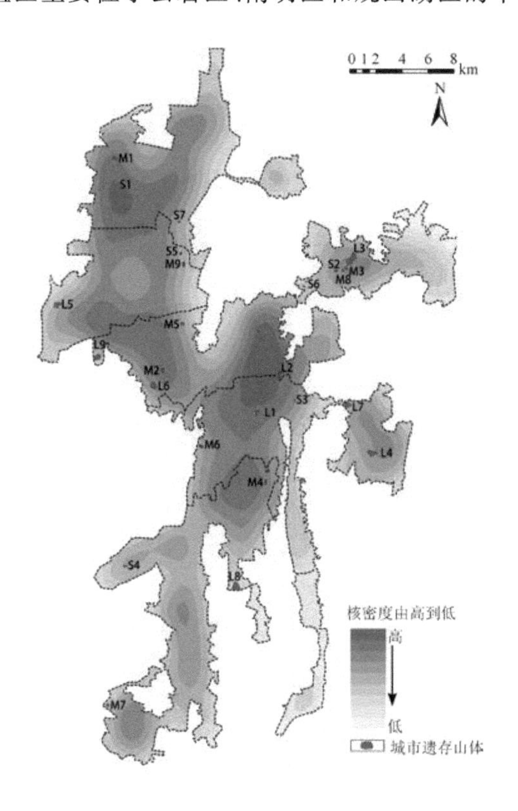

图 4－1　贵阳市建成区核密度分布图

本研究结合城市遗存山体斑块面积与研究区核密度等级，采用典型取样方法，在研究区范围内选取 25 座城市遗存山体作为研究对象（见表 4－1），其中小型城市遗存山体 7 座、中型城市遗存山体 9 座和大型城市遗存山体 9 座。由于小型城市遗存山体在高核密度区域中分布的数量较少，所以选取了 7 座样本山体（低核密度区 3 座，高、中核密度区各 2 座），中型和大型城市遗存山体分别于核密度等级高、中、低值区各选 3 座样本山体（见图 4－1）。

表 4-1　研究区城市遗存山体样本山体基本特征

山体类型	编号	面积/hm²	所在区	入城时间/年	核密度	海拔/m
大型	L1	10.19	南明区	30	高	1121.4
	L2	11.61	云岩区	20		1149.9
	L3	15.65	乌当区	10		1163.6
	L4	13.67	花溪区	1	中	1114.4
	L5	10.52	观山湖区	5		1303.2
	L6	11.23	云岩区	15		1271.2
	L7	14.01	南明区	5	低	1144.1
	L8	17.4	花溪区	1		1111.8
	L9	10.13	云岩区	1		1295.5
中型	M1	5.87	白云区	1	高	1302.5
	M2	4.07	云岩区	10		1210.6
	M3	4.05	乌当区	10		1123.7
	M4	8.03	花溪区	5	中	1127.3
	M5	4.36	云岩区	5		1275.5
	M6	5.59	南明区	1		1135.3
	M7	4.7	花溪区	1	低	1194.3
	M8	3.83	乌当区	10		1128.7
	M9	7.72	观山湖区	5		1322.3
小型	S1	1.16	白云区	10	高	1304.1
	S2	2.57	乌当区	10		1118.2
	S3	1.85	南明区	1	中	1144.1
	S4	2.89	花溪区	1		1128.2
	S5	2.72	观山湖区	5	低	1300.2
	S6	1.32	乌当区	5		1159.8
	S7	1.46	白云区	1		1297.3

4.1.2　样地样方设置

在 ArcGIS 11 软件中确定各样本山体山顶中心位置，以山顶为中心分别向东、南、西、北四个方向延伸，测量各方向垂直投影距离，等间距在山顶、山腰（山顶至山坡坡面的中间位置)、山脚各方向上各设置一个样点,每个山体各设12个样点。部分样本山体因岩石严重裸露、开挖边坡或严重人为干扰等原因,在山脚处无法设置样地,则不设置样点。各样点设置30 m×30 m的样地,各样地按5点法设置5个10 m×10 m的乔木样方,在乔木样方内按5点法嵌套设置5个3 m×3 m的灌木样方和5个1 m×1 m的草本样方。

4.1.3 植物群落调查与植物物种多样性测算

调查内容为每个样地的地理坐标、经纬度、海拔、坡向及样地周围环境等信息。各样方内的调查记录包括:乔木种名、数量、高度、胸径、冠幅等;灌木(包括小乔木)的种名、高度、冠径、株数等;草本的种名、株数或盖度等。乡土植物与外来植物物种的区分参考《贵州植物志》和《中国植物志》(https://www.plantplus.cn/cn)。

城市遗存山体植物物种多样性指数,采用Margalef指数(R)、Shannon-Wiener指数(H')、Simpson指数(D)和Pielou指数(Jh)进行测度(马克平 等,1995)。每座样本山体分别测算复合群落(即整座山体)的总体植物(包含所有植物),乔木层、灌木层和草本层等不同生长型植物多样性指数。

$$R=\frac{S-1}{\ln n} \tag{4-1}$$

$$H'=-\sum_{i=1}^{s}(P_i\ln P_i) \tag{4-2}$$

$$D=1-\sum_{i=1}^{s}P_i^2 \tag{4-3}$$

$$\mathrm{Jh}=\frac{H'}{\ln S} \tag{4-4}$$

式中,n为总个体数量;S为总物种数量;ln为以e为底的自然对数;$P_i=n_i/n$,n_i表示第i个物种的个体数量。

4.2 城市基质缓冲区设置及指标测算

4.2.1 景观类型解译

获取研究区2018年Pleiades高分辨率卫星影像图(0.5 m空间分辨率),作为城市景观格局分析的基础数据源,用于分析城市遗存山体样本山体缓冲区城市基质特征。基于ArcGIS 11软件,通过目视解译,并参考相关规划资料,结合实地调查,对遥感影像进行矢量化。参考《土地利用现状分类(GB/T 21010—2017)》,将研究区景观类型分为工业用地(M)、居住用地(R)、公共设施用地(U)、公共管理与公共服务用地(A)、交通设施用地(S)、商业服务设施用地(B)、物流仓储用地(W)、绿地(G)8类,以及城市遗存山体(EG)、林地(E22)、草地(E31)、水域(E1)、耕地(E21)和未利用地(E32)6类,总共14类,其中林地(E22)是指分布在除城市遗存山体以外的各种林地,从而建立研究区空间属性数据库。

4.2.2 缓冲区设置

城市基质特征对城市遗存山体植物群落特征的影响可能存在空间尺度效应(Smith et al.,2011),因此在城市遗存山体周边提取城市基质特征相关指标时需要设置多级缓冲区。基于ArcGIS 11平台的Multiple Ring Buffer工具,以所选样本山体的边缘线为缓冲区基准线,按100 m间距向外依次等距设置环状缓冲区,缓冲区宽度按100 m递增到最大缓冲区宽度为2000 m,共设置20个缓冲区(见图4-2)。运用ArcGIS 11平台的"Spatial Analyst—Analysis tools—The intersection"工具,将研究区景观格局属性数据与各缓冲区进行叠加,提取每个缓冲区的景观格局属性数据,构建各样本山体的20个缓冲区的城市基质基础数据库,分析缓冲区城市基质特征。

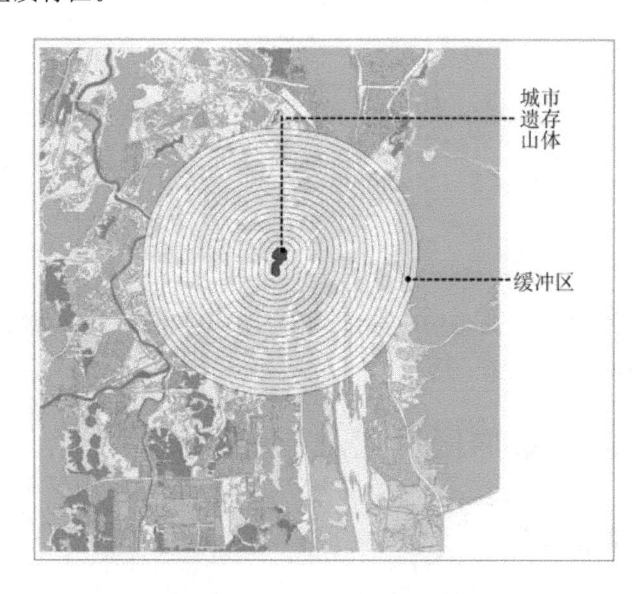

图4-2 缓冲区设置示意图

4.2.3　城市基质指标

缓冲区城市基质特征选择以下指标进行表征：土地利用类型面积占比(PLU_i)、景观破碎度指数(FI)、不透水表面覆盖率(PTIA)、植被覆盖度(VC)、不透水表面覆盖时间、核密度值。

1. 土地利用类型面积占比

土地利用类型体现的是人类活动的干扰方式和强度，而城市植被的分布受到土地利用方式的强烈影响(Yang et al.，2017)。将各级缓冲区内的每种景观类型的面积除以该级缓冲区总面积，可以得到土地利用类型面积占比。每个缓冲区有多少种景观类型，该指标则对应多少个指标测算值，从而分析各类土地利用类型面积占比与城市遗存山体植物群落指标之间的关系。土地利用类型面积占比的计算方式如下：

$$PLU_i = (LU_i / BA) \times 100\% \tag{4-5}$$

式中，LU_i 为第 i 种土地利用类型在缓冲区内的总面积；BA 是指同级缓冲区总面积。

2. 景观破碎度指数

景观破碎度表征景观被分割的破碎程度，反映景观空间结构的复杂性，在一定程度上反映了景观的受干扰程度(邬建国，2007)。景观破碎度指数的计算方式如下：

$$FI = P_i / S_i \tag{4-6}$$

式中，FI 为景观破碎度指数；P_i 为景观 i 的斑块数；S_i 为景观 i 的总面积。

3. 不透水表面覆盖率

不透水表面覆盖率是衡量城市环境与城市化程度的重要指标(Yan et al.，2019)。本研究以不透水表面覆盖率表征城市遗存山体周边城市开发建设强度，分析城市开发建设强度对城市遗存山体植物群落物种多样性的影响。不透水表面覆盖率的计算公式如下：

$$PTIA = (TIA / BA) \times 100\% \tag{4-7}$$

式中，PTIA 为不透水表面覆盖率；TIA 为缓冲区总不透水表面积，指 R、A、B、M、W、S、U 7 类土地用地面积之和；BA 指缓冲区内所有用地类型面积之和。

4. 植被覆盖度

城市遗存山体周边的各类绿地与城市遗存山体存在生态空间的兼容性(Hayriye et al.,2009),可以缓解城市开发建设带来的影响。植被覆盖度的计算方式如下：

$$VC = (BZT_{VC}/BA) \times 100\% \tag{4-8}$$

式中,VC 为缓冲区植被覆盖度;BZT_{VC} 为缓冲区植被覆盖总面积,是 G、E21、E22、E31、E1、EG 6 类土地利用之和;BA 为同级缓冲区总面积。

5. 不透水表面覆盖时间

以 1988 年为基准年,获取研究区 6 期(1988 年、1998 年、2003 年、2008 年、2013 年、2018 年)多源多时相高分辨率遥感影像(2003 年以前空间分辨率不低于 17 m、2008 年以后空间分辨率为 0.5 m),作为主要数据源。以地理信息系统空间信息技术为手段,采用科学解译方法,基于 ArcGIS 11 软件平台,确定各时段研究区建成区边界;然后叠加各时段建成区边界,对 2018 年建成区按不同建成时段进行分区,获取各样本山体周边缓冲区不透水表面覆盖时间。

4.2.4 数据处理

城市遗存山体植物多样性指数与城市基质特征指标之间的相关性,本研究采用 Pearson 相关性进行分析。同时,本研究通过多元线性回归模型分析城市遗存山体复合群落和局部群落各层次植物多样性指数与城市基质特征指标之间的量化关系及其显著程度,以揭示城市基质特征因素对喀斯特多山城市遗存山体植物多样性的影响规律及其尺度效应。

4.3 城市内部致密化发展对城市遗存山体时空格局的影响

通过对 6 个时段的大型城市遗存山体样本山体的二维边界形状数据对比分析(见图 4-3),可以看出,1988—2018 年大型城市遗存山体样本山体的形态演变特征为:①所有样本山体斑块面积都在持续减小,L1 的面积 1988—2018 年减小了近一半,L6 的面积在 2003—2018 年减小超过一半。②样本山体的边缘形状有一定的差异,其中 L1、L2 和 L8 的形状更为复杂;随着遗存时间的推移,各山体的形状也在发生变化,其中边缘形状越来越复杂的山体有 L2、L3 和 L6;边缘形态复杂程度变得简单化的山体为 L7;其他山体面积有减小,但形状复杂程度变化不明显。由图 4-3 还可以看出,城市遗存山体被镶嵌入城市建成区后,不仅在面积方面缩减,在相对高度和平均坡度方面也受到了影响。其中,L3、L6 和 L7 的平均坡度在逐渐变陡,而且 L3 和 L6 的相对高度在降低。

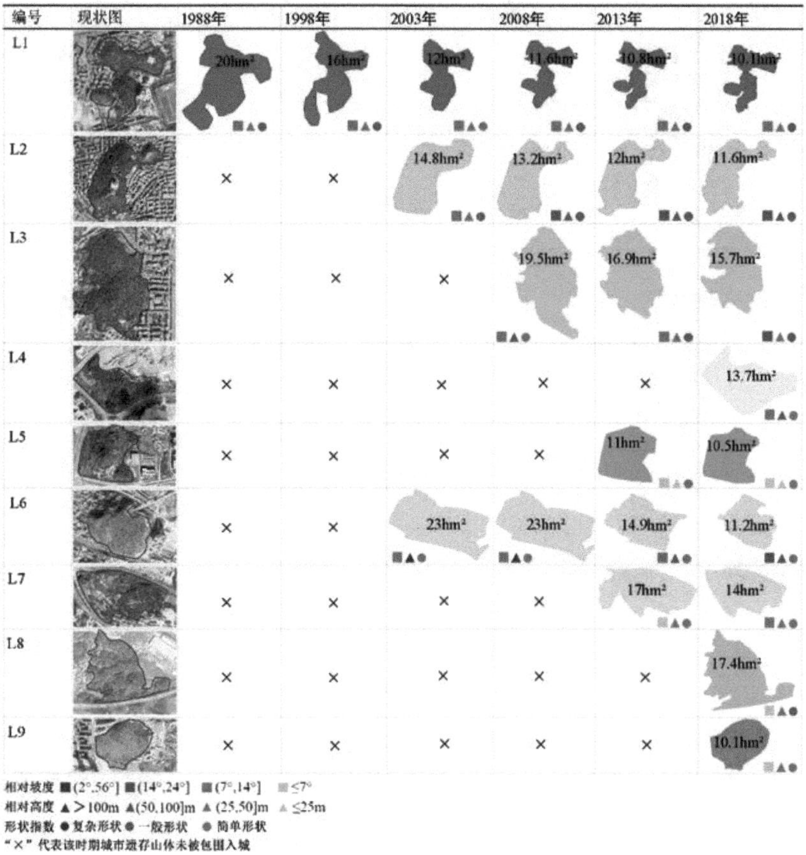

编号	现状图	1988年	1998年	2003年	2008年	2013年	2018年
L1		20hm^2	16hm^2	12hm^2	11.6hm^2	10.8hm^2	10.1hm^2
L2		×	×	14.8hm^2	13.2hm^2	12hm^2	11.6hm^2
L3		×	×	×	19.5hm^2	16.9hm^2	15.7hm^2
L4		×	×	×	×	×	13.7hm^2
L5		×	×	×	×	11hm^2	10.5hm^2
L6		×	×	23hm^2	23hm^2	14.9hm^2	11.2hm^2
L7		×	×	×	×	17hm^2	14hm^2
L8		×	×	×	×	×	17.4hm^2
L9		×	×	×	×	×	10.1hm^2

相对坡度 ■(2°,56°] ■(14°,24°] ■(7°,14°] ■≤7°
相对高度 ▲>100m ▲(50,100]m ▲(25,50]m ▲≤25m
形状指数 ●复杂形状 ●一般形状 ●简单形状
“×”代表该时期城市遗存山体未被包围入城

图 4 - 3　1988—2018 年大型样山时空格局演变特征

图 4 - 4 是中型城市遗存山体样本山体的演变特征。本研究所选中型样本山体镶嵌入城的时间均在 2008 年左右，其中 M6 和 M7 是新镶嵌入城的城市遗存山体，其受城市建设影响的结果尚未表现出来。和大型城市遗存山体一样，中型城市遗存山体随着其镶嵌入城时间的推移，其斑块面积同样在减小，其中面积减幅最大的是 M3 号样山，2008—2018 年面积减缩了一半多。在面积缩小的同时，中型城市遗存山体也存在边缘形状简单化的变化趋势，其中最为明显的是 M3 号山体。此外，大多数山体的平均坡度呈变缓趋势，M2、M3 和 M5 最为明显，而且 M3 和 M5 的高度随遗存时间的加长而降低。

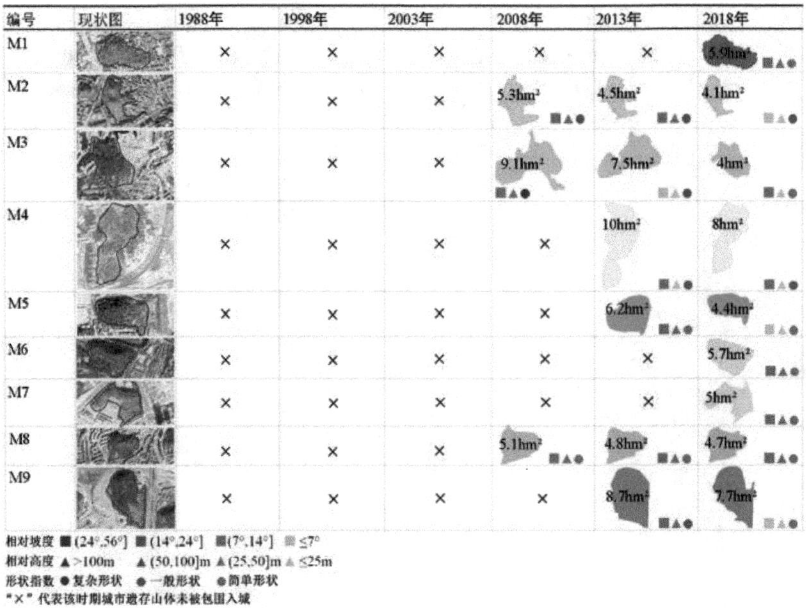

编号	现状图	1988年	1998年	2003年	2008年	2013年	2018年
M1		×	×	×	×	×	5.9hm^2
M2		×	×	×	5.3hm^2	4.5hm^2	4.1hm^2
M3		×	×	×	9.1hm^2	7.5hm^2	4hm^2
M4		×	×	×	×	10hm^2	8hm^2
M5		×	×	×	×	6.2hm^2	4.4hm^2
M6		×	×	×	×	×	5.7hm^2
M7		×	×	×	×	×	5hm^2
M8		×	×	×	5.1hm^2	4.8hm^2	4.7hm^2
M9		×	×	×	×	8.7hm^2	7.7hm^2

相对坡度 ■(24°,56°] ■(14°,24°] ■(7°,14°] ■≤7°
相对高度 ▲>100m ▲(50,100]m ▲(25,50]m ▲≤25m
形状指数 ●复杂形状 ●一般形状 ●简单形状
“×”代表该时期城市遗存山体未被包围入城

图 4－4　1988—2018 年中型样山时空格局演变特征

由图 4－5 小型城市遗存山体样本山体的演变分析图可以看出，小型山体的斑块面积也随着遗存时间的推移而减小，特别是 S2 号样山的斑块面积由 2008 年的 9.1 hm^2 减小到 2018 年的 2.6 hm^2，面积缩小了 6.5 hm^2。通过遥感影像和现场调查发现，大部分山体被居住用地所替代，削山建房现象在研究区比较普遍。这说明多山城市建设用地紧张，城市遗存山体是城市内部致密化发展的土地空间主要供给者。小型城市遗存山体本身边缘形状较为简单，但在城市建成区内，随着遗存

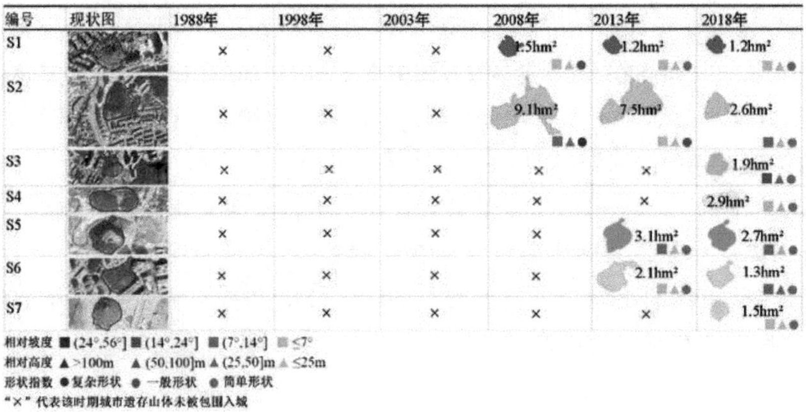

编号	现状图	1988年	1998年	2003年	2008年	2013年	2018年
S1		×	×	×	1.5hm^2	1.2hm^2	1.2hm^2
S2		×	×	×	9.1hm^2	7.5hm^2	2.6hm^2
S3		×	×	×	×	×	1.9hm^2
S4		×	×	×	×	×	2.9hm^2
S5		×	×	×	×	3.1hm^2	2.7hm^2
S6		×	×	×	×	2.1hm^2	1.3hm^2
S7		×	×	×	×	×	1.5hm^2

相对坡度 ■(24°,56°] ■(14°,24°] ■(7°,14°] ■≤7°
相对高度 ▲>100m ▲(50,100]m ▲(25,50]m ▲≤25m
形状指数 ●复杂形状 ●一般形状 ●简单形状
“×”代表该时期城市遗存山体未被包围入城

图 4－5　1988—2018 年小型样山时空格局演变特征

时间的增加，多数小型城市遗存山体的形态向近圆形的规则形状演变。除 S2 的相对高度有所减小外，其余小型城市遗存山体的平均坡度和相对高度变化不明显。

通过对大、中和小型城市遗存山体样本山体形态的演变特征进行时间尺度上的分析可以看出，城市遗存山体在强烈的城市人工干扰场中，一直受到城市建设的影响和干扰。山体斑块面积的缩小是普遍问题，因为山体四周不断被各类建设用地所蚕食侵占，山体面积在减缩的同时，相对高度也在降低，平均坡度变陡。这种对山体生境直接的破坏式的干扰必将严重影响植被群落的稳定性和植物物种多样性的维持。调查过程中发现，除了山体山脚相对较缓的地带被城市建设侵占外，有些山体内部也受到公园化利用和周边居民复垦种植等的干扰。因此，城市遗存山体植物多样性在受到内部和外部直接或间接干扰时如何响应，与其周边城市基质特征可能有一定的相关关系。

4.4　城市基质特征对城市遗存山体植物物种多样性的影响

4.4.1　不透水表面覆盖率对城市遗存山体植物群落物种多样性的影响

由图 4－6 可以看出，各规模城市遗存山体的总体植物多样性指数与不透水表面覆盖率之间不存在显著相关性（$p>0.05$）。但各生长型植物多样性的相关性分析结果（见图 4－7）表明，不同规模城市遗存山体的不同层次植物物种多样性与不透水表面覆盖率之间的相关性存在差异。小型城市遗存山体 2000 m 缓冲区范围内，不透水表面覆盖率与乔木层和灌木层的各多样性指数之间无显著相关性，但在 100～200 m 范围内与草本层物种多样性指数呈显著正相关，这说明小型城市遗存山体的草本层物种多样性对周边缓冲区不透水表面覆盖率比较敏感。中型城市遗

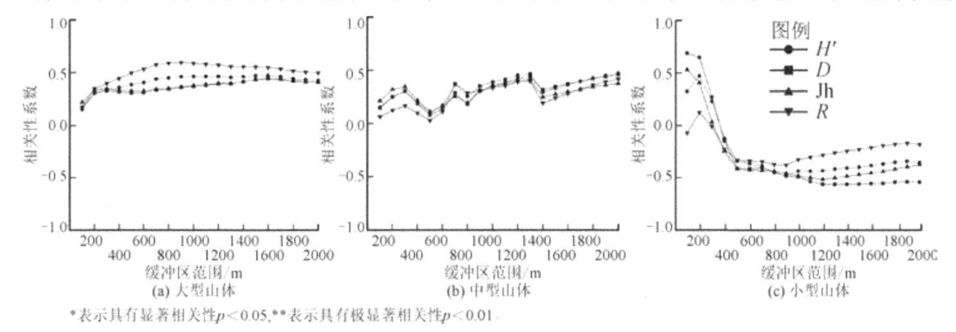

图 4－6　缓冲区不透水表面覆盖率与城市遗存山体总体植物多样性相关性分析

存山体在 300～400 m 范围缓冲区内不透水表面覆盖率与乔木层物种多样性之间表现为显著负相关关系；在 1100～1300 m 范围缓冲区内与草本层物种多样性显著正相关；与灌木层物种多样性各指数在各级缓冲区均无显著相关性。大型城市遗存山体在 1400～2000 m 范围缓冲区内不透水表面覆盖率与乔木层物种多样性显著负相关，与灌木层和草本层物种多样性在各级缓冲区内均无显著相关性。

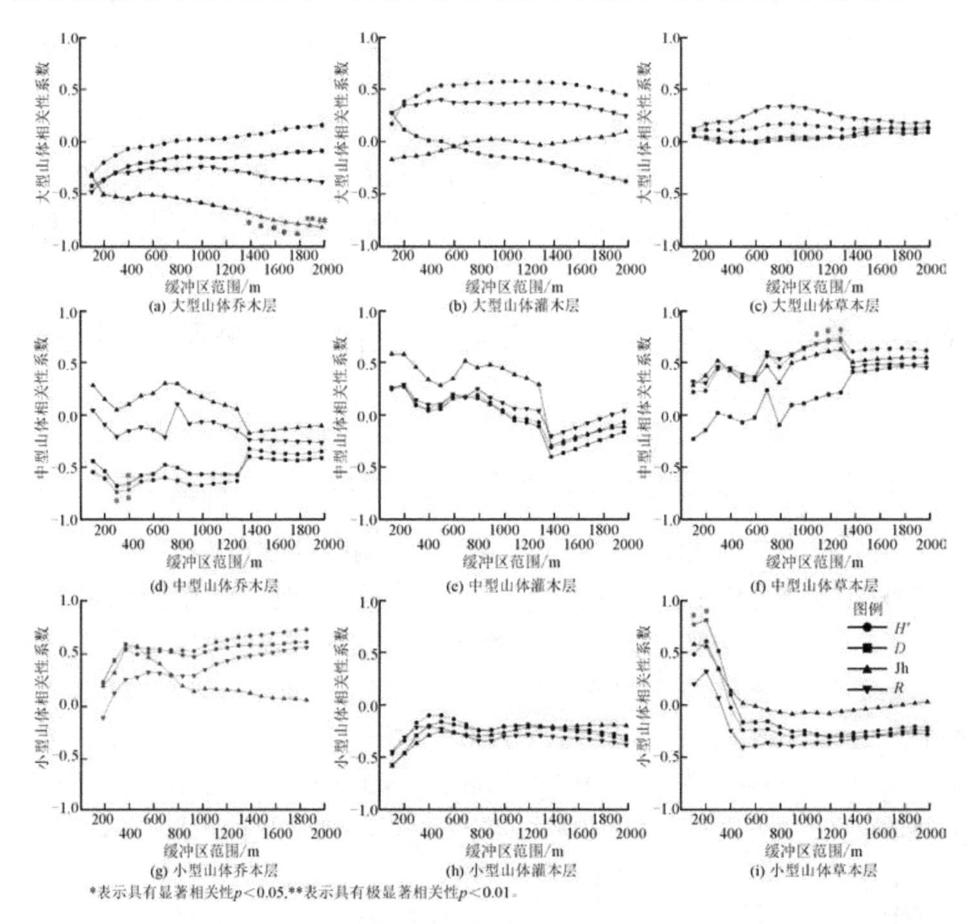

图 4-7　缓冲区不透水表面覆盖率与大型城市遗存山体各层次植物多样性相关性分析

不透水表面覆盖率是反映城市地区开发建设强度的重要指标之一，有研究表明城市不透水表面覆盖率与城市植物物种多样性之间存在负相关关系（Peng et al.，2019；Yan et al.，2019）。但也有学者提出相反观点，Angold 等（2006）认为城市不透水表面景观对城市生境形成的空间隔离并不一定会影响生物的活动，所以也不一定会对城市植物多样性产生负面影响。多山城市遗存山体植物物种多样性与周边缓冲区内不透水表面覆盖率的相关性分析结果表明，城市遗存山体的总体植物物种多样性与缓冲区不透水表面覆盖率在 2000 m 范围内无显著相关关系，但不同规模山体的不同层次植物物种多样性却表现出与缓冲区不透水表面覆盖率的相关关系，而且相关关系及其空间尺度存在差异。这说明城市遗存山体植物物种多样性受不透水表面覆盖率的影响具有复杂的机制，且与一般城市的相关研究结果不同。一般城市中植物多样性多为人为干预下的园林绿地的植物群落特征，这些绿地的建设直接与城市基质中不透水表面的空间配置相关，而城市遗存山体的植被为保留了原有状态的自然或近自然植被。另外，城市不透水表面覆盖率只反映了城市开发建设的强度，并不能表征城市用地类型，而不同城市用地类型的人为活动方式不同，对城市遗存山体植物群落的干扰方式和作用也不同。如城市道路也是一种不透水表面，但城市道路可能在一定程度上有利于不同生境间的物种扩散和信息流动，反而会表现出积极作用。如果城市遗存山体周边缓冲区内是林立的高楼，可能会改变城市遗存山体的光环境，使一些光敏感性的植物在城市遗存山体中迁入或死亡，进而影响了其植物物种多样性水平。不同规模的城市遗存山体对城市基质中各种城市建设类型形成的不透水表面覆盖会产生不同程度和不同尺度上的响应，从而导致上述结果的不一致。总体来看，草本植物物种多样性对不透水表面覆盖率的响应更为积极和敏感，这与草本植物的生物学特性有关，也符合一般的生态学规律，即草本植物生命周期短，繁殖迅速，对生境资源要求低。

4.4.2　土地利用对城市遗存山体植物群落物种多样性的影响

不同规模城市遗存山体总体植物多样性指数与土地利用类型面积占比相关性分析结果（见图 4－8）表明，不同规模城市遗存山体的不同层次植物物种多样性与各类城市土地利用类型之间的相关性表现也不同。总体植物层物种多样性，在小型城市遗存山体中与缓冲区内水域（E1）面积占比呈显著负相关；在中型城市遗存

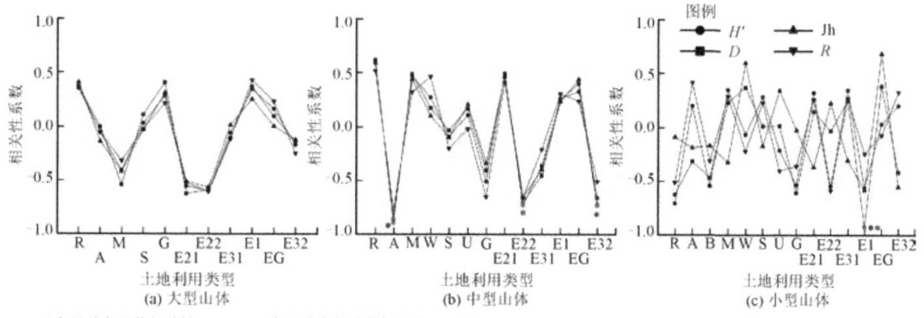

(a) 大型山体　(b) 中型山体　(c) 小型山体

*表示具有显著相关性 $p<0.05$，**表示具有极显著相关性 $p<0.01$。

图 4－8　不同规模城市遗存山体总体植物多样性与缓冲区土地利用类型相关性分析

山体中与未利用地(E32)、林地(E22)和公共管理与公共服务用地(A)的面积占比显著负相关;大型城市遗存山体中与各类土地利用类型无显著相关性。图 4-9 反映了不同层次植物物种多样性与各土地利用类型面积占比之间的相关关系。不同规模城市遗存山体乔木层物种多样性指数与各土地利用类型面积占比之间的关系表现如下:小型城市遗存山体中与未利用地(E32)面积占比正相关;中型城市遗存山体中与工业用地(M)面积占比显著负相关;大型城市遗存山体中与居住用地(R)的面积占比呈显著负相关。灌木层物种多样性与各土地利用类型面积占比在不同规模城市遗存山体中表现为:大型、中型和小型城市遗存山体中都没有相关性。草本层物种多样性与各土地利用类型占比的相关性在不同规模的城市遗存山体中表现为:小型城市遗存山体中与水域(E1)面积占比负相关，与公共设施用地

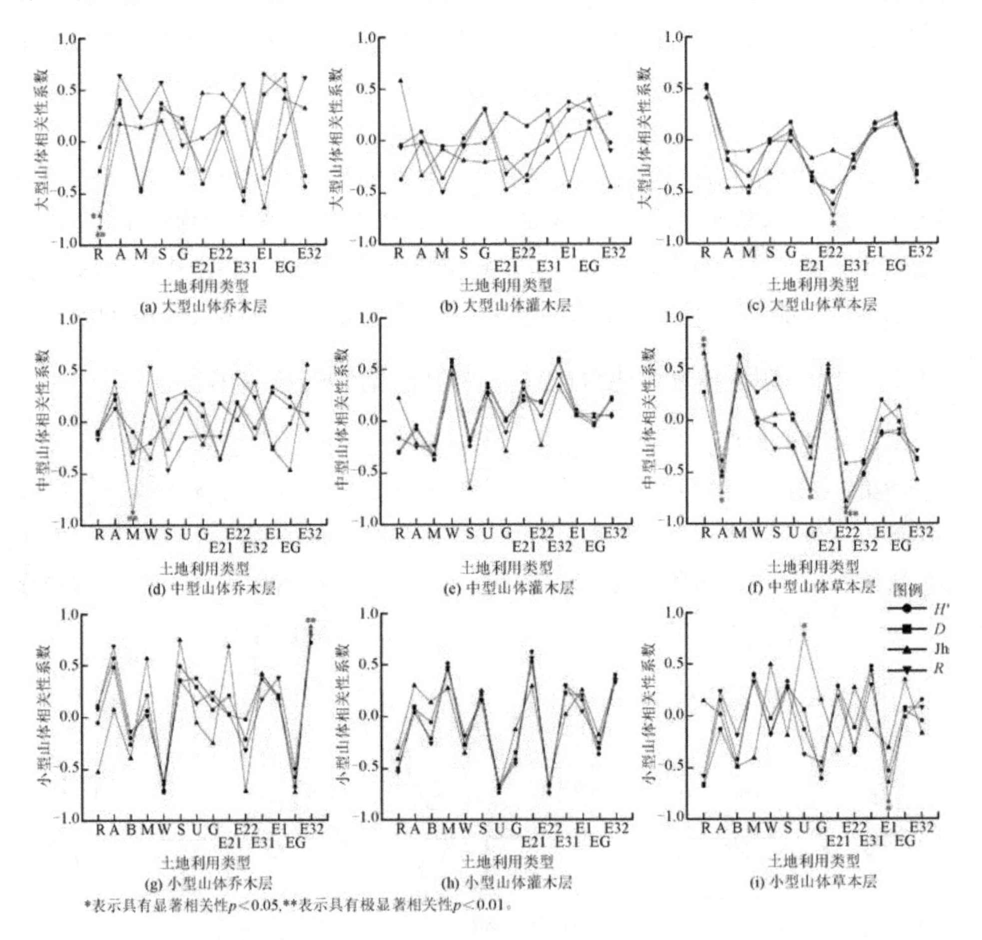

图 4-9　不同规模城市遗存山体各层次植物多样性与缓冲区土地利用类型相关性分析

(U)面积占比正相关;中型城市遗存山体中与居住用地(R)面积占比正相关,与林地(E22)、绿地(G)和公共管理与公共服务用地(A)的面积占比呈显著负相关;大型城市遗存山体中与林地(E22)显著负相关。

城市地区土地利用类型的多样性和破碎化导致了城市景观的异质性,进而影响城市生物多样性(McKinney,2008)。Walz(2015)认为由城市土地利用缀块的空间配置形成的景观格局可以调节或塑造城市植物群落的物种组成与多样性。然而,大多数学者研究的是各类城市土地利用类型中的植物多样性,并发现不同的土地利用类型中人为活动对绿地植物群落的干扰方式和强度不同,导致了不同的土地利用类型间植物多样性的差异(赵海霞 等,2002;Kowarik,1995;王应刚 等)。这种情况下的土地利用类型对植物多样性的影响和干扰是直接的。而城市遗存山体本身就是多山城市中一种特殊的用地类型,其植物多样性与缓冲区的土地利用类型在空间上不存在叠加关系,所以周边土地利用类型对城市遗存山体植物多样性的影响并不那么直接。本研究发现,小型和中型城市遗存山体总体植物多样性显著受缓冲区土地利用类型组成的影响,乔本层和草本层物种多样性在各规模的山体中受到缓冲区土地利用类型的显著影响,但灌木层物种多样性表现的并不明显,各层次植物物种多样性与各土地利用类型占比的相关关系并不一致。这一结果说明缓冲区内土地利用类型对城市遗存山体植物物种多样性的影响可能存在不同用地类型间的权衡或协同关系,因为在城市基质中土地利用类型的组成与空间结构关系十分复杂(Luck et al.,2002)。本研究中以用地类型面积占比来衡量各类城市用地类型对城市遗存山体植物多样性的影响,虽然在一定程度上可以量化不同用地类型的影响作用,但无法排除同一缓冲区内其他用地类型的作用,而且在城市基质中同一缓冲区内只有一种用地类型的情况非常少。另外,不同层次的植物对周边各种人为干扰的抵抗力和适应性各不相同,这些因素都可能导致研究结果的差异性。

4.4.3　缓冲区城市基质的植被覆盖度对城市遗存山体植物群落物种多样性的影响

图 4-10 表明,缓冲区城市基质的植被覆盖度对不同规模城市遗存山体总体植物物种多样性的影响具有差异性,其中小型城市遗存山体总体植物物种多样性的 Simpson 指数(D)和 Pielou 指数(Jh),在 900～2000 m 范围的缓冲区内与植被覆盖度呈显著正相关关系;中型城市遗存山体总体植物物种多样性各指数在整个缓冲区内没有表现出与植被覆盖度的相关性;大型城市遗存山体总体植物多样性

的 Simpson 指数(D)和 Pielou 指数(Jh),在 200～2000 m 范围的缓冲区内与植被覆盖度呈显著负相关关系。

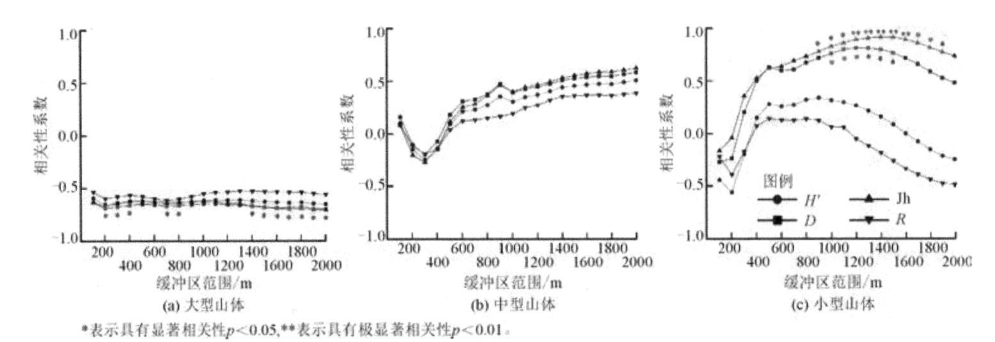

图 4-10　城市遗存山体总体植物多样性与缓冲区植被覆盖度相关性分析

图 4-11 是各类城市遗存山体不同生长型植物物种多样性指数与各级缓冲区植被覆盖度之间的相关性分析结果。乔木层物种多样性与缓冲区植被覆盖度的相关性表现为:小型城市遗存山体中在 300～400 m、1700～2000 m 处只有 Pielou 指数(Jh)与缓冲区植被覆盖呈显著负相关,其余多样性指数相关性不显著;中型城市遗存山体中只有 Shannon-Wiener 指数(H')在 300～400 m 缓冲区范围内与缓冲区植被覆盖呈显著正相关,其余多样性指数无显著相关性;大型城市遗存山体的整个缓冲区范围内,无任何物种多样性与缓冲区植被覆盖度表现出相关性。灌木层物种多样性与缓冲区植被覆盖度相关性结果为:小型城市遗存山体中只有 Simpson 指数(D)和 Shannon-Wiener 指数(H')在 1700～2000 m 范围内与植被覆盖度显著负相关;中型城市遗存山体中 Pielou 指数(Jh)在 200～300 m 范围内与植被覆盖度显著负相关;大型城市遗存山体中,整个缓冲区范围内无显著相关性。草本层物种多样性与缓冲区植被覆盖度相关性表现为:小型和中型城市遗存山体均无显著相关性;大型城市遗存山体中,整个缓冲区范围内 Margalef 指数(R)、Simpson 指数(D)和 Shannon-Wiener 指数(H')与缓冲区植被覆盖度均表现出显著的负相关关系。

一般情况下,城市基质的植被覆盖度对城市植物多样性具有显著的影响作用,因为城市基质的植被覆盖度与生境面积相关(Ruffell et al.,2017; Brunbjerg et al.,2018)。本研究结果中,小型和大型城市遗存山体的总体植物物种多样性中,仅 Simpson 指数(D)和 Pielou 指数(Jh)在一定尺度的缓冲区内与植被覆盖度有一定的相关性,而中型山体中没有表现出相关性。乔木、灌木和草本各层植物物种多样性指数与缓冲区植被覆盖度的相关关系存在正负和空间尺度上的差异,说

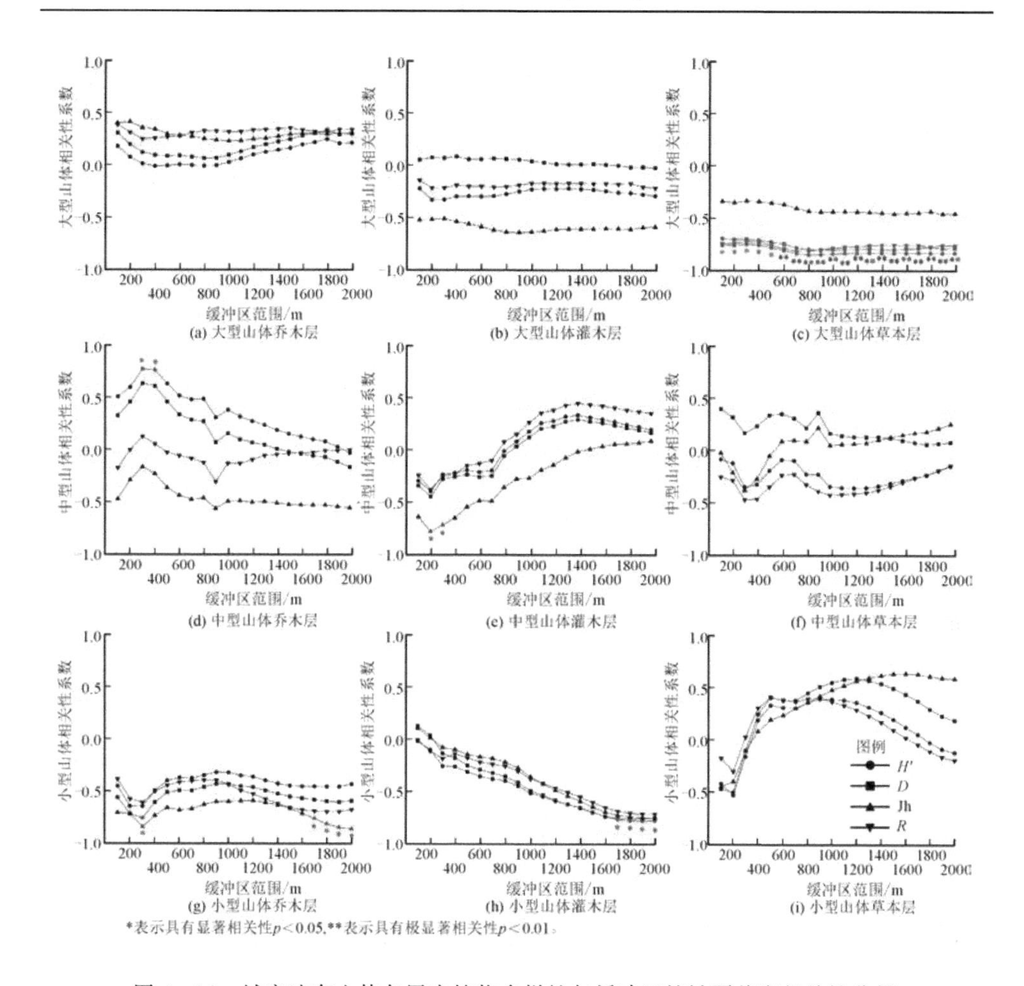

图 4-11　城市遗存山体各层次植物多样性与缓冲区植被覆盖度相关性分析

明植被覆盖度对城市遗存山体不同层次植物多样性的影响也可能存在相互叠加或抵消的作用,因为总体植物多样性基本上没有表现出对缓冲区基质中植被覆盖度的响应关系。另外,植物群落对外界干扰的响应存在时间上的滞后效应。有研究表明,城市基质的植被覆盖对相邻生境的影响在 45 年左右才表现出显著正相关(Grove et al.,2006; Troy et al.,2007)。所以,增加城市遗存山体周边的植被覆盖度,短期内对城市遗存山体植物多样性和群落稳定性的维持,不一定会有明显作用和效果。然而,缓冲区的植被不管是自然残余植物还是人工园林绿化植被,在性质上与城市遗存山体生境具有生态相容性,在一定时间后可能会表现出积极的影响,而这种时间效应需要长时间的观测来验证。

4.4.4　缓冲区景观破碎度对城市遗存山体植物群落物种多样性的影响

图 4-12 表明，不同规模的城市遗存山体总体植物物种多样性在一定的空间尺度范围内受到缓冲区景观破碎度的影响。小型城市遗存山体总体植物多样性指数中仅 Shannon-Wiener 指数（H'）在 500～1600 m 范围内与景观破碎度呈负相关关系；中型城市遗存山体总体植物多样性中的 Shannon-Wiener 指数（H'）、Simpson 指数（D）和 Pielou 指数（Jh）在 100～200 m 范围内与景观破碎度呈负相关关系；大型城市遗存山体总体植物多样性各指数在 2000 m 缓冲区范围内与景观破碎度一直呈正相关关系。

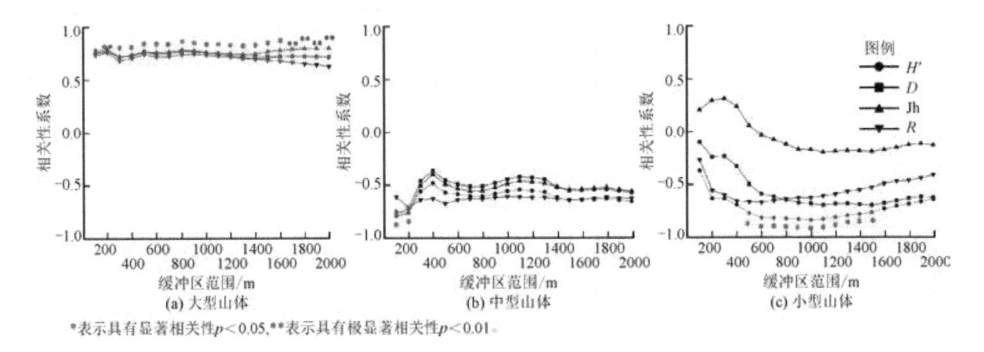

图 4-12　城市遗存山体总体植物多样性与缓冲区景观破碎度相关性分析

由图 4-13 可知，城市遗存山体不同生长型植物物种多样性与缓冲区景观破碎度之间的关系仍然存在差异。乔木层物种多样性，除小型城市遗存山体的 Pielou 指数（Jh）在 100～200 m 范围内与缓冲区景观破碎度之间存在负相关关系外，中型和大型城市遗存山体中均未表现出显著相关性。灌木层物种多样性与缓冲区景观破碎度之间的关系表现为：小型城市遗存山体中 Shannon-Wiener 指数（H'）和 Margalef 指数（R）在 300～400 m 范围内呈显著负相关关系；中型城市遗存山体中 Pielou 指数（Jh）在 100～1300 m 范围内，Shannon-Wiener 指数（H'）和 Margalef 指数（R）在 300～500 m 范围呈显著负相关关系；大型城市遗存山体中 Shannon-Wiener 指数（H'）和 Margalef 指数（R）分别在 100～2000 m 范围内与 100～1700 m 范围内呈显著正相关关系。草本层物种多样性与缓冲区景观破碎度之间的关系表现为：小型城市遗存山体的 Shannon-Wiener 指数（H'）在 900～1200 m 之间的缓冲区内、Simpson 指数（D）在 900 ～1500 m 之间的缓冲区内呈显著负相关；中型城市遗存山体的 Pielou 指数（Jh）在 100 m 内、Shannon-Wiener 指数（H'）在 1900～2000 m 的缓冲区内显著负相关；大型城市遗存山体仅 Pielou 指数(Jh)在 300～1300 m 和 1500～2000 m 两个区段的缓冲区内显著正相关。

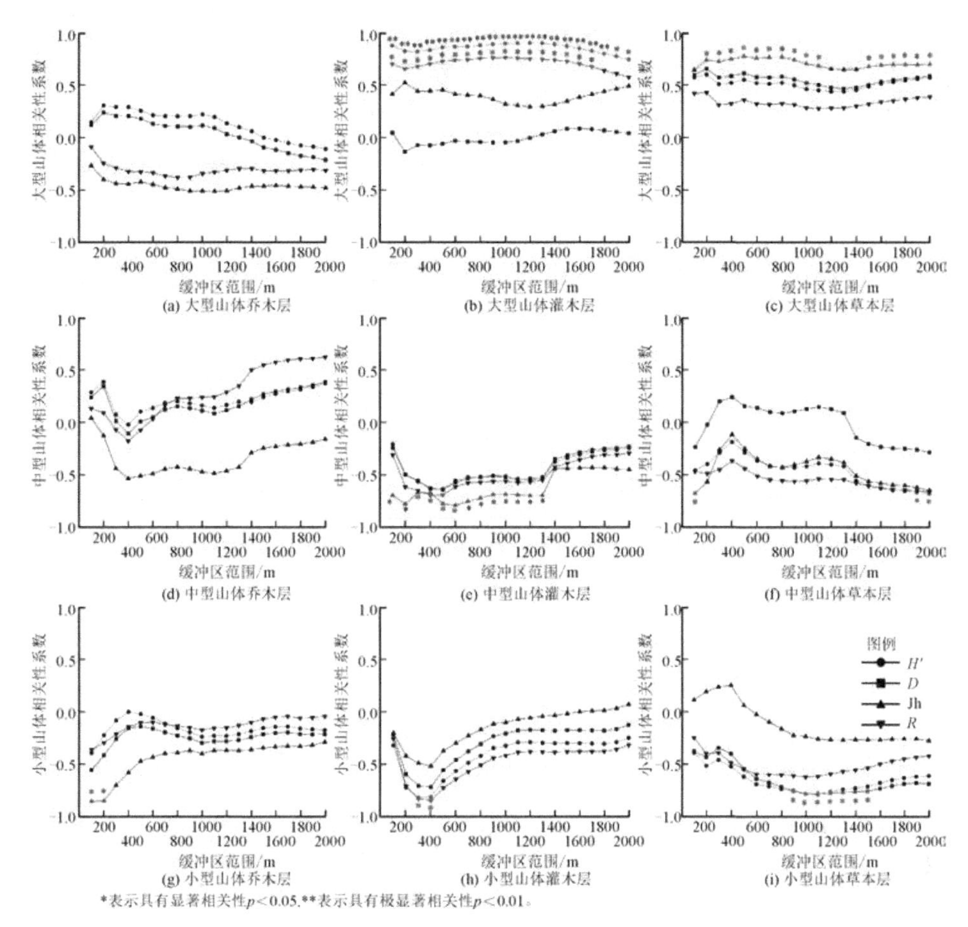

图 4－13　城市遗存山体各层次植物多样性与缓冲区景观破碎度相关性分析

景观异质性对物种多样性具有重要的生态学意义,有研究表明景观异质性有利于提高生物多样性,但这种作用却存在临界阈现象,即景观异质性过高导致景观破碎度增加,反而会增加生物多样性,尤其是对一些重要的优势种群(Caspersen et al. ,2009)。本研究结果表明,大多数城市遗存山体植物多样性指数与缓冲区景观破碎度之间呈显著负相关,这一结果与其他学者在其他城市绿地斑块中的研究结果相一致(Muratet et al. ,2007; Palmer et al. ,2008)。然而本研究是在探索城市遗存山体与相邻缓冲区城市基质的景观破碎度之间的关系,所以景观破碎度并不意味着对城市遗存山体规模的影响,其结果仍然反映的是来自城市基质的干扰,而景观破碎度在一定程度也体现了人为活动的强烈程度。这说明周边城市人为干扰会对城市遗存山体植物多样性产生负面影响，但这种景观的作用机制仍需要深入分析。城市景观破碎化对残余生境植物群落的影响具有多样性与复杂性，植物群落也可能随干扰而发生改变，导致景观破碎化也不一定会对植物群落产生直接影响(Ramalho et al.，2014)，如本研究结果表明，并不是所有物种多样性指数与缓冲区景观破碎度之间都存在显著负相关关系，而且这种相关关系还存在空间尺度上的差异。

4.4.5 缓冲区不透水表面覆盖时间对城市遗存山体植物群落物种多样性的影响

通过对缓冲区不透水表面覆盖时间与城市遗存山体总体植物物种多样性指数进行回归分析，结果(见表 4-2)表明两者之间无显著相关性(R^2=0.075)。

表 4-2　缓冲区不透水表面覆盖时间与城市遗存山体总体植物多样性指数相关性分析

山体类型	H'	D	Jh	R
大型	0.471	0.420	−0.134	0.582
中型	0.296	0.369	0.340	0.180
小型	−0.302	−0.182	0.166	−0.339

缓冲区不透水表面覆盖时间与各规模城市遗存山体不同层次植物物种多样性指数的回归分析结果(见表 4-3)表明，几乎所有的城市遗存山体各层次植物物种多样性指数与缓冲区不透水表面覆盖时间在各尺度上均无相关性，只有大型城市遗存山体的乔木层物种多样性表现出较弱的负相关关系。

缓冲区不透水表面覆盖时间可以反映出城市遗存山体被镶嵌入城的时间，覆盖时间越长，说明城市遗存山体受城市人为干扰的时间就越长。一般情况下，城市基质形成时间越长，基质景观格局越相对稳定，从而有利于城市基质内的植被恢复和生态系统稳定(Troy et al.，2007)。但在本研究中，城市遗存山体植物多样性与缓冲区城市基质的形成时间无相关性。这一结果也证明植物群落对外界干扰的响应具有时间上的迟滞效应。本研究所选研究的时间尺度为 30 年，表明研究区内喀斯特城市遗存山体镶嵌入城 30 年后，植物多样性仍未出现响应周边干扰的临界阈现象。但是喀斯特生境本就极具脆弱性，易受外界干扰而发生演替终止或逆转(梁玉华 等，2013)。城市遗存山体被镶嵌入城后形成生态孤岛，长期受城市人工环境中的频繁人为干扰，一旦生态系统退化，其植物群落恢复到地带性稳定水平可能需要几十上百年乃至更久的时间。所以，尽管本研究并没有得出城市遗存山体对城市基质形成时间上的响应结果，这一结果可能存在各种未知因素，为了城市遗存山体生态稳定，仍需要开展大量研究和动态监测，以揭示其响应规律。

表 4－3　城市遗存山体各层次植物多样性与不透水表面形成时间相关性分析

面积类型	植物层次	H'	D	Jh	R
大型	乔木	0.404	0.15	－0.813**	－0.492
	灌木	0.256	－0.652	0.547	0.023
	草本	0.404	0.348	0.249	0.503
中型	乔木	0.256	0.174	－0.405	－0.258
	灌木	－0.542	－0.525	－0.256	－0.441
	草本	0.367	0.261	0.363	0.317
小型	乔木	0.165	0.055	－0.281	0.076
	灌木	－0.41	－0.451	－0.484	－0.404
	草本	－0.346	－0.265	0.613	－0.468

注：** 表示 $P<0.01$，为极显著相关。

4.4.6　缓冲区城市基质核密度等级对城市遗存山体植物群落物种多样性的影响

由图 4－14 可以看出，位于不同核密度等级区域的各规模城市遗存山体植物物种多样性指数存在显著性差异。在不同核密度等级上，小型城市遗存山体植物物种多样性从高到低的顺序为低核密度山体、中核密度山体和高核密度山体，即位于建成区边界的小型城市遗存山体具有较高的植物物种多样性；中型和大型城市遗存山体的植物物种多样性水平，在核密度等级上由高到低的排序为高核密度山

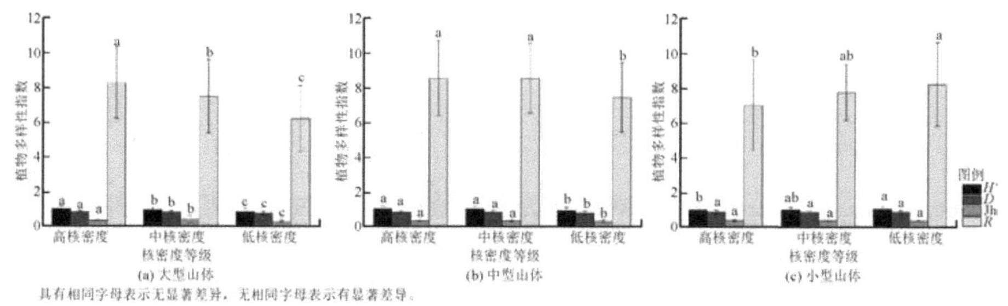

图 4－14　城市遗存山体总体植物多样性与核密度相关性分析

体、中核密度山体和低核密度山体。与小型城市遗存山体相反，中型和大型城市遗存山体在城市中心地带的物种多样性高。通过线性回归分析，结果表明大型城市遗存山体的植物多样性指数与核密度等级之间的相关关系较高，R^2 值为 0.563，而小型和中型城市遗存山体回归分析的相关性较低，R^2 分别为 0.266 和 0.263。

图 4－15 显示的是不同核密度等级上，各规模城市遗存山体不同层次植物物种的差异性。具体表现为：①乔木层物种多样性在小型城市遗存山体中与核密度等级无显著差异（R^2＝0.008）；在中型城市遗存山体中，低核密度区山体＞高核密度区山体＞中核密度区山体（R^2＝0.089）；在大型城市遗存山体中，则表现为低核密度区山体＞中核密度区山体＞高核密度区山体（R^2＝0.002）。②灌木层物种多样性指数与核密度等级之间的关系在各规模城市遗存山体中的表现为：大型城市遗存山体中，高核密度区山体＞中核密度区山体＞低核密度区山体（R^2＝0.040）；

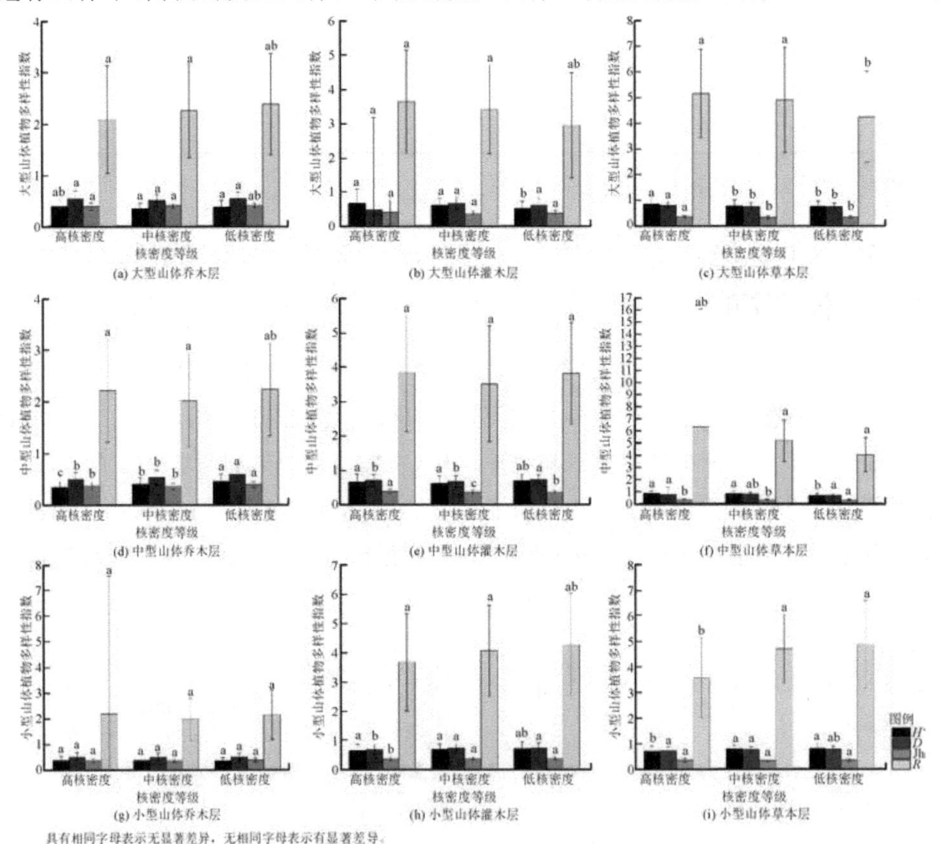

图 4－15　核密度与城市遗存山体各层次植物多样性相关性分析

中型城市遗存山体中，低核密度区山体＞高核密度区山体＞中核密度区山体（R^2＝0.006）；小型城市遗存山体中，低核密度区山体＞高核密度区山体＞中核密度区山体（R^2＝0.016）。③草本层物种多样性在小型城市遗存山体中表现为低核密度区山体＞高核密度区山体＞中核密度区山体（R^2＝0.048），与灌木层规律相似；在中型城市遗存山体中，高核密度区山体＞中核密度区山体＞低核密度区山体（R^2＝0.12）；在大型城市遗存山体中，高核密度区山体＞中核密度区山体＞低核密度区山体（R^2＝0.041），与灌木层的规律也相似。

可以看出，虽然在不同的核密度等级区的各规模城市遗存山体不同层次植物物种多样性指数存在显著差异，但线性回归分析结果表明缓冲区城市基质的核密度等级与城市遗存山体各层次植物物种多样性的相关性并不显著。

“空间梯度法”常被用于探索城市化强度对城市建成区内的生物多样性的影响（Malkinson et al.，2018；Kinzig et al.，2005）。已有研究表明，在物种多样性指数中，物种丰富度在城市空间上存在明显的梯度效应（Breuste et al.，200）。但也有研究表明，城市建成环境中的生物多样性格局（鸟类和植物）受多种因素的影响，除了各种直接干扰外，还受经济状况和城市居民文化的影响，但与距离城市中心距离的关系并不显著（Hope et al.，2008；Luck et al.，2009；Kuras et al.，2020）。因为城市化梯度与离城市中心的距离虽然有一定的关系，但这种关系不是线性的，所以可以用于解释城市生物多样性的因素，但却不是影响城市基质中生物多样性的直接因素，而城市中生境斑块的大小、景观破碎度以及来自相邻斑块的干扰等对城市生物多样性的影响更直接（Kinzig et al.，2005）。目前，关于以空间梯度代替城市化梯度和城市开发强度用于分析城市生物多样性和其他生态过程，在学术界还存在争议。城市人工环境的复杂性和干扰的高强度、高频性，使城市生态环境问题的研究更具挑战性（王志泰 等，2022）。在本研究中，整体上看核密度等级对城市遗存山体各层次植物物种多样性有一定的影响，但二者之间的线性回归关系较弱。从研究区城市遗存山体样本山体基本信息表（见表 4－1）可知，样本山体分布于研究区不同的行政辖区，各城区的城市化水平、城市景观格局以及经济社会发展各异，说明核密度等级只能作为影响城市遗存山体植物物种多样性的因素之一，一起与其他相关影响因素从不同的角度进行分析，才有可能科学揭示城市遗存山体植物多样性的城市化响应机制。

4.4.7　城市基质特征因素对城市遗存山体植物物种多样性影响的综合分析

基于前述分析结果，对城市遗存山体植物物种多样性与城市基质特征各指标进行回归分析，结果如图 4－16 所示。由图 4－16 可以看出，缓冲区植被覆盖度、景观破碎度和土地利用占比 3 个指标可以解释和预测城市基质对城市遗存山体总体植物多样性的影响，而各规模城市遗存山体总体植物物种多样性与不透水表面覆盖率之间线性关系不显著。城市遗存山体各层次植物物种多样性与城市基质特征指标的回归分析表明，城市基质特征对各规模城市遗存山体不同层次植物多样性的影响组合关系不同。各类型城市遗存山体的草本层植物物种多样性均受到城市基质多重因素的叠加和共同作用影响；灌木层中，小型城市遗存山体受多种因素影响，中型城市遗存山体主要受到植被覆盖度和景观破碎度的双重影响，大型城市遗存山体主要受到景观破碎度的单因素影响；乔木层中，小型和中型城市遗存山体受多种因素影响，大型城市遗存山体受到不透水表面积占比和土地利用的双重影响。总体来看，城市遗存山体草本层植物对周边缓冲区的城市基质的响应更为积极，乔木层和灌木层由于生命周期长，对缓冲区基质的影响可能因为时间上的迟滞而显得并不明显。

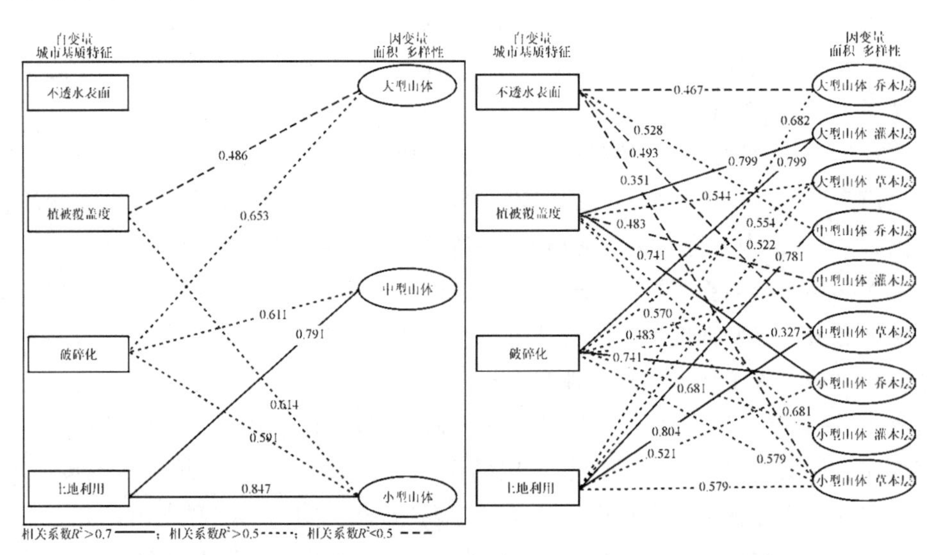

图 4－16　城市遗存山体植物物种多样性与城市基质的回归分析

4.5　本章小结

城市遗存山体的植物物种多样性在总体水平和各层次水平上，2000 m 范围内对周边缓冲区城市基质特征的响应存在差异性，且在空间尺度上也有所不同。总体上，城市基质的不透水表面覆盖率对各规模城市遗存山体总体植物物种多样性在所有缓冲区尺度上无相关关系，但受到植被覆盖度、景观破碎度和土地利用类型 3 个指标的叠加影响。各规模城市遗存山体的乔木层和灌木层受城市遗存山体的影响较弱，但回归分析也表明与城市基质特征因素之间存在某个因素（大型山体）或多重因素（中型或小型）的共同作用。草本层植物对缓冲区城市基质特征的响应相对敏感，且受到多重城市基质因素的叠加和共同作用的影响。

城市遗存山体作为多山城市建成环境中特殊的残余生态斑块，保留了原有植被，是城市人工环境中本土植物多样性的主要载体。在山体孤立化，与其他生态斑块连通度降低的情况下，其内部植物群落物种组成会受到生境条件的恶化而引起资源竞争。同时，在城市高楼林立的环境中，城市遗存山体的光、风以及气温等环境因素大大发生改变，势必会导致其选择、扩散、生态漂变以及成种等生态过程的变化。但是，城市生态环境非常复杂，各种影响因素多样，相互之间的作用或叠加或抵消，作用路径和方式可能错综复杂，使得研究城市遗存山体植物多样性的响应机制非常具有挑战性。然而，城市遗存山体在城市生态环境中的重要性，以及其对城市空间总体规划、城市生态修复以及城市空间管理等各种层面的作用，使得揭示其城市化响应及机制又非常重要。

第5章　城市遗存山体植物多样性城市空间形态特征响应

城市是各种要素在空间上排列组合的复合体，其中物种多样性受多重因子影响，岛屿生物地理学理论也许不再适用于镶嵌在人为主导的复杂城市景观环境中的斑块状生境生态系统(Niemelä,1999)。城市建成区不断外向扩展、城市内部景观破碎化以及单位面积上的容积率的增加等，是城市空间形态变化的主要表现形式(毛凯,2020)。所以，城市空间形态的相关研究内容主要从两个方面开展，一是空间扩展(阶段划分、边界识别、扩展方向、空间分异等)，二是数量特征(空间扩展强度、规模和速度等)；方法上主要基于遥感影像，运用空间分析技术、土地利用变化、景观格局指数、空间自相关以及数理统计等(李睿 等,2020;欧惠 等,2020)。

比尔·希列尔(Bill Hillier)20世纪70年代创立了空间句法理论和方法，随后又提出了自组织的空间结构及其演变模型(Hillier et al.,1989; Hillier,1996)。空间句法理论和方法从空间营造活动的角度去解释建筑物、社区、城镇等不同尺度的空间形态及其社会经济活动(Hillier et al.,1976)，已经广泛应用于城市空间形态特征及其动态的研究。空间句法基于整体论、系统论和发展论等思想，通过分析不同空间之间在不同尺度上的联系，以及空间与人类活动模式的相互关系，定量直观地揭示无法用语言表达的空间现象的社会逻辑和规则。这为在复杂城市系统中定量分析城市社会系统对城市自然系统的影响提供了便利。近年来已有学者运用空间句法研究城市空间形态动态特征与城市植被之间的关系，如向杏信等(2021)运用空间句法分析了黔中多山城市植物多样性与城市空间形态特征之间的相互关系，结果表明植物群落物种多样性与城市整体空间形态结构存在显著负相关关系。然而城市空间形态表征的是城市整体尺度上的结构和形态特征(Li et al.,2021)，只能揭示在城市尺度上对城市植被特征的影响(Bigsby et al.,2014)。而在城市建成区内，城市绿地主要以斑块状存在，各绿地斑块上植物群落特征可能更多地来自周边局部尺度的干扰和影响。Bigsby等人(2014)研究发现在地块尺度和社区尺度上，城市形态特征比社会经济因素更能预测树木覆盖格局。因此运用空间句法探索城市局部空间形态结构对生境斑块植物多样性的影响，对于城市生物多样性保护与维持以及国土空间规划等具有重要实际意义。

城市残余森林是城市生物多样性研究的热点，生境破碎化是城市残余森林面临的主要威胁，不仅直接导致森林生境的丧失，而且会改变剩余森林斑块的结构和功能（Yang et al.，2021）。在黔中多山地区，城市扩展过程中大量的自然或近自然喀斯特山体不断镶嵌入城市人工建成环境之中，形成“城在山间，山在城中”的特殊城市空间形态（王志泰 等，2022）。镶嵌于城市人工建成环境中的城市遗存山体（urban remnant mountains）是城市原生生物多样性的主要载体，但受到周边城市开发建设的强烈影响。本研究选取建成区内 9 座城市遗存山体为研究对象，对贵阳市遗存山体植物多样性、山体周边城市空间形态结构以及二者之间的响应关系进行研究，旨在探索城市空间形态结构与植物多样性的相互关系及两者之间的空间尺度依赖性，为城市空间规划、生物多样性保护与维持以及生态城市建设提供科学依据。

5.1　城市遗存山体选择及其植物群落多样性调查、测算方法

为了尽可能排除山体斑块大小本身之间的差异，本研究以贵阳市建成区为研究区，以在研究区数量上占优势的中小型城市遗存山体为主要研究对象，同时参考已有相关研究（史北祥 等，2019），以核密度为样本山体筛选标准，在观山湖区、乌当区和花溪区区域内各选择 3 座城市遗存山体样本山体，共 9 座（见图 5－1）。各

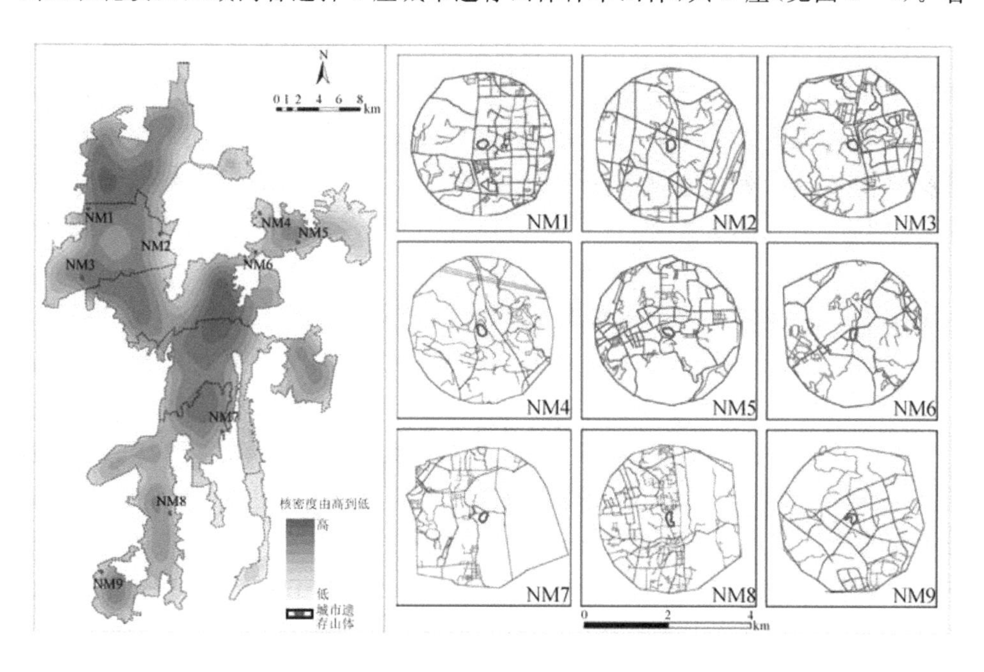

图 5－1　样山分布及其周边城市结构图

样本山体基本信息见表 5－1。

样本山体样地设置与植物群落调查及植物多样性测算方法同第 4 章 4.1。

表 5－1　样本山体基本信息统计表

山体编号	所在区	核密度等级	山体面积/ hm^2
NM1	观山湖区	4	4.38
NM2	观山湖区	5	4.29
NM3	观山湖区	3	4.80
NM4	乌当区	5	4.54
NM5	乌当区	3	3.85
NM6	乌当区	5	3.33
NM7	花溪区	5	3.30
NM8	花溪区	4	3.83
NM9	花溪区	5	3.80

5.2　城市空间形态结构测定

以研究区 2018 年 Pleiades 高分辨率卫星影像图（0.5 m 空间分辨率）为基础数据源，基于 ArcGIS 11 软件对图像进行加强、几何校正和地图投影等预处理，目视解译后建立研究区空间属性数据库。以山体边缘线为基线，向外按 100 m 步长逐步建立 16 级环状缓冲区，最大缓冲区宽度为 1600 m。城市道路数据来源于高德地图，提取每个样山各梯度缓冲区范围内的道路信息，利用相关软件（Auto-CAD、UCL Depthmap）处理后得到 9 座样山周边道路轴线模型，用于测算城市空间形态相关指标。

本研究采用空间句法和道路密度来表征城市空间形态特征。空间句法通过选择度、连接度、整合度、控制值等指标对研究区的空间形态结构进行量化描述（Hillier et al.，1993）。道路密度可以反映研究区局部商业、经济和交通等要素的活跃程度，同时也是解释城市内部空间形态特征的重要指标。这些人类社会发展形成的空间势必会影响空间内的植物多样性。本研究选择连接度（Con）、选择度（Cho）、整合度（I）、控制值（Ctrl）、平均深度（MD）和道路密度（RD）等指标表征研究区空间形态特征。其中，选择度表示系统中一个元素出现在最短拓扑路径上的次数，一个元素的选择度越高，说明该空间的穿越性交通潜力越大；其余指标计算方式与含义见第 2 章。

5.3 城市遗存山体植物群落物种多样性空间分异

5.3.1 不同山体植物群落物种多样性特征

从山体植物群落不同层次来看，Shannon-Wiener(H')、Margalef(R)和 Simpson(D)指数整体表现为草本层＞灌木层＞乔木层，而 Pielou(Jh)指数则表现为灌木层＞草本层＞乔木层(见表 5－2)。进一步方差分析显示，不同山体乔灌草之间 Margalef(R)、Simpson(D)、Shannon-Wiener(H')和 Pielou(Jh)指数均存在显著差异，乔木层中 NM8 植物多样性指数相对最高，NM9 植物多样性指数相对最低；灌木层中 NM5 植物多样性指数相对最高，NM7 植物多样性指数相对最低；草本层中 NM1 植物多样性指数相对最高，NM2 植物多样性指数相对最低。

表 5－2　不同山体植物群落物种多样性

群落植物层次	样山代码	植物多样性指数			
		H'	D	Jh	R
乔木层	NM1	0.382±0.176ab	0.520±0.206ab	0.341±0.105a	2.180±1.120b
	NM2	0.409±0.180ab	0.537±0.195ab	0.362±0.097a	1.995±0.986bc
	NM3	0.399±0.162ab	0.538±0.178ab	0.356±0.077a	1.913±0.876bc
	NM4	0.260±0.222c	0.356±0.280c	0.258±0.185b	1.630±1.514cd
	NM5	0.344±0.193b	0.471±0.239b	0.339±0.152a	2.092±1.249bc
	NM6	0.366±0.170ab	0.504±0.206ab	0.327±0.104a	2.054±1.013bc
	NM7	0.231±0.212cd	0.331±0.281c	0.233±0.184b	1.238±1.301d
	NM8	0.440±0.161a	0.580±0.163a	0.364±0.043a	4.212±1.359a
	NM9	0.170±0.258d	0.223±0.292d	0.152±0.190c	1.167±2.087d
灌木层	NM1	0.818±0.142ab	0.799±0.082ab	0.390±0.098a	1.924±0.599d
	NM2	0.765±0.153bc	0.784±0.083ab	0.380±0.026ab	4.375±1.419b
	NM3	0.645±0.173de	0.664±0.255cd	0.348±0.052bc	3.894±1.678b
	NM4	0.679±0.241de	0.705±.216bcd	0.345±0.095bc	4.118±1.818b
	NM5	0.848±0.189a	0.809±0.140a	0.380±0.060ab	5.376±1.591a
	NM6	0.631±0.182e	0.689±0.147cd	0.356±0.057abc	3.878±1.383b
	NM7	0.329±0.228g	0.379±0.505e	0.269±0.186d	1.757±1.127d
	NM8	0.710±0.149cd	0.744±0.098abc	0.364±0.043abc	4.212±1.359b
	NM9	0.540±00.167f	0.629±0.212d	0.340±0.074c	2.886±2.564c

续表

群落植物层次	样山代码	植物多样性指数			
		H'	D	Jh	R
草本层	NM1	0.879±0.133a	0.802±0.077a	0.351±0.049a	6.076±1.794a
	NM2	0.679±0.142d	0.712±0.101ab	0.324±0.048b	3.758±1.264b
	NM3	0.863±0.118a	0.807±0.064a	0.342±0.033ab	5.612±1.314ab
	NM4	0.708±0.229cd	0.674±0.271b	0.303±0.081c	4.452±1.489c
	NM5	0.790±0.168b	0.760±0.098ab	0.323±0.045bc	5.213±1.646bc
	NM6	0.760±0.136bc	0.765±0.077ab	0.340±0.037ab	4.419±1.440ab
	NM7	0.698±0.227cd	0.694±0.166b	0.303±0.057c	4.165±1.683c
	NM8	0.793±0.180b	0.762±0.113ab	0.337±0.044ab	4.963±1.586ab
	NM9	0.643±0.192d	0.560±0.718c	0.276±0.064d	3.801±1.435d

同列有相同字母则无显著差异，无相同字母表明有显著差异($p<0.05$)(下同)。

5.3.2　城市遗存山体不同坡位/坡向植物群落物种多样性特征

比较9座样本山体不同坡位/坡向平均植物群落物种多样性，见表5-3、表5-4，可知不同坡位条件下乔木层植物多样性指数并无显著差异；灌木层不同坡位植物物种多样性的Margalef指数(R)、Simpson指数(D)和Shannon-Wiener指数(H')无显著差异，而山脚处Pielou指数(Jh)显著高于山腰；草本层各植物多样性指数在不同坡位均存在显著性差异，山脚处Margalef指数(R)和Shannon-Wiener指数(H')显著高于山腰和山顶，山腰和山顶之间并无显著差异，山腰处的Simpson指数(D)和Pielou指数(Jh)显著低于山脚处，表现为山脚>山顶>山腰。不同坡向条件下各层次植物多样性指数存在显著性差异，乔木层Shannon-Wiener指数(H')、Pielou指数(Jh)和Margalef指数(R)均表现为北坡显著高于西坡，而Simpson指数(D)西坡显著低于其他坡向；灌木层北坡的Shannon-Wiener指数(H')、Simpson指数(D)和Margalef指数(R)无显著差异，南坡Pielou指数(Jh)显著高于北坡；草本层Simpson指数(D)指数在不同坡位之间并无显著差异，北坡Shannon-Wiener指数(H')和Margalef指数(R)显著高于西坡，南坡Pielou指数(Jh)显著低于北坡和东坡。

表5-3 城市遗存山体不同坡位乔灌草植物多样性差异

群落植物层次	坡位	植物多样性指数			
		H'	D	Jh	R
乔木层	山脚	0.343±0.219a	0.462±0.252a	0.304±0.142a	2.088±1.621a
	山腰	0.313±0.195a	0.435±0.245a	0.304±0.152a	1.950±1.457a
	山顶	0.340±0.223a	0.447±0.275a	0.297±0.165a	1.975±1.522a
灌木层	山脚	0.678±0.225a	0.706±0.193a	0.363±0.085a	3.732±1.946a
	山腰	0.642±0.255a	0.652±0.376a	0.340±0.120b	3.590±1.685a
	山顶	0.635±0.229a	0.687±0.182a	0.349±0.074ab	3.454±2.162a
草本层	山脚	0.790±0.176a	0.751±0.121a	0.331±0.054a	4.934±1.565b
	山腰	0.712±0.213b	0.668±0.472b	0.313±0.066b	4.350±1.742a
	山顶	0.743±0.171b	0.734±0.122ab	0.320±0.071ab	4.528±1.657a

表5-4 城市遗存山体不同坡向乔灌草植物多样性差异

群落植物层次	坡向	植物多样性指数			
		H'	D	Jh	R
乔木层	北坡	0.365±0.214a	0.465±0.243a	0.328±0.140a	2.253±1.815a
	东坡	0.333±0.190ab	0.462±0.231a	0.314±0.137a	2.125±1.318a
	南坡	0.338±0.215ab	0.476±0.271a	0.299±0.160ab	2.006±1.460ab
	西坡	0.289±0.224b	0.389±0.272b	0.266±0.166b	1.636±1.422b
灌木层	北坡	0.629±0.251a	0.647±0.395a	0.333±0.126b	3.567±2.274a
	东坡	0.659±0.247a	0.694±0.203a	0.354±0.079ab	3.635±1.875a
	南坡	0.677±0.239a	0.690±0.237a	0.361±0.091a	3.635±1.910a
	西坡	0.645±0.211a	0.696±0.178a	0.354±0.076ab	3.492±1.597a
草本层	北坡	0.786±0.185a	0.754±0.26a	0.328±0.049a	4.929±1.729a
	东坡	0.760±0.176ab	0.747±0.114a	0.330±0.050a	4.580±1.601ab
	南坡	0.741±0.186ab	0.687±0.485a	0.312±0.061b	4.732±1.637ab
	西坡	0.723±0.204b	0.712±0.196a	0.318±0.063ab	4.403±1.707b

5.4　城市遗存山体周边城市空间形态特征

图 5－2 是 9 座山体周边空间形态指标与缓冲梯度之间的回归分析结果，可以看出，山体周边空间形态各指标随着空间尺度的变化存在显著差异，选择度（Cho）在各空间尺度上的波动较小，NM4 山体呈现出离散状态；各山体周边空间形态的连接度（Con）、整合度（I）、平均深度（MD）和控制值（Ctrl）与缓冲区空间梯度大体呈正线性相关，在 200 m 范围时差异较小，随着尺度的增大，差异逐渐增大；而道路密度随着空间尺度增大则趋于一致。

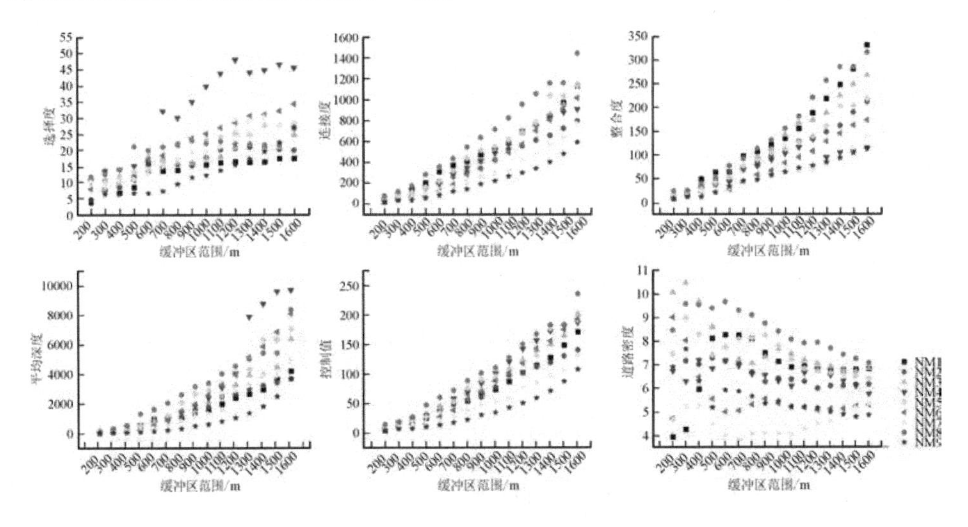

图 5－2　城市遗存山体周边缓冲区城市空间形态指标的梯度变化

5.5　缓冲区城市空间形态对城市遗存山体植物物种多样性的影响

5.5.1　城市遗存山体植物物种多样性对周边城市空间形态指标响应

图 5－3 是城市遗存山体植物物种多样性与其周边城市空间形态各指标的相关性分析结果，可以看出：整体上周边城市空间形态指数与遗存山体植物多样性呈正相关，其中与连接度（Con）、整合度（I）、道路密度（RD）的响应关系更显著；群落不同植物层次的响应关系表现为乔木层＞草本层＞灌木层，乔木层对连接度（Con）、整合度（I）、控制值（Ctrl）以及道路密度（RD）的响应关系更为明显；灌木层对道路密度（RD）的响应关系稍强，其余指数响应关系较弱；草本层对连接度

(Con)和整合度(I)的响应关系较为强烈。乔木层与连接度(Con)在 400～1600 m 缓冲区内与各植物多样性指数均有持续响应；整合度(I)与 Shannon-Wiener 指数(H')、Simpson 指数(D)、Pielou 指数(Jh)在 400 m 尺度出现响应关系，700 m 尺度出现断层而后全面响应；控制值在 500～1300 m 尺度范围全面响应；道路密度(RD)在 400 m 缓冲区与 Margalef 指数(R)、Simpson 指数(D)、Shannon-Wiener

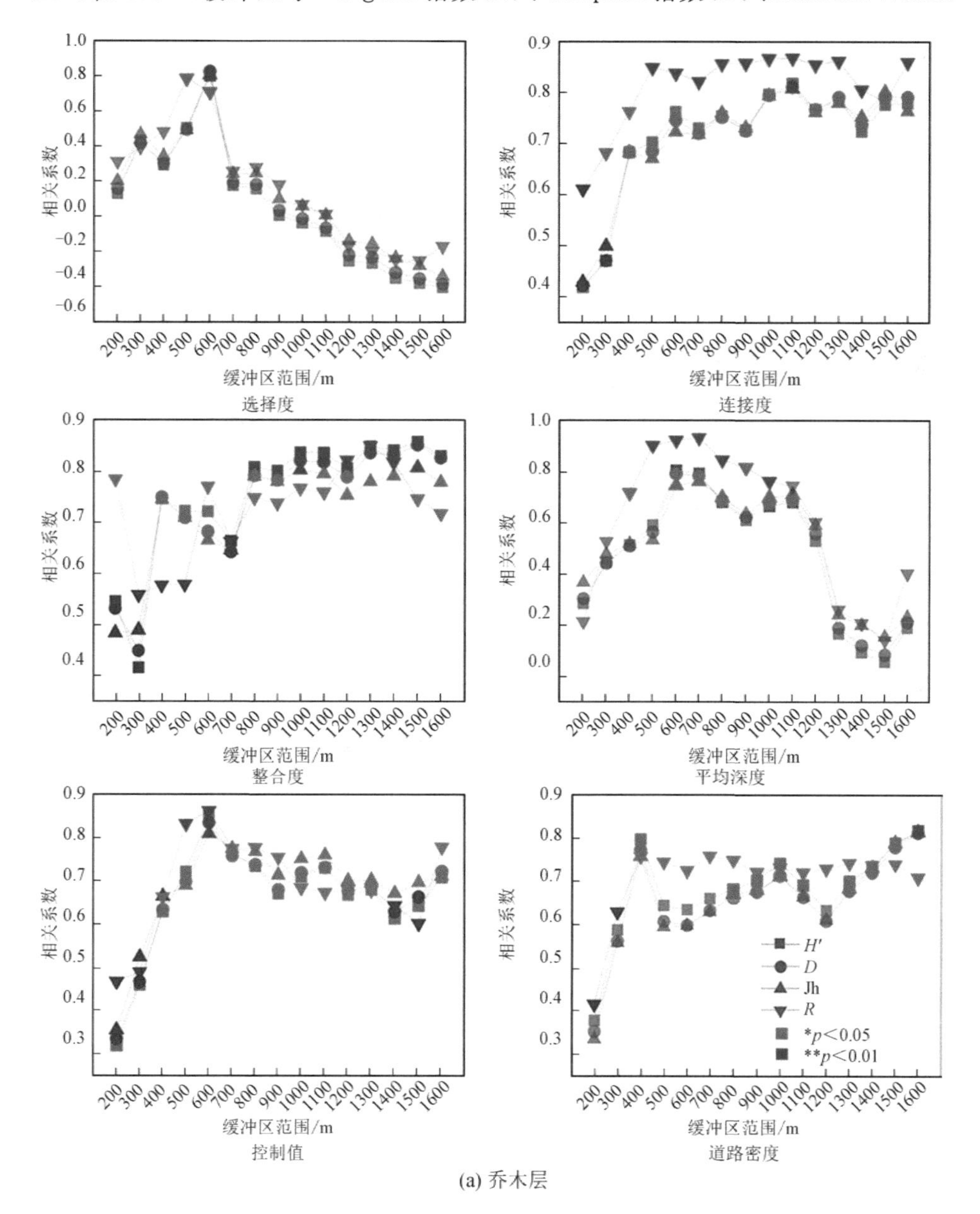

(a) 乔木层

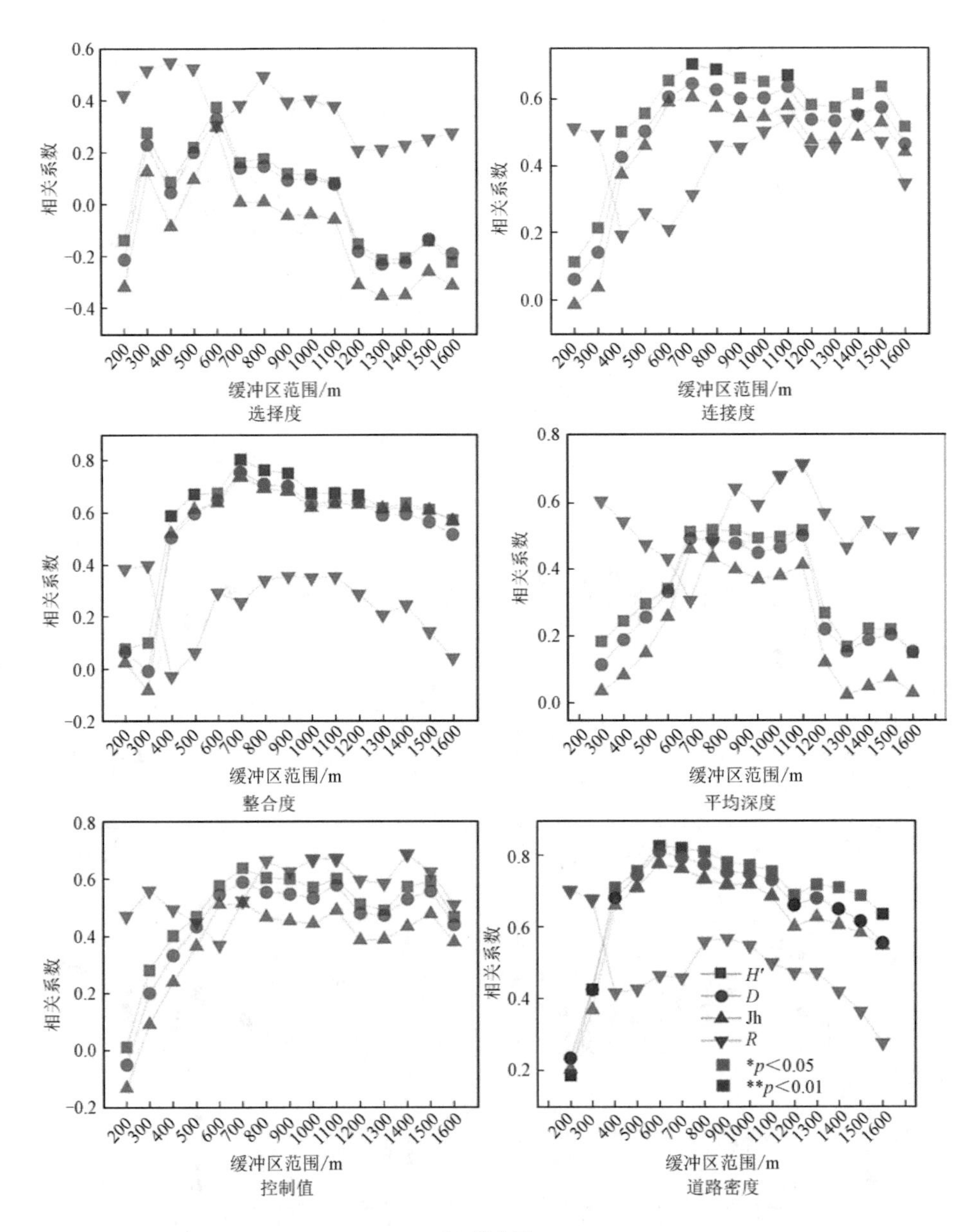

(b) 灌木层

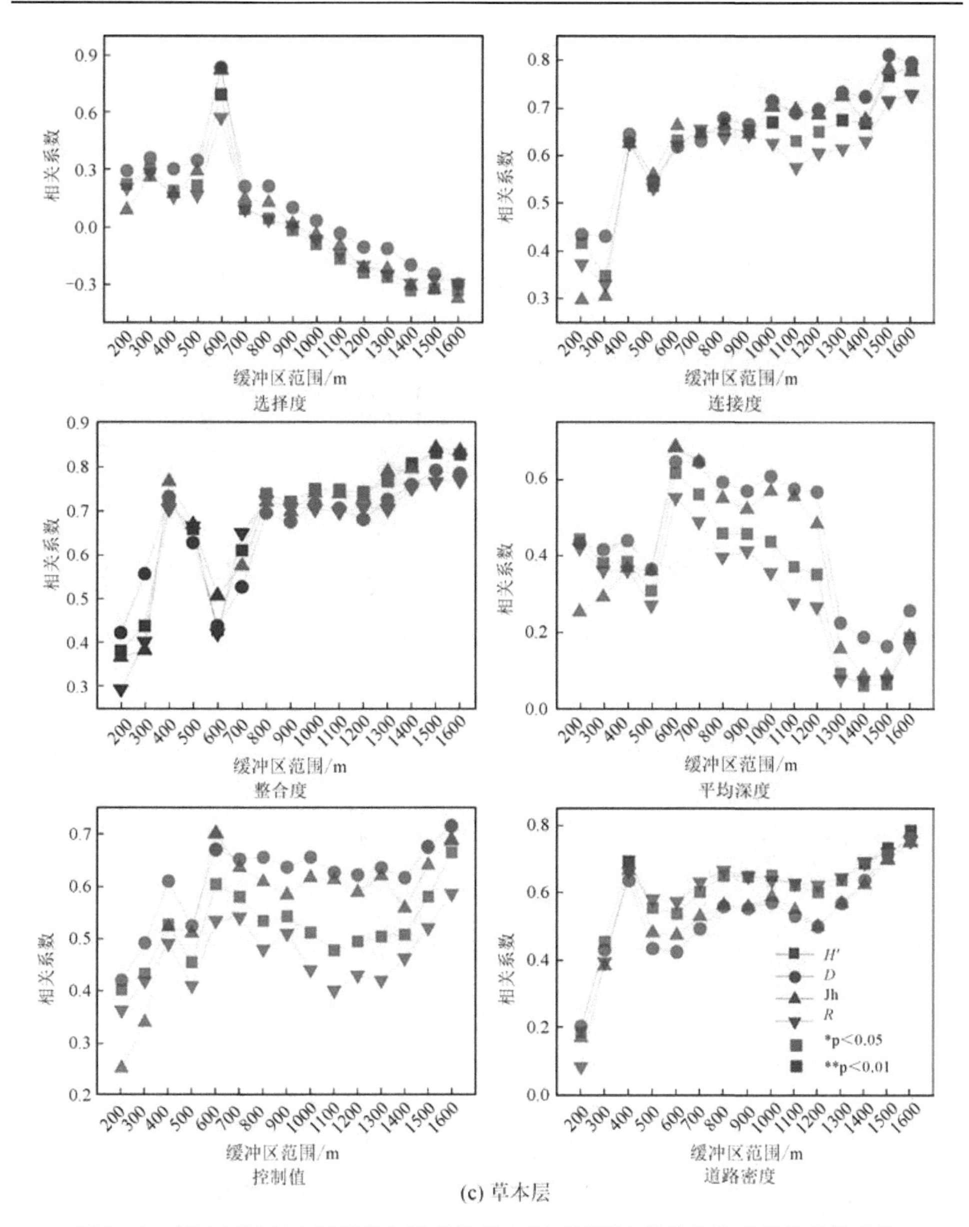

图 5－3　缓冲区城市空间形态与城市遗存山体不同层次植物物种多样性相关系数

指数（H'）和 Pielou 指数（Jh）呈正相关响应关系，且响应强度大。灌木层各指数与道路密度（RD）呈正相关，Shannon-Wiener 指数（H'）、Simpson 指数（D）、Pielou 指数（Jh）的响应关系主要集中于 500～1100 m 尺度范围。草本层连接度（Con）与 Shannon-Wiener 指数（H'）、Simpson 指数（D）、Pielou 指数（Jh）从 1000 m 尺度开始响应并逐渐加强，与 Margalef 指数（R）仅在 1500 m 和 1600 m 尺度响应；整合度在 400 m 缓冲区与植物多样性各指数开始全面响应，在 500～700 m 尺度出现断层而后持续全面响应。

5.5.2　城市遗存山体不同坡位植物物种多样性对周边城市空间形态指标的响应

图 5-4 显示城市空间形态指标与城市遗存山体不同坡位植物多样性均存在响应关系，响应强度整体上表现出山脚＞山腰＞山顶的趋势。不同坡位乔木层的

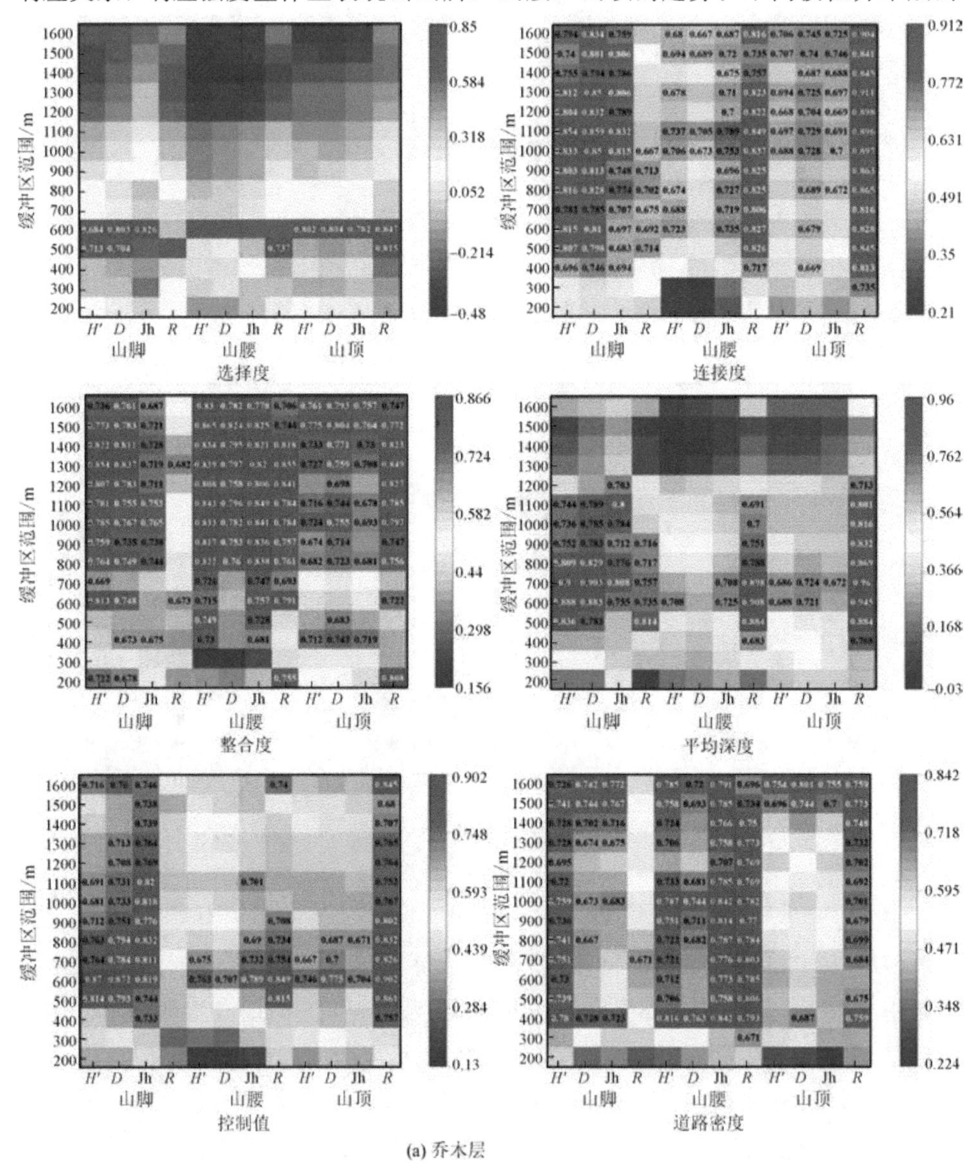

(a) 乔木层

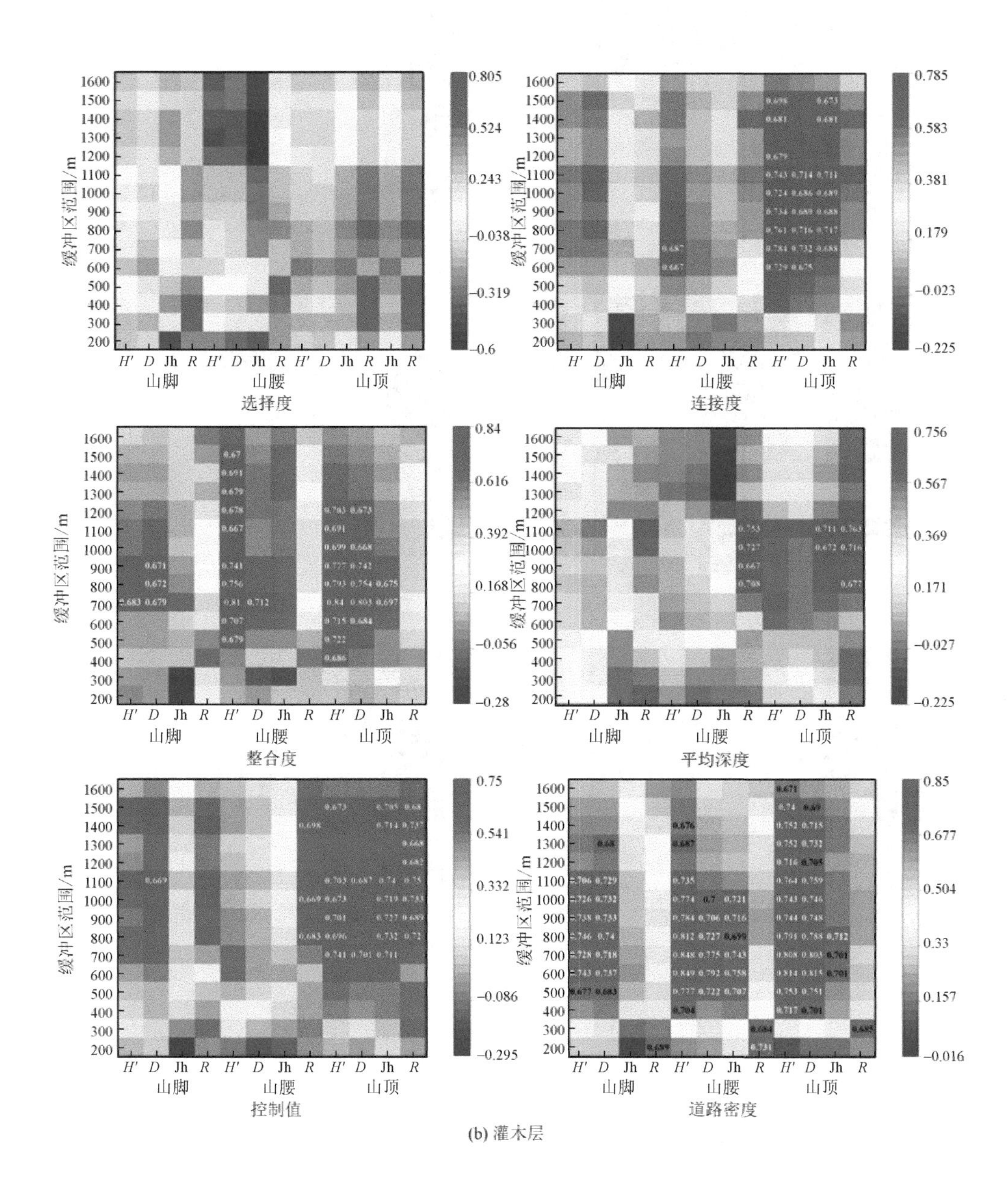

(b) 灌木层

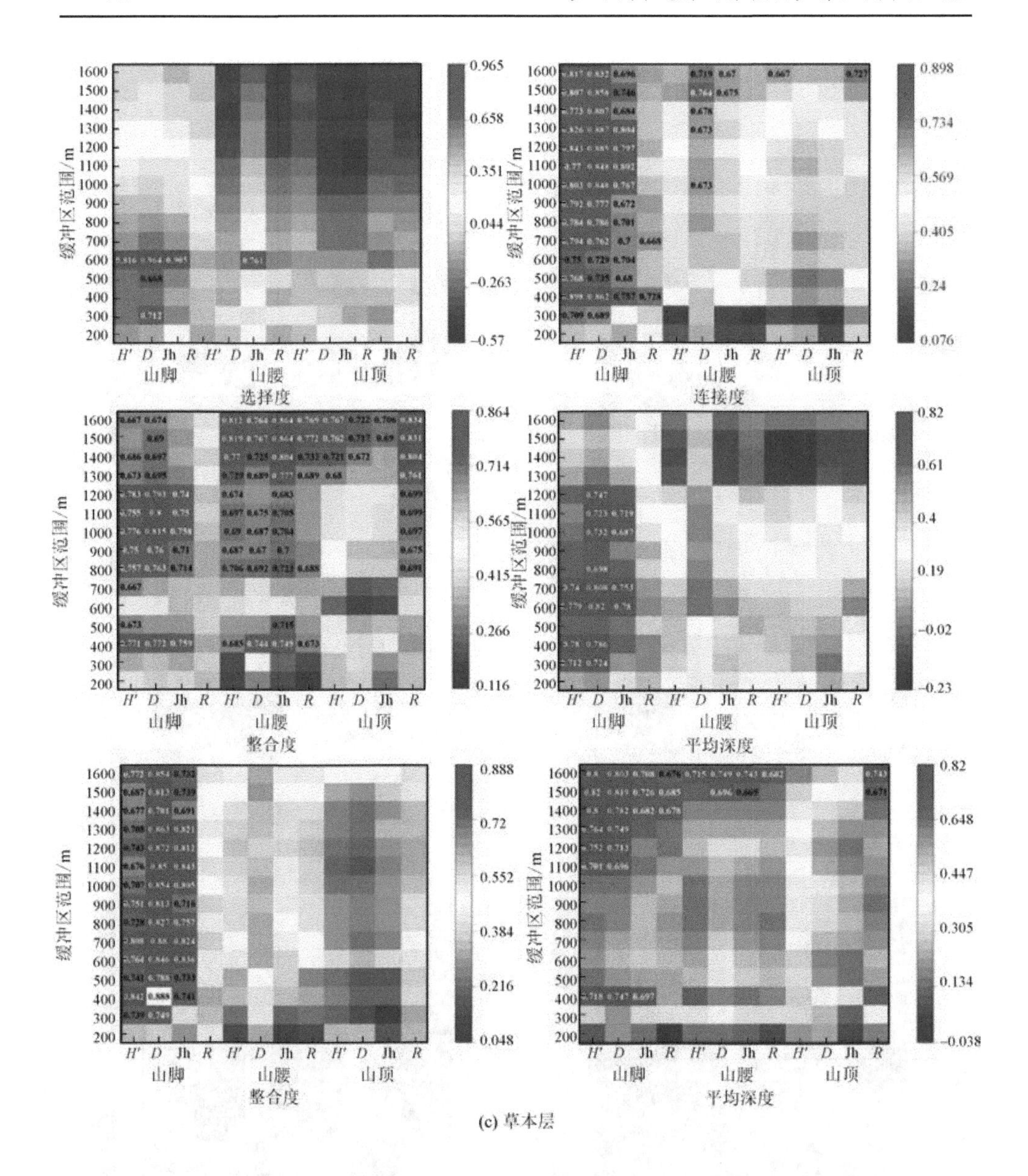

图 5-4　缓冲区城市空间形态指标与城市遗存山体不同坡位植物物种多样性相关系数

植物多样性从 600 m 尺度开始，与连接度(Con)、整合度(I)以及道路密度(RD)呈现强烈稳定的响应关系，而且山脚处乔木层植物多样性响应强度最大；灌木层物种多样性对于道路密度(RD)指标的相关关系最为显著，山顶的灌木层植物多样性响应强度最大；草本层响应关系呈明显的山脚＞山腰＞山顶的状态，对整合度(I)、连接度(Con)、控制值(Ctrl)的响应关系从 400 m 尺度开始出现。连接值(Con)和控制值(Ctrl)响应关系主要集中于山脚，Shannon-Wiener 指数(H')、Simpson 指数(D)和 Pielou 指数(Jh)与空间形态指标的相关关系随空间尺度扩大而加强，Margalef(R)指数与空间结构各指标关系不显著。

5.5.3　城市遗存山体不同坡向植物物种多样性与道路密度指标的响应关系

由图 5-5 可以看出，9 座样山不同方位间植物多样性与道路密度的响应关系较为复杂。城市遗存山体样地群落不同植物层次间的响应关系各不相同，乔木层中 NM3 的植物多样性指标与道路密度在不同空间尺度上均呈现正相关关系，而 NM9 呈现负相关关系；灌木层中 NM1、NM3 和 NM7 的植物多样性指标与道路密度在不同空间尺度上均呈现正相关关系；草本层中 NM7 的植物多样性指标与道路密度在不同空间尺度上均呈现负相关关系，而其余山体各群落层次在一定空间范围内呈现正/负相关关系，超过一定空间尺度后，两者间的相关关系发生转变。

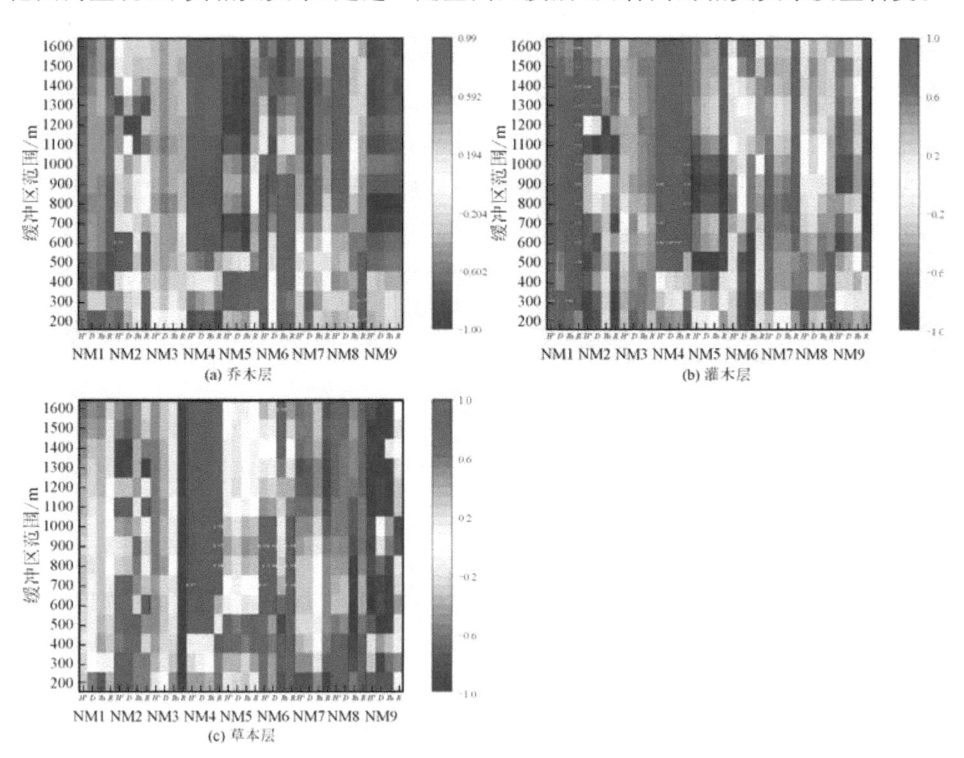

图 5-5　城市遗存山体不同方向植物物种多样性指数与周围道路密度的相关系数

5.6　城市遗存山体植物多样性对城市空间形态响应的分析

5.6.1　城市空间形态对城市遗存山体植物多样性的影响

本研究显示,缓冲区城市空间形态指数与城市遗存山体植物多样性之间存在显著相关关系,这一结果表明城市生态环境质量与城市空间形态和社会职能之间存在某种映射关系(Liu et al.,2012;Desylas et al.,2001;Alalouch et al,2019)。整体来看,缓冲区空间形态指标与城市遗存山体植物多样性之间呈显著正相关,与连接度、整合度、道路密度的响应关系更为显著。连接度、整合度以及道路密度指数反映区域范围空间的渗透性与可达性(Yamu et al,2021),研究证实连接度、整合度以及道路密度高的区域,将会是交通发达、人流量大、空间集聚和渗透能力强的区域(Hillier et al.,1993;1998),在这样的区域,植物多样性往往更高(Vakhlamova et al.,2014)。在城市人工环境中,路网作为传播廊道,对于促进外来植物在城市环境中的传播具有重要作用(Carlton et al.,2005;Von der Lippe et al.,2008;Zeeman et al,2018)。道路密度大的区域,人们的可进入性和干扰将增加,也会增加物种流动的机会(Forman,2014;Forman et al.,1988)。在本研究中,平均深度和选择度对城市遗存山体植物多样性的影响并不全面。在城市基质环境中,在城市遗存山体周围缓冲区范围内,选择度高的空间节点,交通吸引力大(Ma et al.,2019),进而促进了物质交流,可能会对植物多样性产生一定的积极影响。随着缓冲区空间尺度增大,高选择度的空间节点的吸引力超出阈值后,交通流转向他处,所以其对城市遗存山体植物多样性的影响会减弱。

城市遗存山体不同坡位和不同坡向植物物种多样性对城市空间形态响应均存在差异。不同坡位的植物物种多样性对城市空间形态特征的响应强度表现为山脚＞山腰＞山顶。这说明人类活动强度由低海拔向高海拔逐渐减弱(Sharma et al.,2009),也证实了物种丰富度与道路的管理强度和结构特征(如道路边缘的干扰特征)有一定的相关性(Pourrezaei et al.,2021)。而不同坡向上的响应关系并不稳定,说明在不同的尺度上,同一因素对生态过程和要素的影响结果会截然不同(Arteaga et al.,2009)。

5.6.2　城市空间形态各指标对城市遗存山体植物多样性影响的尺度范围

目前关于城市植物多样性与城市空间形态之间的关系尚不明确,不同尺度上的研究存在显著差异。有研究表明，植物群落物种多样性与城市整体空间形态结构呈显著负相关(向杏信 等，2021)。而本研究发现在局部小尺度范围内，整体上城市遗存山体植物多样性与其周边空间形态指标呈显著正相关(见图 5 - 5)。城市发展侵占自然绿地，使得连接成片的自然绿地破碎成面积迥异的植被斑块，城市景观破碎化使得植物多样性降低(Kühn et al.，2004；Heilman et al.，2002)。而局部尺度上，城市遗存山体周边的道路系统使得植物种子可能沿着道路传播扩散(Zeeman et al.，2018)，适度的人为干扰使得山体植物多样性增大，这在一定程度上印证了汤娜等人(2021)的研究结论，即中等程度以下的公园化利用对城市遗存山体植物物种多样性具有一定的积极作用。这一结果可能与研究区域城市化水平不同相关，需要通过进一步的深入研究并进行论证。

本研究结果表明缓冲区城市空间形态指标与城市遗存山体植物多样性的相关性在空间尺度上不存在固定的阈值，但集中从 400 m 尺度出现，显著性集中在 600 m 尺度。Mensing 等(1998)对北温带河岸生物多样性的研究发现，灌木植被、两栖动物和鸟类受到 500 m 和 1000 m 范围内土地利用的影响。Peng 等人(2019)对北京顺义区本土植物多样性研究发现，景观格局指标在 600～800 m 范围内对植物多样性有重要作用，认为半径 600～700 m 是保护北京植物多样性的最适范围。以上研究都表明植物多样性将受 500～800 m 范围内城市化影响，说明在讨论生物多样性对城市化响应时，植物以及低移动性物种在中等空间尺度上对城市化的响应显著，而高移动性物种在更大尺度上对城市化的响应显著(Concepción et al.，2015)。

5.7　本章小结

城市是由人为主导的复杂的社会-经济-自然复合系统，城市环境中的各种人类活动必然对城市遗存生境生态过程产生影响，而城市空间形态特征决定着各种人类活动的方式和强度。量化城市空间形态并分析其对城市遗存山体植物多样性的影响具有挑战性。本研究运用空间句法和道路密度解析了城市空间形态，通过缓冲区分析，探索了局部尺度上城市遗存山体植物物种多样性与城市空间形态特征之间的关系，得到如下初步结论：①整体上，城市空间形态指标对城市遗存山体植物物种多样性在一定的缓冲区尺度内表现出积极作用，其中道路密度、整合度和连接度的影响更为全面，影响作用尺度大多从 600 m 尺度开始，相关性随空间尺度扩大而增强。②城市遗存山体周边城市空间形态指标对不同层次植物物种多样性的影响有所不同，整体上来讲，响应强度关系为乔木＞草本＞灌木。乔木对连接度、整合度以及道路密度指标响应关系强烈，灌木层对道路密度响应关系强烈，而草本层对整合度、连接值和控制值响应关系强烈。③同一山体不同坡位和不同坡向对城市空间形态响应均存在差异，不同坡位上植物物种多样性对缓冲区城市空间形态指标的响应强度为山脚＞山腰＞山顶，而不同坡向上道路密度与对应方位植物多样性之间存在微弱且不稳定的相关关系。

城市遗存山体是城市基质海中的生态岛屿，城市环境中的人为活动对其影响是持续且复杂的。本研究首次在局部小尺度上聚焦局部空间尺度上的城市遗存山体植物物种多样性与城市空间形态之间的关系，而且结果表明它们之间存在响应关系，并表现出一定的尺度效应。这将鼓励我们在今后的研究中进一步探索其作用机理与路径，为科学指导多山城市空间规划和城市遗存山体多样性保护提供更有价值的参考。

第6章 城市遗存山体植物多样性对人为干扰的响应

与以自然过程为主的自然环境不同，城市区域是完全由人类主导的自然-社会复合的人工环境(Sushinsky et al.，2013；Guillen-Cruz et al.，2021)，其最大特点是持续不断的人为干扰(Brockerhoff et al.，2017)。城市人工环境中的残余自然或近自然植被是重要的生态斑块，具有多种重要且独特的生态系统服务功能(Chen et al.，2014；Brunbjerg et al.，2018)，尤其在本土生物多样性保护、涵养水源(Aronson et al.，2014)、缓解城市热岛效应(Miller，2005)和净化空气等方面发挥着至关重要的作用。已有研究表明，城市区域的动植物受到城市化严重影响，导致大量外来物种增加而本土植物物种的灭绝(戚书玮 等，2022；贾真真 等，2021；Walker et al.，2009)。因此，深入研究城市人工干扰场中近自然的残余生境对不同人为干扰强度和方式的响应，对于揭示特殊基质背景下的残余生境生态过程具有重要的科学意义，同时在合理的城市生态绿地系统规划、城市生物多样性保护和生态修复等方面具有显著的实际意义。

自然背景下的生物和非生物干扰对动植物群落多样性的影响，如火灾、轮耕、放牧、封育、干旱、旅游等(李威 等，2020；徐海鹏 等，2019；陈芙蓉 等，2013；裴广廷 等，2021)，已有大量的研究报道，并取得了丰富的成果。Biswas 等(2010)通过样地调查对加拿大西北部森林中的24条小溪的人为干扰与群落多样性进行了研究，结果表明在中等干扰强度下，物种丰富度、功能多样性达到峰值。Stevens 等(2015)研究表明，在野火自然干扰和间伐人工干扰梯度上，森林冠层的郁闭程度随干扰强度的加大而降低，中等干扰可以提高林生物种的多样性水平。贾真真等(2021)通过对杜鹃群落特征与风景区旅游干扰之间关系的研究，发现杜鹃纯林的物种丰富度和多样性指数，以及杜鹃林下草本层物种多样性指数与反映旅游强度的垃圾指数呈显著负相关关系。已有研究在方法上主要通过影响因素的评价与梯度分析来设置实验样地，并划分不同的干扰类型(徐海鹏 等，2019；Stevens et al.，2015)。大量的研究表明，"中度干扰"理论具有一定的普适性。然而，在城市人工环境中，错综复杂的干扰方式和强度下，城市残余生境植物群落对干扰响应的相关研究鲜见报道(汤娜 等，2021)。本研究以多山城市遗存山体为主要研究对象，探索不同干扰方式和强度下，城市遗存山体植物群落不同层次植物多样性的响应特征。

6.1 样山选择、样地设置与调查以及植物物种多样性测定

基于研究区 2020 年的 Pleiades 卫星影像图(0.5 m 空间分辨率,含 DEM 数字高程图),在 ENVI 5.3 平台对卫星影像进行几何校正、裁剪等预处理,作为城市遗存自然山体空间格局与内部景观格局分析的数据源。同时,本研究结合研究区地形图和实地调查,通过目视解译识别提取研究区城市遗存山体斑块。参照邢龙等人(2021)的相关研究,以城市遗存自然山体斑块垂直投影面积大小为依据,将山体划分为 3 种规模(大型≥10 hm^2、中型[3,10) hm^2、小型≤3 hm^2),每种规模斑块类型随机选取 9 座,共 27 座城市遗存自然山体作为本研究对象,所选样本遗存自然山体基本信息见表 6-1。

样本山体样地设置与植物群落调查及植物多样性测算方法同第 4 章。

表 6-1　城市遗存自然山体基本信息

编号	面积/hm^2	相对高度/m	乔灌投影面积/hm^2	草本投影面积/hm^2
L-M1	15.71	45	1.82	4.51
S-M2	2.68	25	0.84	0.21
L-M3	29.31	61	6.66	12.14
M-M4	5.33	20	3.29	0.32
S-M5	1.17	6	0.79	0.03
S-M6	2.53	11	1.58	0.16
S-M7	2.98	30	1.35	0.26
M-M8	8.31	64	3.35	0.72
L-M9	10.06	36	2.91	1.12
L-M10	14.19	17	8.45	1
M-M11	3.76	35	2.22	0.12
S-M12	3.47	26	2.48	0.12
M-M13	3.98	42	1.78	0.26
L-M14	13.72	99	4.48	2.28
S-M15	1.2	30	0.89	0.05
L-M16	10.29	63	7.1	0.24
L-M17	15.95	72	9.36	0.46
M-M18	4.23	39	2.18	0.23

续表

编号	面积/hm^2	相对高度/m	乔灌投影面积/hm^2	草本投影面积/hm^2
M-M19	4.85	38	1.62	0.22
S-M20	2.64	23	1.55	0.12
S-M21	3.74	45	1.77	0.09
L-M22	14.25	59	8.05	1.58
M-M23	5.47	49	3.67	0.15
M-M24	7.44	44	3.72	0.09
M-M25	4.02	31	1.84	0.47
L-M26	17.62	45	9.63	1.44
S-M27	2.22	13	1.15	0.1

6.2　人为干扰强度与方式计算

参考相关研究(范小晨 等,2018),把城市遗存山体内部景观分为人工景观组分(建筑物、边坡、构筑物、道路、农林地和人工裸地)和自然景观组分(自然植被、裸地、水面),共2大类9小类,且在矢量化的遥感影像上,结合实地调查,对各样本城市遗存山体内部的景观组分进行识别和提取,建立城市遗存山体景观组分属性表。以各类景观组分占城市遗存山体的面积比确定城市遗存山体人为干扰方式,即面积占比最大的景观组分为该山体主要干扰方式(见表6-2)。运用德尔菲法量化各样本山体的人为干扰强度,邀请水土保持与荒漠化防治、森林保护、森林经理学、风景园林学和城乡规划专业背景的教授、副教授、博士等22名专家,对各类人为干扰方式及其干扰内容进行权重打分,得到各指标权重值(见表6-3)。

表6-2　城市遗存山体主要人为干扰方式及干扰内容

人为干扰方式	人为干扰内容	干扰形式
人为踩踏	小径、墓地踩踏、泥土裸露、岩石裸露	践踏
复垦	菜地、农田、苗圃培育、实验种植园	翻新平整
工程建设	硬质地基、建筑物、隧道、公路、铁路	开挖浇筑
构筑物	电塔、电线杆、信号塔、围墙、水池、墓碑、废弃设备房等	建设
工程开挖	硬质性防护、绿植性防护、边坡开挖性泥土裸露	开挖
公园化利用	园路、景观建筑、活动场地、构筑物设施、水体	建设

表 6-3　人为干扰方式及干扰内容指标权重值

<table>
<tr><th>干扰方式</th><th>指标</th><th>权重</th><th>干扰方式</th><th>指标</th><th>权重</th><th>干扰方式</th><th>指标</th><th>权重</th></tr>
<tr><td rowspan="3">人为踩踏 0.07</td><td>小径</td><td>0.02</td><td rowspan="3">复垦 0.16</td><td>农田</td><td>0.05</td><td rowspan="4">公园化利用 0.17</td><td>园路</td><td>0.04</td></tr>
<tr><td>泥土裸露</td><td>0.02</td><td>菜地</td><td>0.05</td><td>构筑物等设施</td><td>0.03</td></tr>
<tr><td>岩土裸露</td><td>0.03</td><td>苗圃培育</td><td>0.06</td><td>景观建筑</td><td>0.04</td></tr>
<tr><td rowspan="3">工程建设 0.18</td><td>建筑物、硬质地基</td><td>0.07</td><td rowspan="3">工程开挖 0.25</td><td>绿化护坡</td><td>0.05</td><td>活动场地</td><td>0.06</td></tr>
<tr><td>隧道</td><td>0.06</td><td>硬化护坡</td><td>0.09</td><td rowspan="2">构筑物 0.17</td><td>电塔、围墙、水池</td><td>0.09</td></tr>
<tr><td>公路、铁路</td><td>0.05</td><td>挖方</td><td>0.11</td><td>墓碑、废弃设备房</td><td>0.08</td></tr>
</table>

最后，以人为干扰景观面积加权求和值确定各城市遗存山体人为干扰强度（ADI）。ADI 计算公式如下：

$$\mathrm{ADI}=\frac{H_i(A_1+A_2+\cdots+A_n)}{A}\times 100 \tag{6-1}$$

式中，A_n 为遗存山体内部第 n 种人为干扰景观斑块面积；H_i 为第 i 种人为干扰方式的权重系数；A 为城市遗存山体的垂直投影面积。

数据处理方面，植物群落特征调查结果和物种多样性指数均在 Excel 2019 软件进行整理和计算；在 SPASS 22.0 软件中运用最小显著差异法（LSD）和单因素方差分析法（One-Way ANOVA）分析各样本山体相关指标的差异，显著性水平 $p<0.05$；结果分析图利用 Origin 2021 软件制作，图表中数据为平均值±标准差。

6.3　城市遗存自然山体植物群落物种组成及多样性特征

6.3.1　城市遗存自然山体植物群落物种组成分析

各规模类型城市遗存山体植物群落物种组成的差异性结果见表 6-4，由表 6-4 可见，小型城市遗存山体的总物种数、乡土物种数和外来物种数均明显高于中型和大型城市遗存山体；中型和大型城市遗存山体间的物种数差异不大；由标准差可以看出，小型城市遗存山体物种组成的离散程度较高；物种总数最高（237 种）的山体为面积 2.22 hm^2 的 S-M27 号小型城市遗存山体，其物种数密度可达约

107 种/公顷；物种总数较低(122 种)的山体为面积 10.06 hm^2 的 L-M9 号大型城市遗存山体，其物种组成密度仅约为 12 种/公顷。该山体面积在大型山体中最小，实地调查发现其受人为干扰严重。从乡土物种和外来物种的组成比例来看，各类型城市遗存山体相差大，但小型城市遗存山体的乡土物种数所占百分比整体上略小于大型和中型城市遗存山体。

各规模城市遗存山体的平均物种数由高到低的顺序为：小型山体、大型山体和中型山体。各规模城市遗存山体的平均物种数密度分别为：小型山体约 70 种/公顷、中型山体约为 26 种/公顷、大型山体约为 9 种/公顷；其中物种数密度最高的城市遗存山体是 S-M15 小型遗存山体，达 175 种/公顷，而物种数密度最低的小型城市遗存山体是 L-M3 大型城市遗存山体，仅约为 5 种/公顷；9 座大型城市遗存山体的物种数密度都小于 15 种/公顷，中型城市遗存山体的物种数密度为 22～42 种/公顷，而 9 座小型城市遗存山体的物种数密度最低为 41 种/公顷，最高达 175 种/公顷。这一结果可以初步判断小型城市遗存山体更容易受到外来物种迁入的影响，大型城市遗存山体的植物群落稳定性较好，而且大多数大型山体的植被主要以乔木为主，山体群落抵御物种迁入的能力较强，所以物种组成相对简单。小型城市遗存山体在建成区内容易受到人为干扰，且大多数植被以草灌为主，物种迁入容易，所以整体上表现出其物种数远大于中型和大型城市遗存山体的现象。

表 6-4　城市遗存自然山体植物群落物种组成

编号	面积/hm^2	种	科	属	乡土植物数(占比)	外来植物数(占比)
L-M1	15.71	158	75	138	101(64%)	57(36%)
L-M9	10.06	122	53	112	86(70%)	36(30%)
L-M14	13.72	178	70	161	128(72%)	50(28%)
L-M3	29.31	141	63	123	107(76%)	34(24%)
L-M26	17.62	135	65	125	90(67%)	45(33%)
L-M17	15.95	152	76	142	105(69%)	47(31%)
L-M16	10.29	174	75	152	126(72%)	48(28%)
L-M22	14.25	160	64	146	114(71%)	46(29%)
L-M10	14.19	218	83	184	143(65%)	75(35%)
均值	15.68±5.68c	160±28.24a	69±9.01a	143±21.81a	111±18.59ab	49±12.06a

续表

编号	面积/hm²	种	科	属	乡土植物数（占比）	外来植物数（占比）
M－M13	3.98	168	73	152	114(68%)	54(32%)
M－M8	8.31	160	70	140	116(72%)	44(28%)
M－M25	4.02	150	65	125	104(69%)	46(31%)
M－M18	4.23	167	71	150	123(74%)	44(26%)
M－M11	3.76	147	67	132	108(73%)	39(27%)
M－M19	4.85	179	70	147	112(62%)	67(38%)
M－M4	5.33	119	59	103	81(68%)	38(32%)
M－M24	7.44	171	72	149	111(65%)	60(35%)
M－M23	5.47	136	66	120	99(73%)	37(27%)
均值	5.27±1.61b	155±19.09a	68±4.37a	135±16.72a	108±12.12a	48±10.48a
S－M2	2.68	167	75	150	115(69%)	52(31%)
S－M21	3.09	127	74	117	81(64%)	46(36%)
S－M7	2.98	178	81	160	119(67%)	59(33%)
S－M27	2.22	237	94	207	155(65%)	82(35%)
S－M20	2.64	186	78	162	124(67%)	62(33%)
S－M5	1.17	182	83	162	129(71%)	53(29%)
S－M6	2.53	220	87	195	157(71%)	63(29%)
S－M12	3.07	192	76	169	131(68%)	61(32%)
S－M15	1.20	210	93	187	137(65%)	73(35%)
均值	2.40±0.74a	189±32.06b	82±7.55b	168±26.63b	128±22.73b	61±10.97b

注：同列无相同字母表示具有显著性差异（$p<0.05$），有相同字母表示无显著性差异。

6.3.2　城市遗存山体复合群落总体植物物种多样性特征

本研究将整个城市遗存山体看作一个复合群落，通过计算各样本山体复合群落的总体植物物种多样性指数，运用 One-Way ANOVA 和 LSD 比较不同类型城市遗存山体间的物种多样性指数差异性。由表 6－5 可以看出，不同规模的城市遗存山体复合群落植物物种多样性指数中，Shannon-Wiener 指数（H'）和 Margalef

指数(R)差异显著($p<0.05$),而 Simpson 指数(D)只在小型城市遗存山体和大型城市遗存山体间差异显著,Pielou 指数(Jh)在大型和中型以及小型和大型城市遗存山体间存在差异,而小型城市遗存山体和中型城市遗存山体间差异不显著。同时,四个指数由高到低的顺序均表现为小型城市遗存山体、中型城市遗存山体和大型城市遗存山体。这说明城市遗存山体复合群落的物种多样性水平存在斑块面积效应,而这种效应表现出与常规不同的反比关系。

表 6-5 城市遗存山体复合群落植物物种多样性的斑块规模差异分析

山体类型	R	H'	D	Jh
大型	7.613±2.201a	0.958±0.195a	0.816±0.105a	0.331±0.047a
中型	8.055±2.274b	0.985±0.198b	0.825±0.118ab	0.338±0.052bc
小型	8.488±2.534c	1.021±0.208c	0.836±0.107b	0.341±0.051c

注:同列有相同字母表示无显著性差异,无相同字母表示具有显著性差异($p<0.05$)。

对各样本山体的各样地植物群落物种多样性指数进行 One-Way ANOVA 和 LSD 对比分析,得出各样地总体植物物种多样性水平的均值与差异性结果(见表 6-6)。可以看出,在同一规模水平上的各城市遗存山体间的物种多样性指数仍然存在差异。样本山体 S-M21 的 Shannon-Wiener 指数(H')和 Margalef 指数(R)在小型城市遗存自然山体中较低,该山体为公园化利用的小型城市遗存山体,山体上有宗教寺庙,开发建设强度过大,以及由于公园化利用和宗教活动使人为干扰频度、强度都较大,从而对城市遗存山体的植物物种丰富度和物种多度分布的均匀性都产生了负面影响。样本山体 M-M19 的 4 个物种多样性指数在中型城市遗存山体中都明显低于其他样本山体,实地调查发现,该山体位于城市开发建设强度大的乌当区老城区,其东侧有高楼林立的居住小区和人流量大的商业建筑,有一大型副食加工厂紧挨山体北侧,山体内部有较多的废弃构筑物和建筑以及大量的废弃工业垃圾,说明该山体受内外人为干扰和城市建设的强烈影响,导致其生物多样性水平的降低。样本山体 L-M26 的 4 个物种多样性指数在大型城市遗存山体中都明显低于其他样本山体,与 M-M19 号样本山体的多样性指数相近。样本山体 L-M26 虽然分布于建成区边缘地带,但受到城乡交错地带的边缘效应影响。样本山体 L-M26 受到的各种人为干扰也较严重,其东侧为经济活动频繁的工业园区,南侧靠近环城高速,山体内部存在大面积的开荒种地现象,这些干扰因素可能是导致该山体植物物种多样性低的主要原因。综上可以看出,各规模类型的城市遗存山体中,植物物种多样性水平最低的山体均有强烈的人为干扰因素。

表 6-6　各样本山体总体植物物种多样性指数

山体类型	山体编号	R	H'	D	Jh
大型	L-M1	6.384±2.148kl	0.891±0.225hi	0.782±0.141ghi	0.317±0.064jk
	L-M9	7.094±2.014hjk	0.938±0.197fghi	0.805±0.119efgh	0.335±0.052defghij
	L-M14	7.812±2.428gh	0.951±0.229fghi	0.803±0.126fgh	0.329±0.050fghij
	L-M3	7.978±1.740fgh	0.963±0.113efgh	0.823±0.050def	0.321±0.027hij
	L-M26	5.583±1.919lm	0.788±0.226j	0.740±0.137i	0.303±0.058kl
	L-M17	9.004±1.614abcd	1.102±0.115b	0.883±0.039ab	0.363±0.025ab
	L-M16	8.175±2.098efg	1.011±0.165cdef	0.844±0.070bcde	0.348±0.034bcde
	L-M22	6.698±1.516jk	0.896±0.155hi	0.795±0.094fgh	0.319±0.043ijk
	L-M10	8.635±1.849bcdef	1.019±0.152cde	0.843±0.085cde	0.337±0.040defghi
中型	M-M13	9.049±1.879abcd	1.059±0.142bcd	0.859±0.069bcd	0.350±0.031bcd
	M-M8	8.133±1.778efg	1.016±0.125cdef	0.849±0.060bcde	0.349±0.032bcd
	M-M25	8.210±1.383defg	0.995±0.112defg	0.835±0.058cdef	0.332±0.029efghij
	M-M18	9.580±2.127a	1.055±0.161bcd	0.851±0.069bcde	0.341±0.039cdefg
	M-M11	9.076±1.857abc	1.073±0.142bc	0.866±0.066bc	0.358±0.034bc
	M-M19	5.280±2.051m	0.734±0.292j	0.678±0.225j	0.287±0.099l
	M-M4	7.447±1.591ghj	0.968±0.141efgh	0.831±0.078cdef	0.340±0.035cdefgh
	M-M24	7.827±2.184gh	0.982±0.172efg	0.831±0.091cdef	0.332±0.040efghij
	M-M23	7.593±2.316gh	0.957±0.200efgh	0.820±0.117efg	0.343±0.050cdefg

续表

山体类型	山体编号	R	H'	D	Jh
小型	S-M2	7.575±1.502ghj	0.878±0.168i	0.761±0.119hi	0.301±0.055kl
	S-M21	6.997±1.638hjk	0.911±0.153ghi	0.805±0.089efgh	0.334±0.045defghij
	S-M7	7.900±3.164fgh	1.004±0.198cdef	0.840±0.078cdef	0.347±0.033bcdef
	S-M27	8.919±2.573abcde	1.011±0.188cdef	0.830±0.104cdef	0.332±0.049efghij
	S-M20	8.406±3.060cdefg	1.001±0.235cdefg	0.824±0.117cdefg	0.340±0.057cdefghi
	S-M5	8.007±2.955efgh	0.952±0.258efghi	0.795±0.145fgh	0.325±0.068ghij
	S-M6	9.431±2.790ab	1.105±0.200b	0.869±0.096bc	0.351±0.047bcd
	S-M12	9.363±1.779ab	1.198±0.103a	0.912±0.028a	0.378±0.017a
	S-M15	8.749±1.954abcdef	1.014±0.163cdef	0.837±0.089cdef	0.343±0.043cdefg

注：同列无相同字母表示具有显著性差异($p<0.05$)，有相同字母表示无显著性差异。

6.3.3 各规模城市遗存山体不同层次植物物种多样性

对各城市遗存山体样本山体的乔木层、灌木层和草本层三个生长型层次的植物物种多样性指数进行 One-Way ANOVA 和 LSD 分析，结果如图 6－1 所示。由图 6－1 可以看出：乔木层物种多样性的 Margalef 指数(R)整体上从高到低的顺序为小型城市遗存山体＞大型城市遗存山体＞中型城市遗存山体，而且各规模样本山体间存在差异显著性；Shannon-Wiener 指数(H')和 Simpson 指数(D)的大小顺序也呈现出小型城市遗存山体＞大型城市遗存山体＞中型城市遗存山体，小型城市遗存山体和大型城市遗存山体间差异不显著，但二者都与中型城市遗存山体之间存在着差异显著性；均匀度 Pielou 指数(Jh)从高到低的顺序为大型城市遗存山体＞小型城市遗存山体＞中型城市遗存山体，中型城市遗存山体与小型和大型城市遗存山体间都有显著性差异，同样地，在大型城市遗存山体和小型城市遗存山体之间无显著差异。

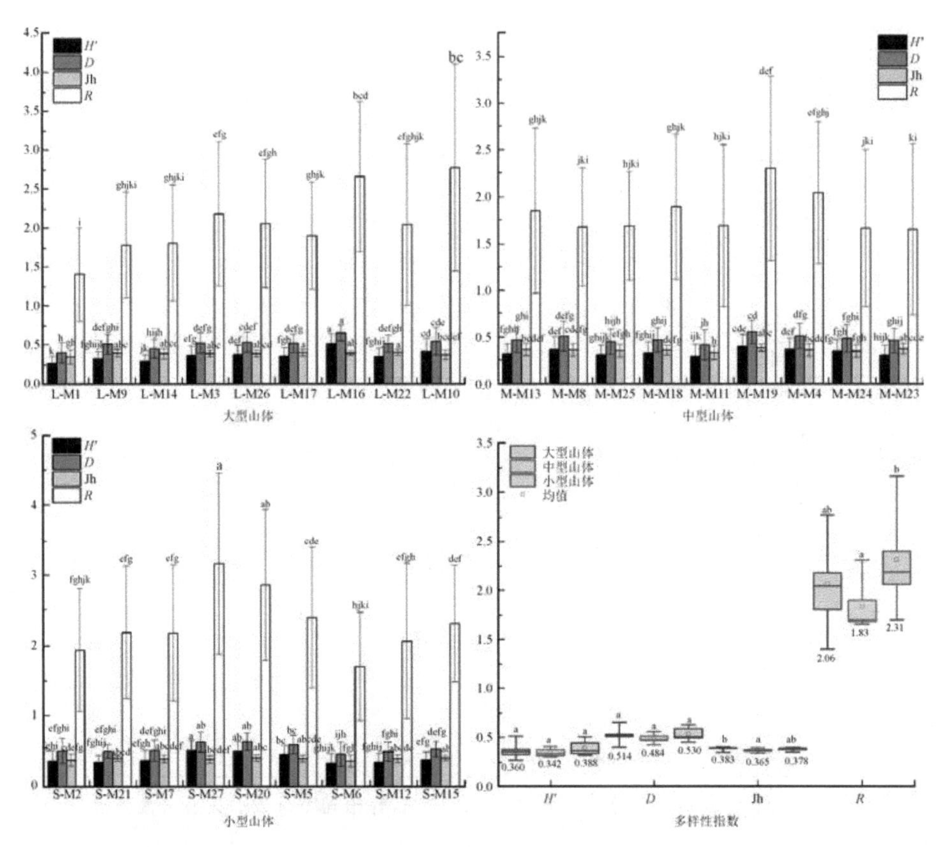

图 6－1　不同规模城市遗存自然山体乔木层物种多样性

注：无相同字母表示具有显著性差异（$p<0.05$），有相同字母表示无显著性差异（下同）。

各规模类型的城市遗存山体样本山体间，乔木层物种多样性指数均存在显著差异。S－M6 山体在小型城市遗存山体中，其 4 个多样性指数都显著低于同类型其他样本山体。S－M6 山体位于新发展的城区——观山湖区，大规划的居住小区围绕山体而建，高大的建筑对山体光环境形成了根本性改变，高密度的居住楼也必将引起人为活动的频繁，这些因素是否影响了该山体乔木层的物种多样性，需要长期观察分析。中型样本山体中，乔木层物种多样性的 4 个指数之间的差异相对较小，其中，M－M4 和 M－M19 山体乔木层物种多样性指数最高。M－M4 城市遗存山体进行了公园化利用，人为种植了一些乔木类园林绿化树种，丰富了乔木层的物种，提高了多样性水平，而 M－M19 城市遗体山体也是被居住小区的高楼包围，与小型山体 S－M6 南边环境相近，但该山体的乔木层物种多样性水平却比较高。编号为 L－M1 的大型城市遗存山体乔木层的 4 个物种多样性指数均显著最低，这是因为 L－M1 城市遗存山体石漠化现象严重，岩石裸露率高，生境条件恶劣，对乔木层物种多样性产生了一定影响。

由图 6－2 可以看出，不同规模类型以及各类型内部的不同城市遗存山体间的灌木层物种多样性的差异性表现如下：Margalef 指数（R）整体上从高到低的顺序为小型城市遗存山体、中型城市遗存山体和大型城市遗存山体，表现出负的斑块规模效应；Simpson 指数（D）和 Shannon-Wiener 指数（H'）整体上从高到低的顺序为中型城市遗存山体、小型城市遗存山体和大型城市遗存山体；不同规模的城市遗存山体灌木层的 Pielou 指数（Jh）无显著性差异。编号为 S－M12 的城市遗存山体灌木层的物种多样性在小型城市遗存山体中最低，该山体作为公园化利用的城市遗存山体，园路和大面积活动场地对原有植被中的灌草层植物进行了破坏，影响了灌木层的物种多样性水平；编号 S－M21 的小型城市遗存山体，植被覆盖良好，为马尾松单优种群群落，林下灌木主要是一些喜酸性耐荫灌木，所以灌木层物种多样

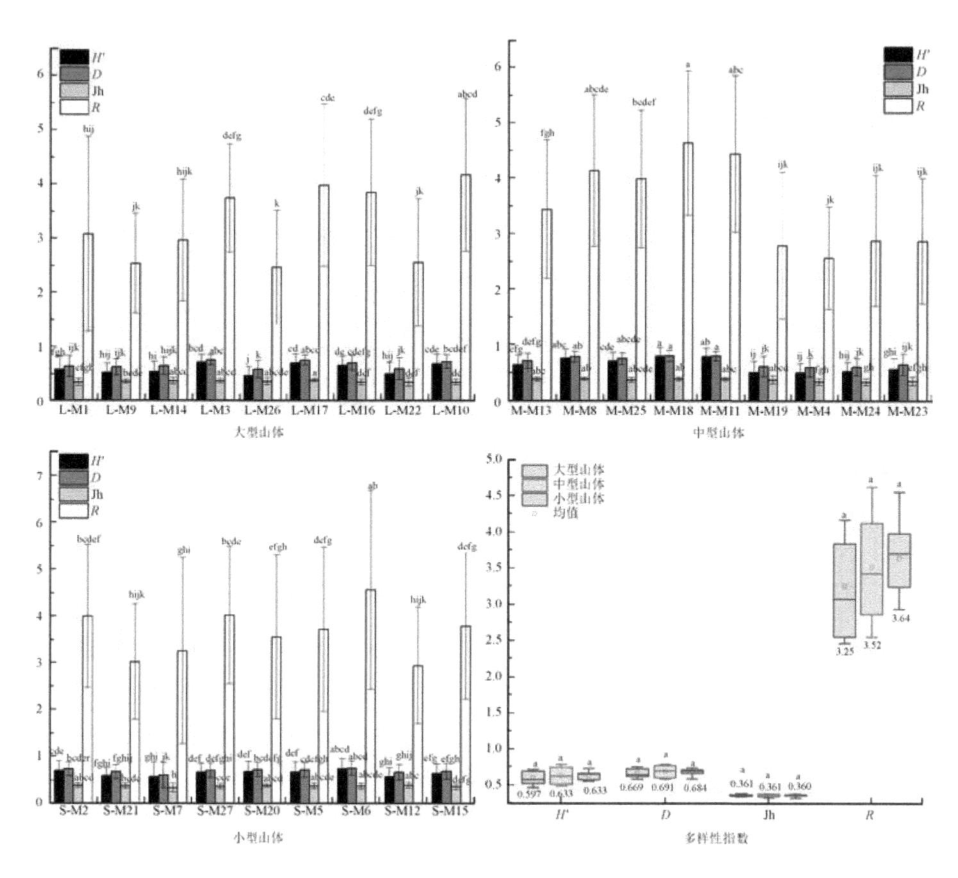

图 6－2　不同规模城市遗存自然山体灌木层物种多样性

性水平在小型城市遗存山体中也较小。编号 M－M4 的中型城市遗存山体如上所述，是公园化利用山体，乔木层优势明显、郁闭度高，抑制了林下灌草植物的生长，所以其灌木层物种多样性在中型城市遗存山体中较低。编号为 L－M26 的大型城市遗存山体的灌木层与乔木层的物种多样性水平一样，在大型城市遗存山体中明显最低，原因主要是该山体有大面积的复垦耕地，乔灌木被人为砍伐。

综上所述，城市遗存山体木本植物的多样性水平表现出一定的规模效应，但山体间的物种多样性水平差异性表现仍较复杂。其主要原因可能是历史演替阶段，但也反映出在城市人工干扰环境中的其他因素。木本植物生命周期较长，对大多数间接干扰如周边建筑对光环境的影响等响应滞后，从物种水平上难以在短时间内揭示出其变化规律，此时调查其性状特性和功能多样性，可能会有助于阐明其对城市各种干扰的响应规律。

由城市遗存山体样本山体草本层物种多样性的差异性分析结果（见图 6－3）可以看出：草本层 Margalef 指数（R）在不同规模的城市遗存山体中从高到低的顺

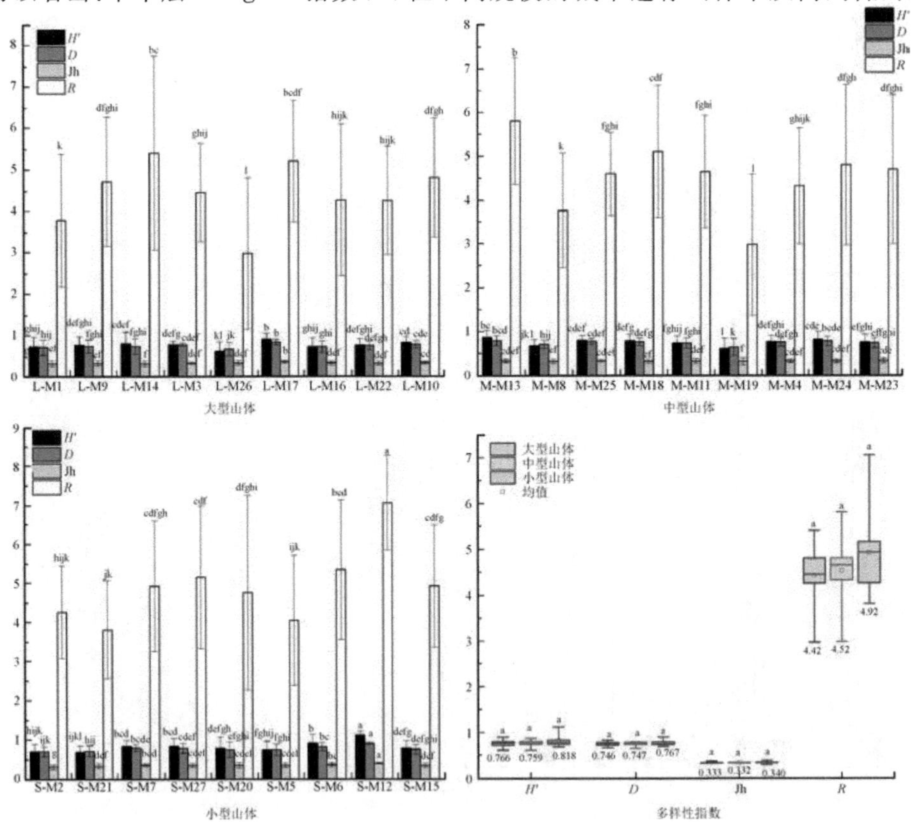

图 6－3　不同规模城市遗存自然山体草本层物种多样性

序为小型城市遗存山体、中型城市遗存山体和大型城市遗存山体，其中大型城市遗存山体和中型城市遗存山体间的差异并不显著，但二者与小型城市遗存山体间的差异显著；Shannon-Wiener 指数（H'）、Simpson 指数（D）和均匀度 Pielou 指数(Jh)由高到低的顺序一致，即小型城市遗存山体＞大型城市遗存山体＞中型城市遗存山体；不同规模城市遗存山体之间的差异显著性与 Margalef 指数(R)一致。

编号为 S－M21 的小型城市遗存山体草本层物种多样性水平，在小型城市遗存自然山体中最低，与其乔木层物种多样性的表现相同。该山体也是重度公园化利用的城市遗存山体，游人活动场地的建设和频繁的人为踩踏，对城市遗存山体草本的干扰直接且严重。编号 M－M19 的中型城市遗存山体草本层物种多样性水平在中型城市遗存山体中最低，如前所述，该山体乔木层长势良好，占据山体环境资源，处于竞争优势地位，对林下的灌草层具有较强的抑制作用。编号 L－M26 的大型城市遗存山体草本层的 Margalef 指数(R)在大型城市遗存山体中显著最低，该山体土壤覆盖率低，土层浅薄，石漠化现象严重，草本植物的生长条件恶劣，一些耐贫瘠的禾本科植物如荩草（*Arthraxon hispidus*）和芒草（*Miscanthus sinensis*）等形成单优草本群落，其他草本植物难以定殖，所以其草本层物种多样性水平低。

综上可以看出，草本植物群落多样性水平对人为干扰的响应较乔木层和灌木层敏感，同时也受到了城市遗存山体内部群落结构、立地条件和生态环境等因素的综合影响。所以，叠加乔木、灌木和草本各生长型植物多样性而表现出的总体植物多样性水平则更为复杂，有些多样性的响应存在叠加效应，而有些山体则出现了相互抵消的作用。

6.3.4 城市遗存自然山体植物群落垂直结构特征

统计各城市遗存山体各植物群落垂直结构类型的样方分布数量（见表 6－7），结果表明，研究区城市遗存山体植物群落垂直结构总体上以乔-灌-草-藤 4 层和乔-灌-草 3 层多层复合型为主，中型城市遗存山体中乔-灌-草及以及乔-灌-草-藤都有的样方数显著高于小型城市遗存山体。同时，也存在群落垂直结构断层现象，如小型城市遗存山体中乔木层缺失的样方最多(44 个)，灌木层缺失的样方 13 个；中型城市遗存山体中乔木层缺失的样方有 30 个，灌木层缺失的样方有 23 个，而且有 8 个样方只有草和藤-草；大型城市遗存山体中乔木层缺失现象最严重，有 61 个样方没有乔木层，灌木层缺失的样方有 13 个。

表 6-7　各规模城市遗存山体植物群落垂直结构组成的样方分布数量

山体规模	群落垂直结构层次组成方式							
	草	藤-草	乔-草	灌-草	乔-草-藤	灌-草-藤	乔-灌-草	乔-灌-草-藤
大型	—	—	9	30	4	31	161	194
中型	4	4	5	9	10	13	133	285
小型	—	—	5	13	8	31	54	225

注:“—”表示样地内无此类样方分布。

由表 6-8 可以看出,编号 S-M12 的山体中有 19 个样方存在群落垂直结构中的断层现象,该山体人为干扰现象较为严重,山上有一定数量的构筑物和建筑物分布,这些人工建设对山体乔灌木有一定的影响。编号 M-M19 的样本山体,在中型城市遗存山体中是垂直结构层次缺失最严重的山体,乔木和灌木层缺失的样方有 15 个,主要表现为以草本层为主的植物特征。该山体受到城市建设的严重破坏和干扰,有大面积的开挖坡面和工程迹地。由于喀斯特山体土壤条件差,水土流失严重,所以植被一旦破坏,恢复难度很大,植物群落断层现象严重。在大型城市遗存山体中,有 10 个以上乔木层缺失的城市遗存山体分别是编号为 L-M1、L-M3 和 L-M9 的 3 个城市遗存山体。其中,编号 L-M1 的城市遗存山体位于工业区,该山体生境条件差,土壤稀薄且覆盖度低,容易受到周边工业用地的干扰;编号 L-M3 的城市遗存山体,虽然面积规模在样本山体中最大,但该山体也受到各种方式不同程度的人为干扰,高压线缆经过山体,大型电塔及相关用房建在山顶,山脚处大面积被开荒种植农作物和蔬菜,甚至延伸到山腰处,山体南部因高速公路修建而开挖成陡峭边坡,各种人工干扰对该山体植物群落垂直结构的断层现象有一定的影响;编号 L-M9 的城市遗存山体位于开发较晚的新区,一半山体被城市建设用地侵占,形成的大面积工程边坡严重破坏了山体及其原有植被。

表 6-8　各样本山体植物群落垂直结构样方分布数量

山体类型	样山编号	群落垂直结构层次组成方式							
		草	藤-草	乔-草	灌-草	乔-草-藤	灌-草-藤	乔-灌-草	乔-灌-草-藤
大型	L-M1	—	—	1	10	—	2	17	10
	L-M9	—	—	—	5	—	11	3	7
	L-M14	—	—	4	1	—	6	19	25
	L-M3	—	—	—	12	—	3	23	19

续表

山体类型	样山编号	群落垂直结构层次组成方式							
		草	藤-草	乔-草	灌-草	乔-草-藤	灌-草-藤	乔-灌-草	乔-灌-草-藤
大型	L-M26	—	—	1	1	—	—	36	9
	L-M17	—	—	1	—	1	1	11	36
	L-M16	—	—	—	—	—	1	24	30
	L-M22	—	—	2	1	3	—	11	22
	L-M10	—	—	—	—	—	7	17	36
中型	M-M13	—	1	—	1	2	—	23	32
	M-M8	1	—	—	—	2	2	14	40
	M-M25	—	—	1	3	1	2	2	30
	M-M18	1	2	1	—	—	2	4	39
	M-M11	—	—	—	—	—	1	20	39
	M-M19	2	1	3	5	1	6	22	12
	M—M4	—	—	—	—	2	—	10	26
	M-M24	—	—	—	—	1	—	28	21
	M-M23	—	—	—	—	1	—	10	46
小型	S-M2	—	—	2	2	—	2	9	17
	S—M21	—	—	—	—	3	1	—	24
	S-M7	—	—	—	—	—	9	4	21
	S-M27	—	—	—	4	—	1	11	29
	S-M20	—	—	—	1	1	7	5	16
	S-M5	—	—	1	—	—	—	6	30
	S-M6	—	—	—	—	3	1	3	33
	S-M12	—	—	2	6	1	10	9	22
	S-M15	—	—	—	—	—	—	7	33

注:"—"表示样地内无此类样方分布。

6.3.5 小结

27座样本山体的植物群落物种均以乡土植物为主,但也有大量的外来物种出现,两者比例约为2:1。小型城市遗存山体的平均物种数,及其所属科、属均高于大型城市遗存山体和中型城市遗存山体,且存在显著差异,而中型城市遗存山体和大型城市遗存山体之间的差异不显著。总体植物物种多样性指数在不同规模类型的城市遗存山体中，从高到低的顺序为小型城市遗存山体、中型城市遗存山体和大型城市遗存山体，即城市遗存山体植物物种多样性呈现与规模负相关的斑块效应。Shannon-Wiener 指数（H'）和 Margalef 指数（R）在各规模类型山体间均差异显著（$p<0.05$），而 Pielou 指数（Jh）和 Simpson 指数（D）在小型和大型山体间差异显著（$p<0.05$）。小型城市遗存山体的乔木层物种多样性最高，中型城市遗存山体的最低，而且与小型和大型城市遗存山体都存在显著差异；中型城市遗存山体的灌木层 Simpson 指数（D）和 Shannon-Wiener 指数（H'）最高，大型山体的最低，而 Pielou 指数（Jh）和 Margalef 指数（R）在三个规模类型中刚好相反，即大型城市遗存山体＞小型城市遗存山体＞中型城市遗存山体。草本层 Margalef 指数（R）表现出与城市遗存山体规模呈负相关的响应关系，即大型山体＜中型山体＜小型山体，而 Shannon-Wiener 指数（H'）、Simpson 指数（D）和 Pielou 指数（Jh）则表现为小型城市遗存山体最大，中型城市遗存山体最小，大型城市遗存山体居中。由此可以看出，城市遗存山体植物群落物种多样性水平与山体规模有一定的关系，但也受到城市遗存山体内外干扰的影响，且山体本身的生境条件起着主要的决定作用。

城市遗存山体植物群落垂直结构各层次的平均物种数组成上，草本层最高、灌木层次之，乔木层再次之，藤本最少；乔木和藤本植物物种数组成在各规模城市遗存山体间有显著差异，灌木和草本植物的物种组成在不同规模类型城市遗存山体间差异不显著。按生活型统计各类植物物种数组成由大到小的排序为：多年生草本、一二年生草本、落叶乔木、常绿灌木、落叶灌木、落叶藤本、常绿乔木和常绿藤本；城市遗存山体的开发利用方式对其植物生活型构成具有明显的影响。

多数城市遗存山体植物群落垂直结构较为完整，以乔-灌-草 3 层和乔-灌-草-藤 4 层复合型为主。中型城市遗存山体中复合型垂直结构的样地群落最多，大型城市遗存山体次之，小型城市遗存山体中复合型垂直结构的样地群落相对较少；但中型城市遗存山体中只有草或草-藤的样地最多，而大型和小型城市遗存山体中未见只有草或草-藤的单层垂直结构样地。城市遗存山体植物群落垂直结构除了受自身立地条件的限制以外，主要受到城市建设的强烈干扰和破坏，尤其山体开挖形成的工程迹地的影响。另外，附近居民在山体上开荒种地对灌草层植物的影响也较严重。

6.4　城市遗存山体人为干扰方式与干扰强度

通过对城市遗存山体高分辨率遥感影像解译的实地踏察，分别统计各样本山体的人为干扰景观类型及其面积，最终以最大面积比来确定城市遗存山体的干扰方式，如图6-4所示。由图6-4可以看出，27座样本山体的人为干扰方式主要有人为踩踏、公园化利用、复垦、构筑物建设、工程建设和工程开挖6种。

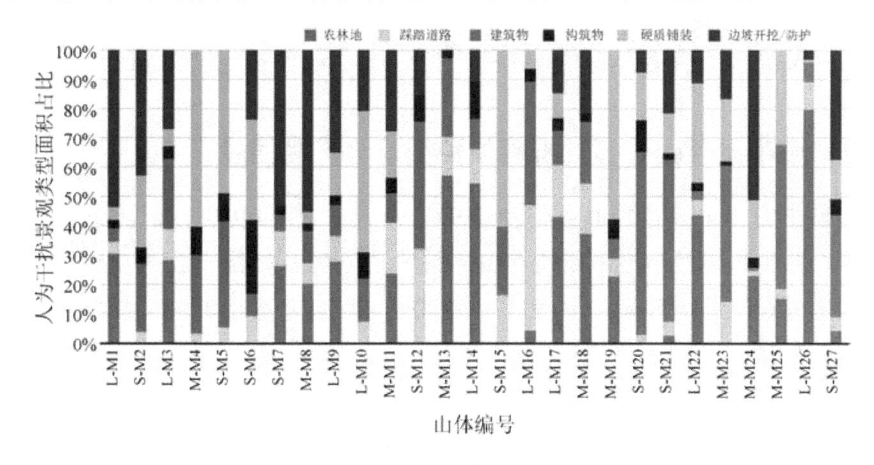

图6-4　城市遗存山体人为干扰方式

根据各样本山体的人为干扰强度计算结果，按照自然断点法将城市遗存山体的干扰强度划分为轻度干扰（ADI＜4.5）、中度干扰（4.5≤ADI≤6.0）和重度干扰（ADI＞6.0）3个等级。其中，轻度干扰山体9座，中度干扰山体8座，重度干扰10座。将各干扰方式与干扰强度按照样本山体进行叠加，可以得到干扰方式与干扰强度的各种组合（见图6-5）。重度干扰主要有工程开挖、工程建设和复垦三种方式；中度干扰强度下的干扰方式较多，有工程建设、构筑物建设、公园化利用、复垦

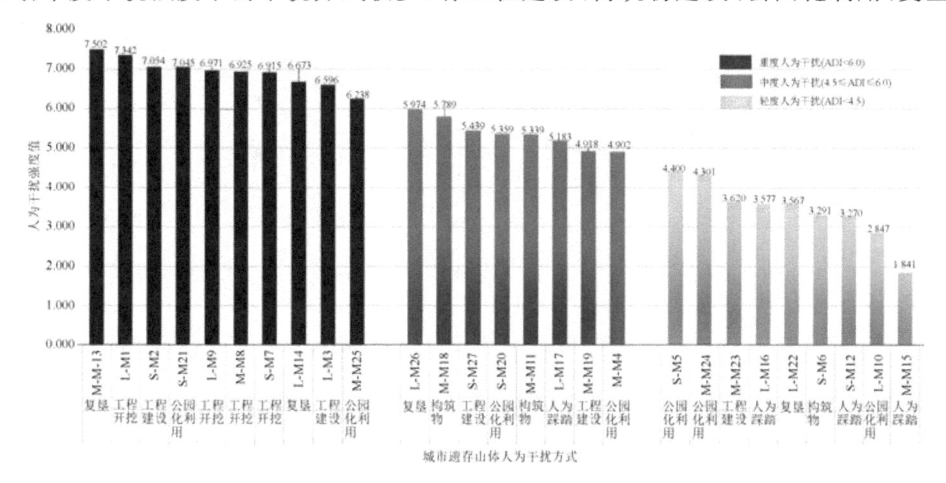

图6-5　城市遗存山体人为干扰强度值与等级划分

和人为踩踏；轻度干扰主要有构筑物建设、公园化利用、复垦和人为踩踏。不同干扰方式的干扰程度也有区别，构筑物建设主要为中度干扰，人为踩踏主要为轻度干扰。

6.5　人为干扰对城市遗存自然山体植物多样性的影响

6.5.1　城市遗存山体植物群落物种组成与干扰强度

对城市遗存山体植物群落物种组成与人为干扰强度进行线性拟合分析，结果表明(见图 6－6)：小型城市遗存山体植物群落物种数随干扰强度增加先略上升后，在中度干扰后下降，总体呈下降趋势；中型城市遗存山体植物群落物种数与干扰强度的拟合关系较差，总体上略呈上升趋势；大型城市遗存山体植物群落物种数随干扰强度增加先明显下降后，在中度到重度干扰之间到达谷底后略有上升，总体呈下降趋势；属与科的表现与物种的变化趋势相似。乡土植物物种数和外来植物物种数在各规模城市遗存山体中随干扰强度的变化趋势与总体物种数的一致。

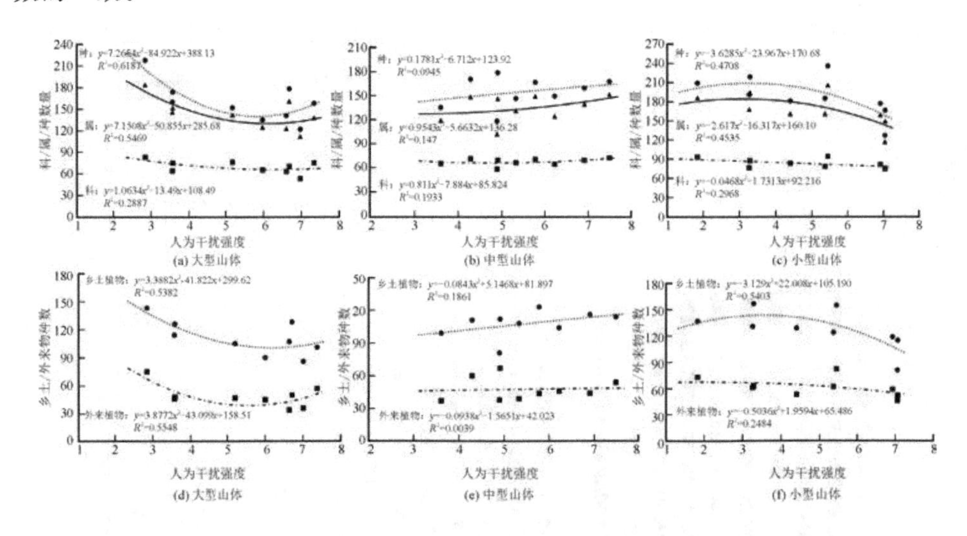

图 6－6　不同人为干扰强度对城市遗存山体植物群落物种组成的影响

综上可以看出，中度干扰在一定程度上可以丰富小型城市遗存山体的植物物种多样性，符合“中度干扰理论”，但在大型和中型城市遗存山体中并没有表现出中度干扰促进植物物种多样性的结果。这说明城市遗存山体植物群落物种组成对干扰强度的响应具有其特殊的表现形式，也可能因为植物群落对干扰响应的时滞效应所致。此外，人为干扰与自然干扰的中度干扰理论有其干扰方式上的本质不同。在本研究中，同一干扰强度下可能对应不同类型的干扰方式，而不同干扰方式对城市遗存山体植物群落的影响对象和程度存在差异。比如，中度干扰下，在工程建设、构筑物建设、公园化利用和人为踩踏等几种方式中，人为踩踏可能只会对草本层植物产生较为明显的干扰影响，而工程建设可能会涉及乔灌草各层次植物的影响。复垦干扰各种强度都有，且不同强度的复垦对城市遗存山体植物群落不同层次植物的影响也不同。

6.5.2　城市遗存山体总体植物物种多样性与人为干扰强度

由图 6－7 可以看出，整体上大型城市遗存山体总体植物的 Margalef 指数(R)与人为干扰强度呈负相关关系，干扰强度增加，Margalef 指数(R)下降；Shannon-Wiener 指数(H')、Simpson 指数(D)和 Pielou 指数(Jh)随人为干扰强度增加略有下降，但降幅很低。中型城市遗存山体的 Shannon-Wiener 指数(H')、Simpson 指数(D)和 Pielou 指数(Jh)随干扰强度增加的变化也不明显，各山体的相关指数值与拟合曲线的离散度较低。样本山体中的中型山体大多因坡度较缓而被公园化利用，园林绿化植物的引入一定程度上丰富了植物物种多样性。小型城市遗存山体植物群落的 Margalef 指数(R)与干扰强度的拟合度较高($R^2=0.7118$)，相较于大型山体和中型山体，其 Shannon-Wiener 指数(H')、Simpson 指数(D)和 Pielou 指数(Jh)与干扰强度也有较好的拟合度。小型城市遗存山体的 Margalef 指数(R)、Shannon-Wiener 指数(H')和 Simpson 指数(D)均表现出随人为干扰强度的增加

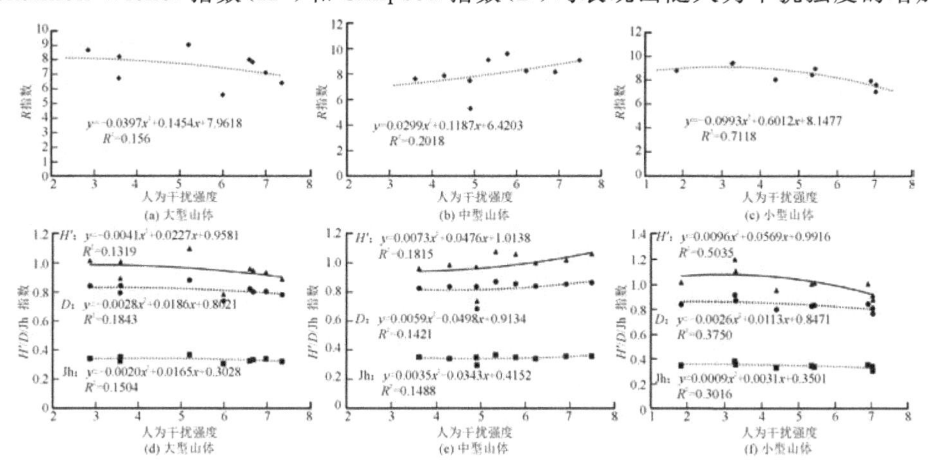

图 6－7　不同人为干扰强度对城市遗存自然山体总体植物群落物种多样性的影响

而下降的趋势，其中 Margalef 指数（*R*）和 Shannon-Wiener 指数（*H'*）在中度干扰到重度干扰之间的下降趋势更明显，Pielou 指数（Jh）几乎没有变化。

6.5.3　城市遗存山体不同层次植物物种多样性与人为干扰强度

由图 6－8 可以看出，小型城市遗存山体乔木层物种多样性的 Margalef 指数（*R*）、Pielou 指数（Jh）和 Simpson 指数（*D*）3 个指数随干扰强度的增加变化趋势相似，最大值出现在中度人为干扰强度下，这一结果符合“中度干扰假说”；Shannon-Wiener 指数（*H'*）在小型山体中没有表现出与干扰强度之间的变化关系。中型城市遗存山体中，乔木层 Margalef 指数（*R*）和 Pielou 指数（Jh）与干扰强度的相关曲线呈凸抛物线状态，在中度干扰出现最大值，但变化幅度不大。这一结果也说明中度干扰对中等城市遗存山体物种多样性有一定的促进作用，但作用不是很明显。在大型城市遗存山体中，乔木层物种多样性指数与人为干扰强度的拟合度普遍较高；Margalef 指数（*R*）随干扰强度的增加直线下降，Simpson 指数（*D*）和 Shannon-Wiener 指数（*H'*）随干扰强度增加先有缓升，到中度干扰以后下降，Pielou 指数（Jh）整体上变化不明显，只是在中度干扰下略高。乔木层本身的更新换代时间长，抗外部干扰能力也较强，除了工程建设等直接砍伐破坏的强烈干扰外，其余干扰产生的效应可能需要几十乃至上百年的时间才能显现。

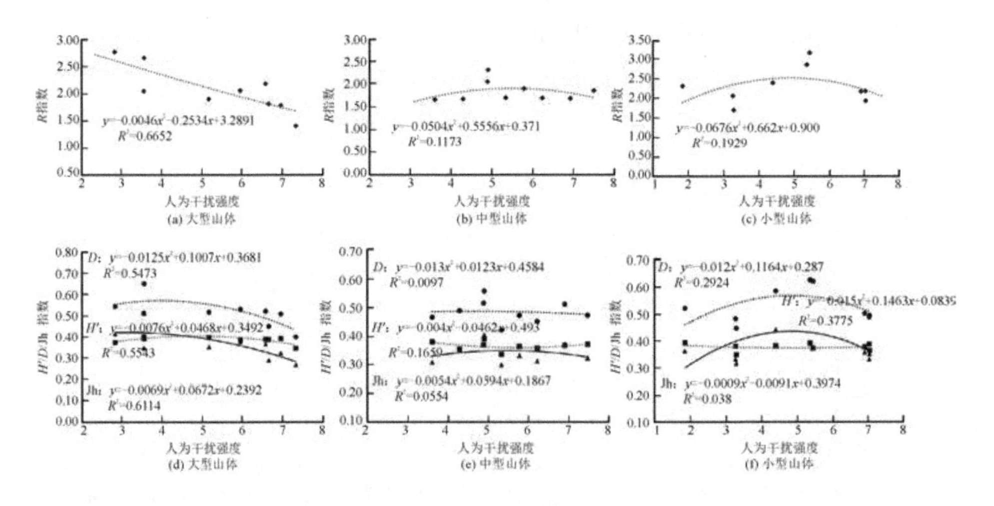

图 6－8　城市遗存山体乔木层物种多样性与人为干扰强度的拟合分析

对各规模城市遗存山体灌木层物种多样性和人为干扰强度进行线性拟合，结果（见图 6－9）表明：小型城市遗存山体灌木层物种多样性的指数中，Margalef 指数（*R*）从轻度干扰到中度干扰保持平稳，中度干扰到重度干扰明显下降；Simpson

指数(D)和 Shannon-Wiener 指数(H')先缓升后下降;Pielou 指数(Jh)变化不明显。中型城市遗存山体中,Margalef 指数(R)随干扰强度增加先快速增长,到干扰强度值为 6 时达到最大值,而后下降;Simpson 指数(D)和 Shannon-Wiener 指数(H')整体表现为上升趋势,到干扰强度值为 6 时达到稳定状态;Pielou 指数(Jh)整体上呈线性缓慢上升趋势。大型城市遗存山体中,随着干扰强度增加,Margalef 指数(R)整体上呈近线性下降趋势;Simpson 指数(D)和 Shannon-Wiener 指数(H')也表现出缓慢下降趋势;Pielou 指数(Jh)变化不明显。上述结果表明,小型和中型城市遗存山体灌木层物种多样性表现出一定的"中度干扰"促进作用,但大型山体直接表现出对人为干扰的负面响应。

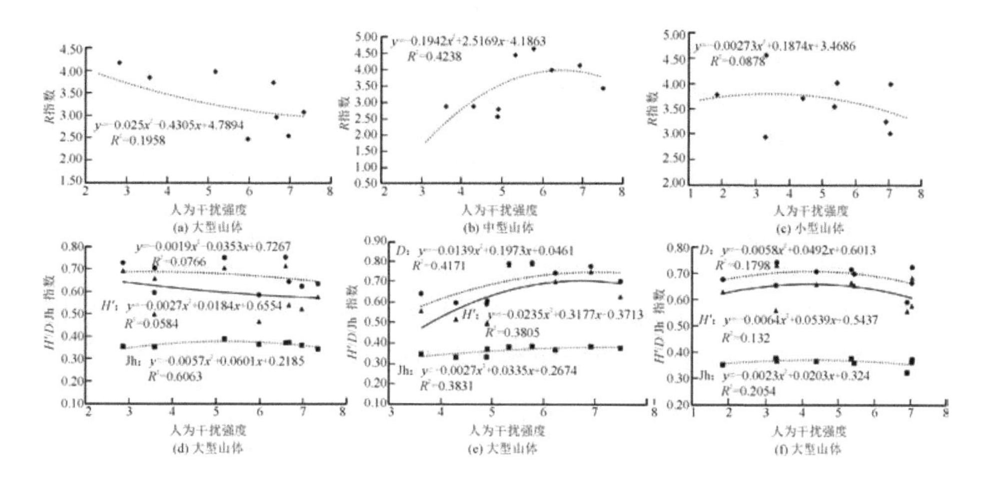

图 6-9　城市遗存山体灌木层物种多样性与人为干扰强度的拟合分析

城市遗存山体草本层物种多样性与人为干扰强度拟合结果(见图 6-10)表明:小型城市遗存山体中,随着干扰强度的增加,Margalef 指数(R)和 Simpson 指数(D)总体上呈下降趋势,在中度到重度干扰之间下降明显;Shannon-Wiener 指数(H')在轻度到中度干扰之间无明显变化,中度到重度干扰之间缓慢下降;Pielou 指数(Jh)变化不明显。中型城市遗存山体中,Margalef 指数(R)在轻度到中度干扰之间快速下降,中度到重度干扰之间又明显上升;Simpson 指数(D)和 Shannon-Wiener 指数(H')变化趋势与 Margalef 指数(R)一致,但下降和上升的程度要明显缓和;Pielou 指数(Jh)随干扰强度加强,总体上呈线性轻微下降趋势。大型城市遗存山体中,随人为干扰强度加强,4 个物种多样性水平均一致地表现为缓冲下降的趋势。草本层物种多样性与人为干扰强度之间的响应关系在不同规模的城市遗存山体中表现出一定的差异性,总体上并未呈现出符合"中度干扰假说"理论的状态。

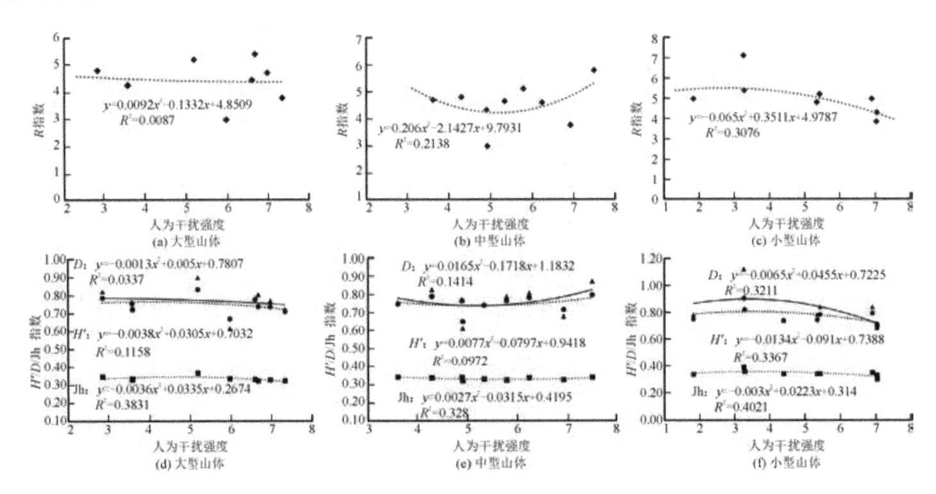

图 6-10　城市遗存山体草本层物种多样性与人为干扰强度的拟合分析

6.5.4　城市遗存山体植物群落垂直结构与人为干扰强度

对城市遗存山体植物群落垂直结构断层的样方数量和人为干扰强度进行线性拟合，结果(见图 6-11)可知：小型城市遗存山体中，中度人为干扰强度下的植物群落垂直结构断层样方数量最高，但线性拟合系数太低；中型城市遗存山体中，植物群落垂直结构断层样方数在轻度到中度干扰之间增加，干扰强度值为 6 时达最大值，在中度到重度干扰之间下降；大型城市遗存山体中，植物群落垂直结构断层样方数表现为先下降后上升的变化规律，两者之间的拟合度较高($R^2=0.7133$)。

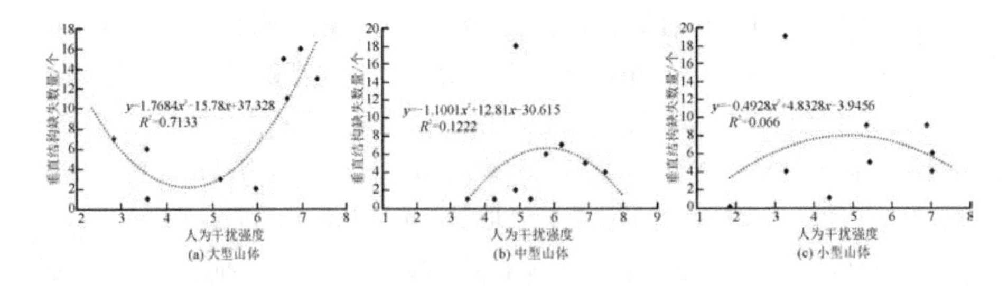

图 6-11　不同人为干扰强度对城市遗存自然山体植物群落垂直结构的影响

6.6 城市遗存山体植物群落稳定性与人为干扰

6.6.1 城市遗存山体总体植物群落稳定性与人为干扰强度

通过城市遗存山体总体植物群落稳定性指数与人为干扰强度之间的线性拟合，结果(见图 6-12)表明：小型和中型城市遗存山体总体植物群落稳定性与人为干扰强度的拟合度较低，尤其是中型城市遗存山体 R^2 仅为 0.0637，说明在小型和中型城市遗存山体中，人为干扰强度与植物群落稳定性之间的关系并不明显，这其中可能存在其他原因或更为复杂的机制；大型城市遗存山体总体植物群落稳定性与人为干扰强度之间有较好的线性拟合结果($R^2=0.3355$)，拟合曲线表明中度干扰下总体植物群落最为稳定。

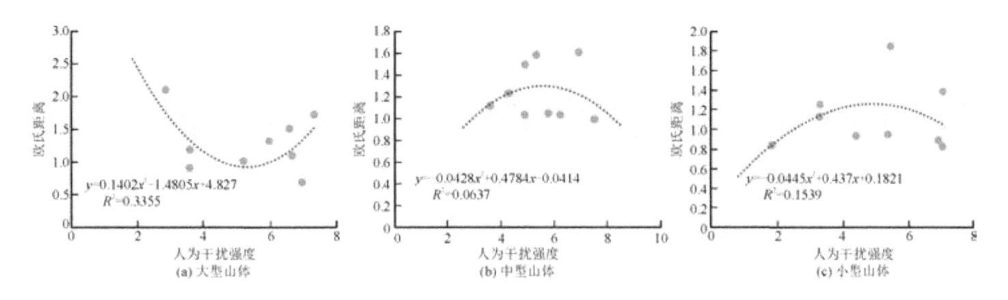

图 6-12　城市遗存山体不同人为干扰强度与整体群落稳定性线性拟合

6.6.2 城市遗存山体不同层次植物群落稳定性与人为干扰强度

对城市遗存山体各立面构成层次植物群落稳定性与干扰强度进行线性拟合，由图 6-13 可以看出：乔木层欧氏距离稳定性在小型城市遗存山体中，与人为干扰强度的拟合效果较好，表现为在中度人为干扰下乔木层群落的稳定性最好，重度干扰下最不稳定；中型和大型城市遗存山体中的拟合效果较差，并未表现出一定的规律性。灌木层欧氏距离稳定性与干扰强度的线性拟合结果中，小型山体和大型山体的拟合较好，且稳定性与干扰强度之间的线性关系也较为一致，均表现为欧氏距离稳定性随干扰强度增加先降后升；而在中型城市遗存山体中拟合度较差，且表现为整体下降趋势。草本层植物群落稳定性与干扰强度的拟合关系在不同规模的城市遗存山体中表出明显的差异性，小型和中型城市遗存山体拟合度较好，而大型城市遗存山体拟合度最低；在变化趋势上，小型城市遗存山体表现为先下降后上升，但变化趋势较缓；中型城市遗存山体先升后降，变化剧烈；大型城市遗存山体整体上表现为先缓慢上升后缓慢下降。

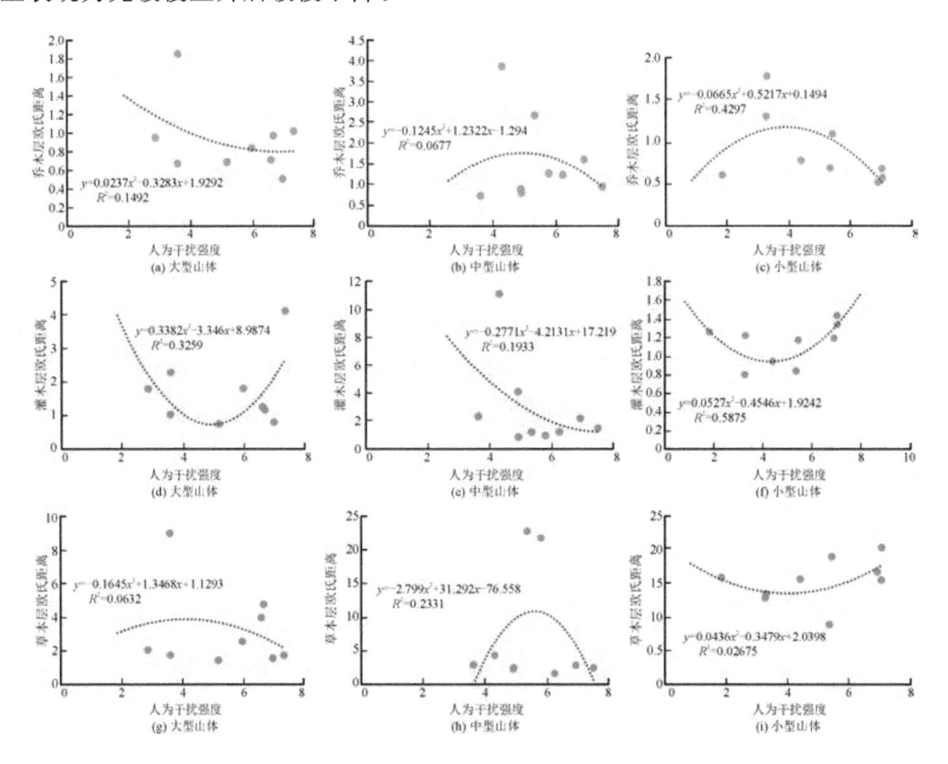

图 6－13　不同人为干扰强度与城市遗存山体群落稳定性线性拟合关系

6.7　本章小结

城市遗存山体在人工干扰场中受到内部和外部的各种干扰，本章主要研究城市遗存山体内部的人为干扰对城市遗存山体植物群落特征的影响。按照人为干扰景观类型的加权求和法，本章计算了 27 座样本山体的人为干扰强度，然后按照自然断点法，将城市遗存山体人为干扰强度分为轻度干扰（ADI＜4.5）、中度干扰（4.5≤ADI≤6.0）和重度干扰（ADI＞6.0）。各类人为干扰对城市遗存山体植物群落物种组成的影响，基本上符合中度干扰理论，中度人为干扰对小型和大型城市遗存山体具有明显的促进作用，对乡土植物的影响比外来植物的影响更显著。

城市遗存山体植物群落的物种多样性受人为干扰的影响，表现出复杂的差异性。轻度人为干扰对小型城市遗存山体植物群落物种多样性具有积极的正向作用，对大型城市遗存山体灌木层物种多样性具有积极的影响，但不利于中型城市遗存山体灌木层物种多样性。中度人为干扰对小型城市遗存山体乔木层和中型城市遗存山体的灌木层物种多样性具有一定的正向作用。重度人为干扰基本上对各规模城市遗存山体各层次及总体植物群落物种多样性都具有消极的负面影响。

植物群落垂直结构与人为干扰之间的关系较为复杂，小型和中型城市遗存山体表现规律相近，且与大型城市遗存山体的变化趋势相反。如前所述，城市遗存山体植物群落在强烈的人工干扰场中，受到的干扰因素多样，干扰类型复杂、频次和时间都较大，而喀斯特山体自身生境条件恶劣，生态系统脆弱，不同规模的山体之间又表现出植被群落之间的差异性。所以，在城市人工异质性基质中，呈孤岛状的城市遗存山体的生态过程，远比基于海岛研究的生物地理学理论复杂得多。

植物群落稳定性是描述群落的重要特征之一，它不仅与群落的组成结构和功能有关，而且还与外界干扰的性质和强度相联系（张金屯，2018）。由于群落在时间、空间上的动态变化，使得群落稳定性的度量变得非常复杂。本章研究结果表明城市遗存山体植物群落稳定性随人为干扰强度的增加呈不规则波动状态，各层次植物的稳定性与人为干扰强度的响应关系又表现出多样性。本研究只探究了城市遗存山体内部人为干扰对城市遗存山体的影响，而城市遗存山体外部人为干扰的影响并没有考虑，出现研究结果的差异性的原因可能与外部干扰，以及各城市遗存山体镶嵌入城前的植被群落状态有关。

综上所述，通过对各种人为干扰方式和干扰强度的量化，本章分析了城市遗存山体内部直接人为干扰对其植物群落的影响，虽然研究结果在不同规模的城市遗存山体和不同的植物层次上表现出差异，但也初步揭示了城市遗存山体植物群落对人为干扰的响应。城市遗存山体所处的基质为非常复杂的人工建成环境，各种自然、社会、经济和文化过程交织共存。在复杂的城市人工干扰场中，不同尺度上的干扰因素共同作用于城市遗存山体植物多样性，形成一个多维影响因素结构，这些影响因素之间的作用路径和效果可能存在复杂的相互作用关系。唯其如此，城市遗存山体自然或近自然群落特征城市化响应的研究虽然面临严峻挑战和难度，但也更具有理论创新科学意义和维持城市生物多样性的实际意义。

第7章　城市遗存山体植物多样性的山体三维斑块特征效应

城市遗存山体不同于其他生境类型的最大特征在于其突起于地表的三维特征，山体自然生境本身因坡向、坡位而存在差异。此外，在高楼林立的城市人工环境中，建筑阴影可能会对植物多样性产生一定影响。所以城市遗存山体凸曲面三维特征，使其在城市人工干扰场中响应各种影响因素的斑块特征效应更为复杂。因此，了解城市残余生境植物多样性的斑块特征效应，有助于进一步揭示城市中各种环境过滤器对城市残余生境植物多样性的影响机制。

斑块效应是岛屿生物地理学理论的主要内容之一，斑块的面积大小与形状对岛屿生境的物种丰度有决定性影响（MacArthur et al.，1967）。已有学者研究认为，类似水体岛屿的"陆地生境岛"的物种组成与丰度等群落生物学特征也符合生物地理学理论与原则（Laurance，2009），通过斑块大小和其他空间变量能够可靠预测"陆地生境岛"的植物物种丰度（Liira et al.，2014；Munguía-Rosas et al.，2014；Fahrig，2003；Bender et al.，1998）。然而关于"陆地生境岛"植物群落生态过程的相关研究，大多基于自然背景下以森林残余斑块或绿洲等为研究对象。

生境斑块的特征是否会对物种产生影响，一直是生态学家的研究热点。早期，基于海洋岛屿研究的岛屿生物地理学理论，提出了关于生境斑块的一些空间特性能对物种丰富度产生影响，特别是斑块大小和孤立程度。其后也有学者提出，类似的原则可以适用于类似岛屿大小和隔离的陆地生态系统。如今，已有大量研究成功地证实了陆地生态系统中斑块大小和隔离程度等是植物物种丰富度的可靠预测因子，斑块的其他空间变量，如斑块形状和边缘效应也是物种丰富度及分布格局的重要影响因素（Cousins et al.，2008；De Sanctis et al.，2010；John et al.，2011；Noa Katzet al.，2018）。虽然斑块形态特征对植物物种丰富度影响的研究结果非常丰富，但大多数研究主要是以自然绿洲或城市森林为研究对象（MacArthur et al.，1967；Laurance，2009）。然而，随着城市快速发展，城市扩张过程中一些不宜开发建设或受保护的生境斑块被镶嵌入城市建成区内部，形成城市异质性人工基质上的城市遗存生境岛。这些城市遗存生境岛基本上保留了原有的植被，具有不可替代的生态系统服务功能，在城市绿地系统中发挥着非常重要的作用。而城市建成环境是一个强烈的人工干扰场，城市遗存生境植物群落对各种干扰的响应，是否符合生物地理学岛屿理论相关原则至今仍存在认识上的缺陷。

多山地区城市建成区内有大量城市遗存山体，这些城市遗存山体与一般的残余生境相比，有其自身的三维特征。而且在城市内部致密化发展过程中，开挖侵占等工程建设活动，对城市遗存山体的形态又进行了二次人为的塑造，使得城市遗存山体间的三维形态特征在相对高度、坡度和边缘形状等方面又存在差异。基于此，本章以典型喀斯特多山城市——贵阳市建成区为研究区，选择建成区内 26 座城市遗存山体为研究对象，旨在探索以下问题：①如何构建能够反映城市遗存山体形态特征的评价指标；②城市遗存山体形态特征与其植物多样性之间是否存在相关关系；③如果存在关系，是哪些山体形态特征指标与其植物多样性存在关系，以及存在怎么样的关系。本章的研究将为揭示城市人工干扰场中的城市遗存山体植被生态过程的响应机理，以及城市遗存山体野性维持与保护的相关规划和发展政策提供基础和参考。

7.1　样山选择、样地设置与调查以及植物物种多样性测定

贵阳市建成区内城市遗存山体规模以小于 10 hm^2 为主(向杏信，2020)，为消除斑块规模的影响，本研究选取面积大小为 4～5 hm^2 的 26 座城市遗存山体作为样本山体。样本山体样地设置与植物群落调查以及植物物种 α 多样性指数测算方法见第 4 章。

为探究城市遗存山体本身不同坡向和坡位植物群落物种组成的差异性，以及不同的城市遗存山体间的植物群落组成差异，并分析其与山体三维斑块特征之间的关系，本章从山体间和山体内部两个层次调查计算植物群落 β 多样性。山体间的 β 多样性，以城市遗存山体表面积大小为梯度，按从小到大顺序，依次计算两两山体间的 β 多样性指数；以山体表面积大小梯度上相邻两座山体各形态指标差值，与对应两座山的 β 多样性指数进行相关性分析。山体内部从坡位和坡向两方面计算。坡位分为山顶、山腰和山脚 3 个梯度，在同一坡向不同坡位的两两样地之间计算 β 多样性指数，取其平均值表征该坡向的 β 多样性水平。以东坡为例，具体计算方法如下：东坡有 3 个样地——东 1(山顶)、东 2(山腰)、东 3(山脚)，分别计算东 1 -东 2、东 2 -东 3 以及东 1 -东 3 之间的 β 多样性指数，然后计算 3 个 β 值的平均值。坡向分东、南、西、北 4 个梯度，以同一坡位两两样地间 β 多样性指数的平均值表征坡向梯度的 β 多样性水平。以山腰处为例，具体计算方法如下：山腰处有东、南、西和北 4 个梯度，编号分别为东 2、南 2、西 2、北 2，分别计算东 2 -南 2、

东 2 -西 2、东 2 -北 2、南 2 -西 2、南 2 -北 2、西 2 -北 2 样地之间的 β 多样性指数，然后以 6 个两两样地间的 β 值求平均值。

相异性测度选择 whittaker 指数(β_w)和 Coday 指数(β_c)，whittaker 指数(β_w)反映两生境之间的相似程度，Coday 指数(β_c)反映的是物种在生境梯度的每个点被替代的速率。相似性测度选择 Jaccard 指数(C_j)和 Sorenson 指数(C_s)，Jaccard 指数(C_j)是最早提出的相似性指数，它侧重于整体的对比，表示不同地点之间共有物种占整个区域内群落物种总数的比例；Sorenson 指数(C_s)侧重于局部的对比，表示不同地点之间共有物种占每个地点群落物种总数的比例。差异性指数选择 Bray-curtis(C_n)描述地点间的物种差异性，多样性指数值越大，地点间的相似性就越低，即 β 多样性越高(楼倩，2016；安明态，2019；高贤明 等，1998)。植物物种 β 多样性指数见表 7-1。

表 7-1　植物物种 β 多样性指数

计算方法	指标含义
$\beta_w=s/m_a-1$	s 为研究系统中记录的物种总数 m_a 为各样地或样本的平均物种数
$\beta_c=[g_h+l_h]/2$	g_h 为沿着生境梯度 h 增加的物种数目 l_h 为沿着生境梯度 h 失去的物种数目
$C_j=j/(a+b-j)$	j 为两个群落样地共有物种数 a 和 b 分别为样地 A 和样地 B 的物种数
$C_s=2j/(a+b)$	j 为两个群落样地共有物种数 a 和 b 分别为样地 A 和样地 B 的物种数
$C_n=2j_N/(a_N+b_N)$	a_N 为样地 A 的物种数目 b_N 为样地 B 的物种数目 j_N 为样地 A 和样地 B 共有物种中个体数目较小者之和

7.2　城市遗存山体形态指标测定

查阅相关研究成果(邬建国，2007；刘灿然 等，2000；虞思逸，2020；杨晓平 等，2019；白净，2009；刘仙萍 等，2006；栾庆祖 等，2019)，根据城市遗存山体突出地表的三维形态特征，本章从整体形态指标、表面形态指标和平面形态指标三个方面选取能够反映城市遗存山体三维形态特征的指标。整体形态指标 3 个，分别为山体容积密度(MVD)、山体体型系数(MSC)和山体形数(MFF)；表面形态指标 5 个，分别为高程变异系数(EVO)、地表切割度(LSI)、地表粗糙度(LSR)、地形起伏度(LRA)和发展界面面积比(DIR);平面形态指标 2 个,分别为山体分维数(MFD)和山体形状指数(MSI)。同时,本章基于高分遥感影像以及地形图等基础数据源,解译获取各样本山体的周长、相对高度、表面积、边界面积和体积等数据,用于上述指标体系的计算。各指标计算公式与意义见表 7-2。

表 7-2　城市遗存山体形态特征指标计算公式与意义

指标分类	指标	计算公式	指标含义
平面形态指标	山体形状指数(MSI)	$\mathrm{MSI}=\frac{P}{2\sqrt{\pi A}}\cdot N$	P 是山体二维周长;A 是山体二维面积;N 为相应权重(根据"岛屿生物地理学理论"的"种-面积方程"计算每座山体 C 值,根据 C 值设相应权重)。MSI 值越大,反映山体平面形状越复杂,越小越接近于圆形
	山体分维数(MFD)	$\mathrm{MFD}=\left[2\ln\left(\frac{P}{k}\right)/\ln(A)\right]\cdot N$	P、A、N 含义同上;k 为常数,取 $k=0.4$。MFD 值越大,反映山体边界越复杂
表面形态指标	发展界面面积比(DIR)	$\mathrm{DIR}=\frac{A_{\mathrm{surf}}-A_{\mathrm{prj}}}{A_{\mathrm{prj}}}$	A_{surf} 为山体的三维表面积;A_{prj} 为山体的二维表面积。DIR 描述的是山体三维表面积和二维表面积之间的差异程度,比值越大,意味着山体地表形态越复杂
	地形起伏度(LRA)	$\mathrm{LRA}=H_{\max}-H_{\min}$	$H_{\max}$ 为最大高程;$H_{\min}$ 为最小高程。LAR 是所有栅格中最大高程与最小高程的差,是反映地形起伏的宏观地形因子,在区域地貌形态、水土流失等研究中具有重要作用
	地表粗糙度(LSR)	$\mathrm{LSR}=\frac{A_{\mathrm{surf}}}{A_{\mathrm{prj}}}$	A_{surf} 为山体的三维表面积;A_{prj} 为山体的二维表面积。LSR 为地表单元的实际面积与投影面积之比,反映地表单元地势起伏和侵蚀程度,是衡量地表侵蚀程度的重要量化指标。地表粗糙度反映了地表抗风蚀的能力,提高地表粗糙度可以有效地防止风蚀的发生

续表

指标分类	指标	计算公式	指标含义
表面形态指标	地表切割深度(LSI)	$LSI = H_{mean} - H_{min}$	H_{mean} 为平均高程；H_{min} 为最小高程。LSI 是分析区域内平均高程与最小高程值的差，在一定程度上反映了山体表面切割程度，在水土流失、地表侵蚀研究中广泛应用
	高程变异系数(EVO)	$EVO = \frac{H_{std}}{H_{mean}}$	H_{std} 为高程标准差；H_{mean} 为平均高程。EVO 是高程相对变化的指标，是该区域高程标准差与平均高程的比值。EVO 是反映地面破碎程度的宏观地形因子
整体形态指标	山体形数(MFF)	$MFF = \frac{V}{A_{prj} H}$	V 为山体的体积；A_{prj} 为山体的二维表面积；H 为山体的高度。MFF 表示山体的山体形数，MFF 值越大，山体柱体越趋向于饱满
	山体体型系数(MSC)	$MSC = \frac{A_{surf}}{V}$	A_{surf} 为山体的三维表面积；V 为山体体积。MSC 表示的是山体与空气接触的外表面积与体积的比值，MSC 值越小，山体自身消耗能量越少
	山体容积密度(MVD)	$MVD = \frac{V}{A_{prj}}$	V 为山体的体积；A_{prj} 为山体的二维表面积。MVD 反映了山体在立体空间上的拥挤程度，MVD 值越大，与大气接触的范围越大，与大气环境之间的相互能量交换程度越强

7.3　城市遗存山体形态特征

表 7-3 是 26 座样山的形态特征指标量化结果，可以看出，样山之间在山体形状指数(MSI)、山体分维数(MFD)、地形起伏度(LRA)、地表切割深度(LSI)、山体容积密度(MVD)、山体形数(MFF)和山体体型系数(MSC)方面有较大差异性，在发展界面面积比(DIR)、地表粗糙度(LSR)和高程变异系数(EVO)方面差异较小。这说明研究区样本山体主要在平面形态和整体形态特征上表现出的差异性较大，而表面形态特征差异性较小。这进一步说明在城市化背景下，人为因素对城市遗存山体的破坏主要为山体开挖和山体围合导致了山体的三维形态遭到严重的破坏和斑块形状趋于两极化的发展。由于研究区属于喀斯特地貌，山体主要为岩石结构层，人为种植较少，对山体的表面形态破坏较小，所以山体表面破碎度、粗糙度等

差异性较小。

表 7-3 样本山体形态特征指标测算结果

山体编号	MSI	MFD	DIR	LSR	LRA	LSI	EVO	MVD	MFF	MSC
ST1	4.85	4.48	0.03	1.03	3.74	1.89	0.0011	10.84	0.36	0.09
ST2	5.64	5.91	0.00	1.00	1.68	0.85	0.0005	9.46	0.63	0.11
ST3	3.98	4.40	0.08	1.08	6.24	3.05	0.0019	20.20	0.45	0.05
ST4	4.34	5.67	0.04	1.04	4.83	2.43	0.0015	25.41	0.63	0.04
ST5	4.66	5.73	0.04	1.04	4.30	2.16	0.0013	20.84	0.61	0.05
ST6	3.29	4.26	0.09	1.09	6.73	3.31	0.0020	24.23	0.50	0.04
ST7	4.61	5.71	0.03	1.03	3.28	1.62	0.0008	23.14	0.66	0.04
ST8	4.95	5.79	0.08	1.08	5.97	2.95	0.0015	23.86	0.53	0.05
ST9	4.52	5.70	0.08	1.08	6.18	3.05	0.0019	23.03	0.48	0.05
ST10	5.23	5.85	0.02	1.02	2.92	1.46	0.0009	12.08	0.55	0.08
ST11	4.29	5.67	0.11	1.11	7.62	3.83	0.0020	32.74	0.53	0.03
ST12	5.47	7.10	0.02	1.02	2.87	1.44	0.0007	15.90	0.65	0.06
ST13	3.39	4.27	0.08	1.08	6.93	3.42	0.0017	25.55	0.52	0.04
ST14	5.27	5.81	0.09	1.09	7.17	3.53	0.0017	24.87	0.50	0.04
ST15	3.67	4.34	0.01	1.01	2.52	1.29	0.0006	15.25	0.73	0.07
ST16	5.01	5.75	0.11	1.11	7.62	3.77	0.0020	31.93	0.53	0.03
ST17	4.26	5.65	0.04	1.04	5.03	2.52	0.0013	19.18	0.53	0.05
ST18	5.47	5.84	0.05	1.05	4.81	2.40	0.0015	24.37	0.62	0.04
ST19	5.31	5.87	0.03	1.03	3.48	1.74	0.0011	15.83	0.60	0.06
ST20	5.02	5.80	0.06	1.06	5.50	2.72	0.0015	23.53	0.51	0.05
ST21	6.86	7.34	0.04	1.04	4.30	2.16	0.0013	25.4	0.64	0.04
ST22	5.90	5.94	0.01	1.01	2.06	1.02	0.0006	8.55	0.48	0.12
ST23	4.75	5.74	0.04	1.04	4.65	2.34	0.0012	25.89	0.62	0.04
ST24	5.43	5.86	0.08	1.08	6.60	3.29	0.0018	25.94	0.58	0.04
ST25	5.59	7.12	0.07	1.07	6.62	3.33	0.0017	33.71	0.62	0.03
ST26	4.78	5.77	0.05	1.05	5.23	2.61	0.0014	20.94	0.53	0.05
均值	4.87±0.80	5.67±0.80	0.05±0.03	1.05±0.03	4.96±1.76	2.47±0.86	0.001±0.00	21.64±6.74	0.56±0.08	0.06±0.02

注：黄色单元格为最小值；蓝色单元格为最大值。

7.4 城市遗存山体形态特征与其植物物种 α 多样性

7.4.1 城市遗存山体形态特征与其复合群落总体植物物种 α 多样性

对城市遗存山体形态特征与其复合群落总体植物物种 α 多样性指数之间的相关性分析结果(见表 7-4)表明:城市遗存山体整体形态特征指标中,山体形数(MFF)和总体植物物种 α 多样性各指数存在呈显著正相关关系,山体容积密度(MVD)和山体体型系数(MSC)与总体植物物种 α 多样性各指数均无显著相关性。山体形数(MFF)表征的是城市遗存山体的饱满程度,山体形数(MFF)越大,城市遗存山体植物群落物种多样性越高。城市遗存山体表面形态指标中,高程变异系数(EVO)和地形起伏度(LRA)与总体植物物种 α 多样性指数均显著负相关;发展界面面积比(DIR)与 Simpson 指数(D)、Shannon-Wiener 指数(H')和 Margalef 指数(R)显著负相关,说明山体表面三维形态特征对其总体植物物种多样性的影响较为复杂。城市遗存山体的两个平面形态指标山体形状指数(MSI)和山体分维数(MFD),与总体植物物种 α 多样性指数均呈显著正相关关系。高程变异系数(EVO)反映的是山体表面的破碎程度,地形起伏度(LRA)反映地形起伏在区域地貌形态、水土流失中的作用,表明城市遗存山体表面越破碎、地表起伏度越大,其水土流失越严重,对植物群落形成的负面影响越大。平面形态指标表征的是山体投影面积及其边缘形态复杂程度,上述结果表明山体投影面积与边缘形状指数对城市遗存山体复合群落总体植物物种多样性具有积极作用。

城市遗存山体形态特征与其复合群落各层次植物物种 α 多样性指数的相关分析结果(见表 7-4)表明:①城市遗存山体形态特征的整体形态指标中,山体形数(MFF)和边界形态指标山体分维数(MFD)与乔木层植物物种 α 多样性指数存在显著相关关系,其中山体分维数(MFD)与 Margalef 指数(R)显著正相关,山体形数(MFF)与 Shannon-Wiener 指数(H')和 Margalef 指数(R)显著正相关;其余山体形态特征指标与乔木层物种 α 多样性指数无显著相关性。这说明城市遗存山体乔木层物种多样性与山体边界形状和山体表面饱满程度的相关度较高,而对山体其他形态指标的敏感度较低。②城市遗存山体形态特征指标与灌木层物种 α 多样性指数均不存在显著相关关系。③除了山体形状指数(MSI)和山体分维数(MFD)两个平面形态指标与草本层物种 α 多样性指数显著正相关外,其余城市遗存山体形态指标均未显示出与草本层物种 α 多样性指数之间的相关性。

表 7-4　城市遗存山体总体植物物种 α 多样性与山体形态的相关关系

群落植物层次	多样性指数	山体形态特征指标							
		MSI	MFD	DIR	LRA	EVO	MVD	MFF	MSC
总体植物	H'	0.580**	0.600**	−0.502*	−0.546*	−0.531*	−0.015	0.574**	−0.092
	D	0.535*	0.555*	−0.612**	−0.657**	−0.635**	−0.182	0.586**	0.072
	Jh	0.648**	0.665**	−0.426	−0.469*	−0.445*	0.090	0.531*	−0.198
	R	0.489*	0.513*	−0.617**	−0.660**	−0.632**	−0.289	0.511*	0.191
乔木层	H	0.015	0.002	−0.242	−0.268	−0.141	−0.012	0.496*	−0.069
	D	0.165	0.156	0.003	−0.024	0.005	0.057	0.325	−0.108
	Jh	−0.167	−0.188	0.259	0.299	0.186	0.174	−0.09	−0.173
	R	0.411	0.450*	−0.337	−0.376	−0.326	−0.072	0.451*	−0.002
灌木层	H	−0.087	−0.111	0.197	0.159	0.183	0.227	0.08	−0.206
	D	−0.147	−0.159	0.262	0.218	0.277	0.141	0.033	−0.131
	Jh	−0.089	−0.153	0.042	0.009	0.02	−0.035	−0.128	0.095
	R	0.260	0.332	0.069	0.035	0.096	0.062	0.141	−0.123
草本层	H	0.026	−0.045	−0.035	−0.045	−0.065	0.083	−0.051	−0.038
	D	0.080	0.039	−0.014	−0.048	−0.095	−0.138	−0.167	0.189
	Jh	−0.198	−0.241	−0.042	−0.056	−0.111	−0.355	−0.28	0.406
	R	0.466*	0.472*	−0.03	−0.053	−0.044	0.346	0.164	−0.358

$n=20$；** 表示 $P<0.01$；* 表示 $P<0.05$。

7.4.2　城市遗存山体形态特征与不同坡向植物物种 α 多样性

图 7-1 为城市遗存山体形态特征指标与不同坡向植物物种 α 多样性指数之间的相关性分析结果。①东坡向：总体植物物种 α 多样性指数与城市遗存山体形态特征之间表现出如下关系，山体形状指数（MSI）和山体分维数（MFD）与植物物种 α 多样性各指数均显著正相关；发展界面面积比（DI*R*）、地形起伏度（LRA）和高程变异系数（EVO）与 Simpson 指数（*D*）和 Pielou 指数（Jh）显著负相关；各山体形态特征指标与 Shannon-Wiener 指数（H'）和 Margalef（*R*）指数无相关性。②南坡向：总体植物物种 α 多样性指数与城市遗存山体平面形态指标不存在显著相关性；山体表面形态指标中的发展界面面积比（DIR）和高程变异系数（EVO）与

Shannon-Wiener 指数(H')显著负相关，地形起伏度(LRA)与 Shannon-Wiener 指数(H')呈极显著负相关($P<0.01$)；发展界面面积比(DIR)、地形起伏度(LRA)和高程变异系数(EVO)与 Simpson 指数(D)和 Pielou 指数(Jh)也呈极显著负相关($P<0.01$)；整体形态指标中仅山体形数(MFF)与总体植物物种 α 多样性各指数显著正相关。③西坡向：城市遗存山体形态指标与总体植物物种 α 多样性指数均不存在显著相关性。④北坡向：平面形态指标山体形状指数(MSI)和山体分维数(MFD)与植物物种 α 多样性各指数均极显著正相关($P<0.01$)；山体表面形态指标中发展界面面积比(DIR)、地形起伏度(LRA)和高程变异系数(EVO)与 Shannon-Wiener 指数(H')显著负相关，地形起伏度(LRA)和高程变异系数(EVO)与 Simpson 指数(D)显著负相关，地形起伏度(LRA)与 Pielou 指数(Jh)显著负相关；山体整体形态指标与物种多样性各指数均无显著相关关系。

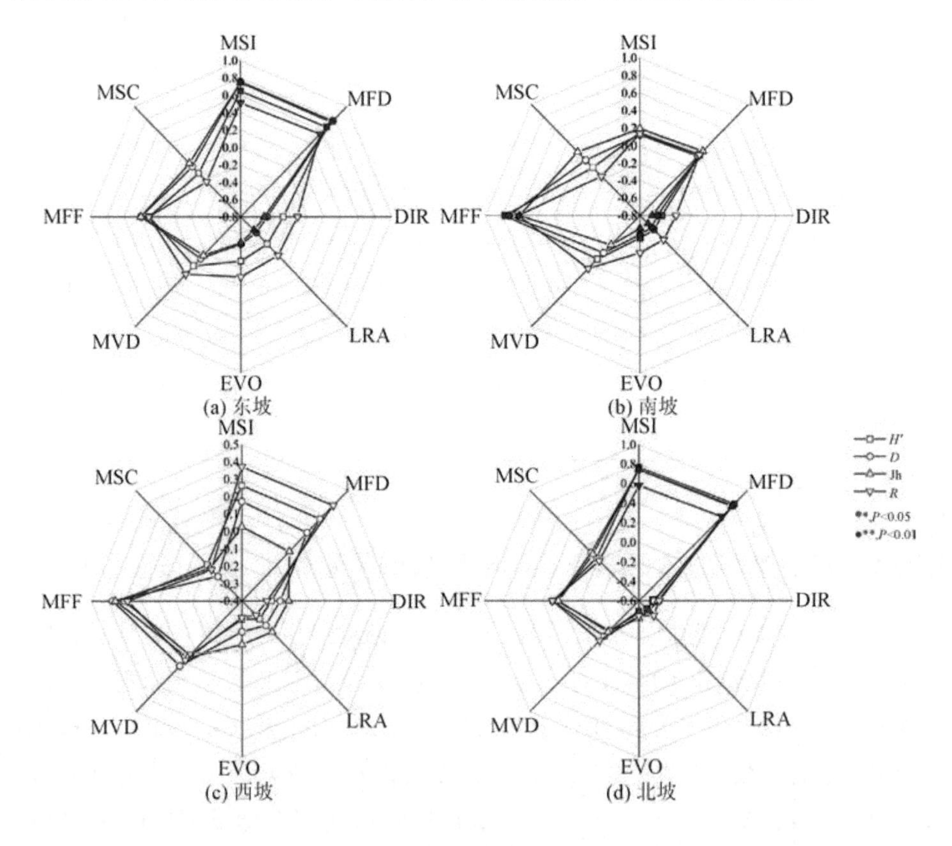

图 7-1　城市遗存山体形态特征与不同坡向总体植物物种 α 多样性相关性

综上可以看出，东坡和北坡的总体植物物种多样性与山体平面形态指标之间的关系更为显著，山体表面形态特征指标次之；南坡总体植物物种多样性与山体表面形态指标和整体形态指标存在显著关系；西坡总体植物物种多样性与城市遗存山体形态特征的各指标之间关系总体上不明显。

图 7－2 显示的是各坡向不同层次植物物种 α 多样性与城市遗存山体形态特征之间的相关关系。①东坡向：乔灌草各层次植物物种 α 多样性各指数与城市遗存山体形态特征指标之间均无显著相关性；②南坡向：乔木层物种 α 多样性与山体形态特征指标存在显著相关性，其中 Simpson 指数（D）和 Shannon-Wiener 指数（H'）与发展界面面积比（DIR）、地形起伏度（LRA）和高程变异系数（EVO）三个山体表面形态指标显著负相关，与山体整体形态指标中的山体形数（MFF）有显著正相关关系；灌木层物种 α 多样性各指数与城市遗存山体形态指标间无显著相关性；草本层仅 Margalef 指数（R）与山体形数（MFF）呈显著正相关。③西坡向：乔木层仅 Margalef 指数（R）与高程变异系数（EVO）显著负相关；灌木层和草本层物种 α

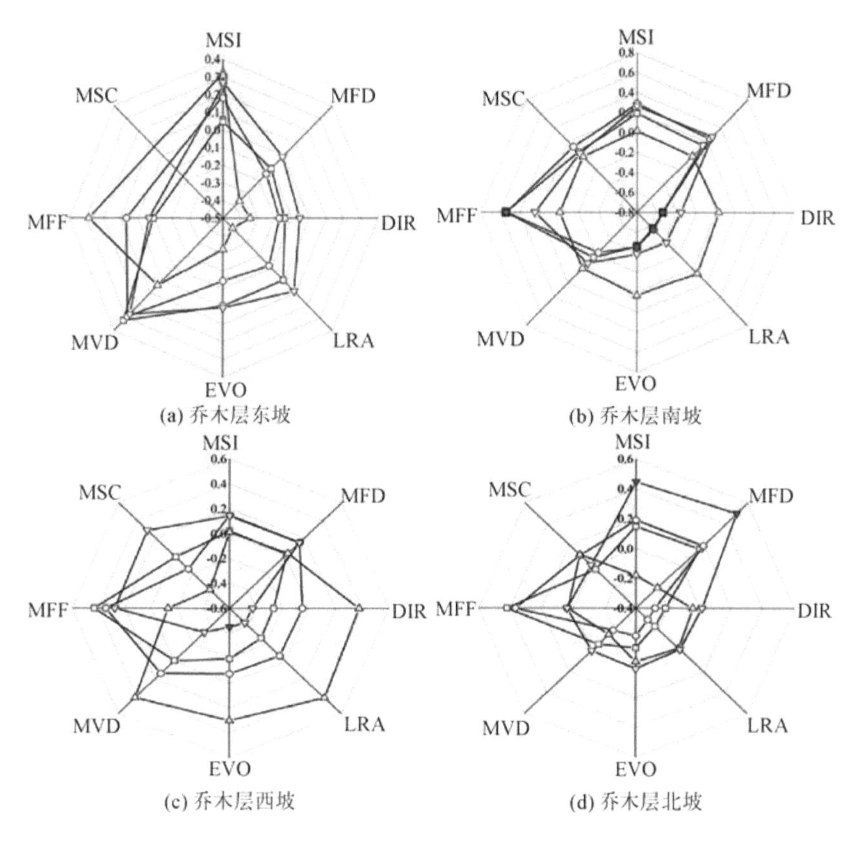

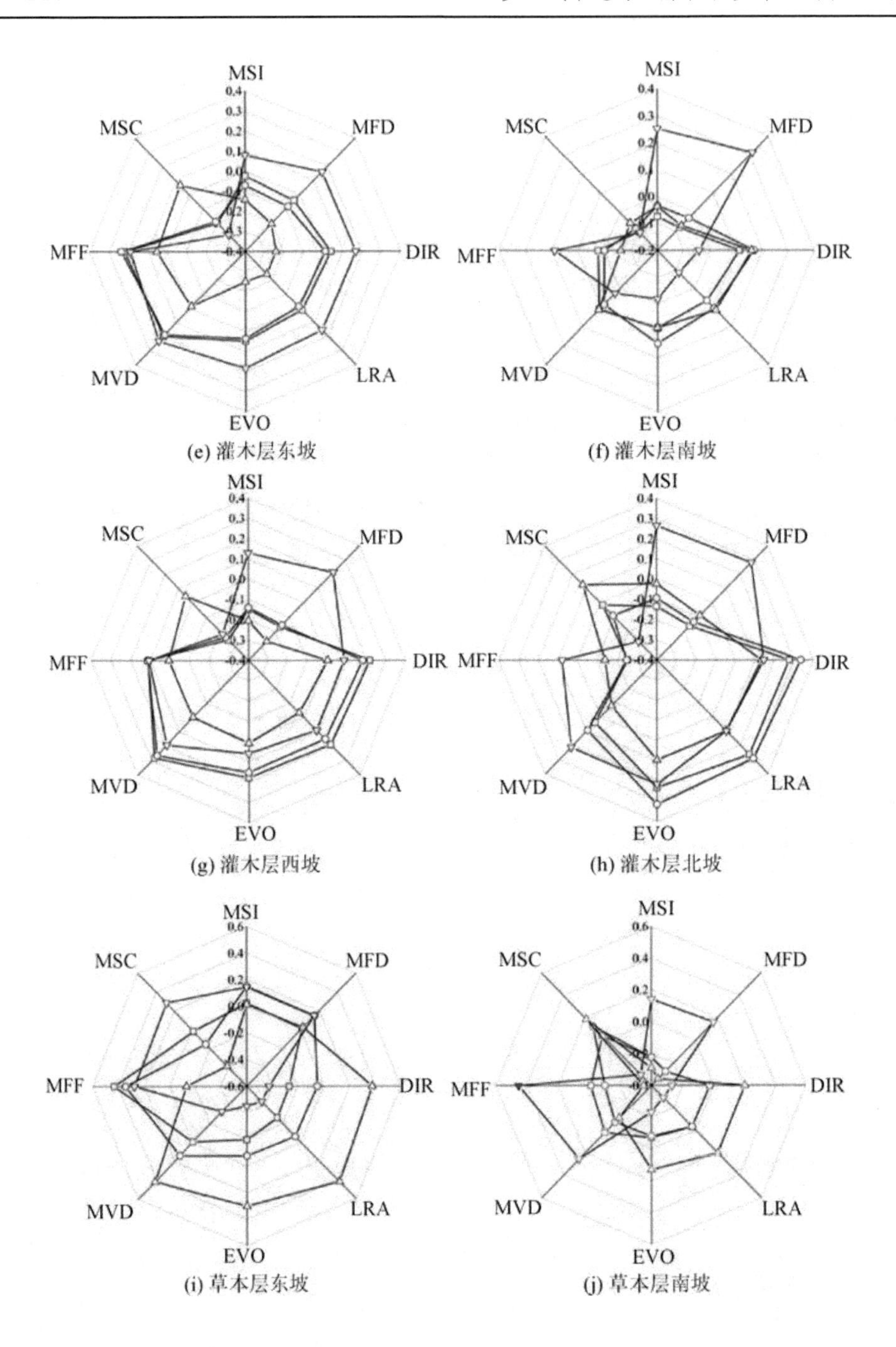

(e) 灌木层东坡
(f) 灌木层南坡
(g) 灌木层西坡
(h) 灌木层北坡
(i) 草本层东坡
(j) 草本层南坡

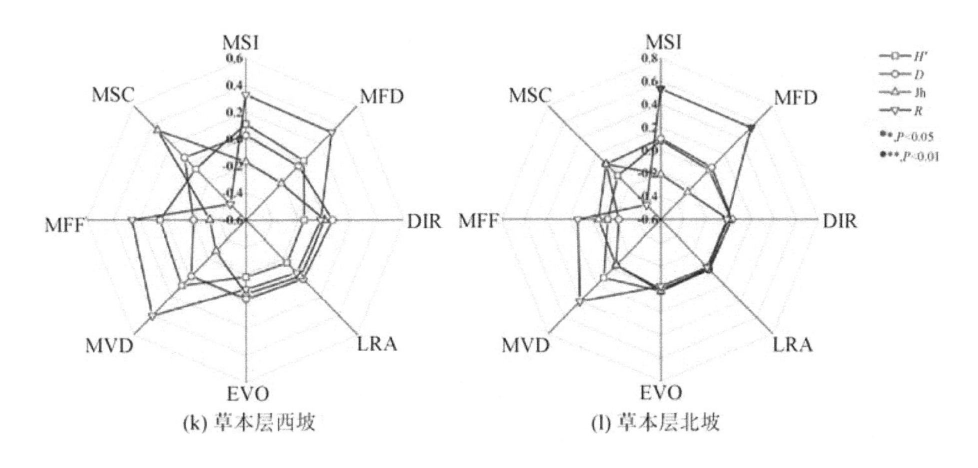

(k) 草本层西坡　　(l) 草本层北坡

图 7－2　城市遗存山体不同坡向各层次植物物种 α 多样性与山体形态特征的相关性

多样性各指数与城市遗存山体形态指标间无显著相关性。④北坡向：乔木层仅 Margalef 指数(R)与山体平面形态指标山体形状指数(MSI)和山体分维数(MFD)显著正相关；灌木层物种 α 多样性各指数与城市遗存山体形态指标间无显著相关性；草本层仅 Margalef 指数(R)与山体平面形态指标山体形状指数(MSI)和山体分维数(MFD)显著正相关。

7.4.3　城市遗存山体形态特征与不同坡位植物物种 α 多样性

图 7－3 是城市遗存山体形态特征与不同坡位植物物种 α 多样性指数的相关性分析结果。由图 7－3 看出：整体上，城市遗存山体形态特征与不同坡位植物物种 α 多样性之间的相关性从高到低的顺序，在不同坡位上表现为山顶、山腰和山脚。山顶处，山体形态特征指标多与植物物种 α 多样性指数存在显著相关关系，山体形状指数(MSI)与 Shannon-Wiener 指数(H')和 Margalef 指数(R)显著正相

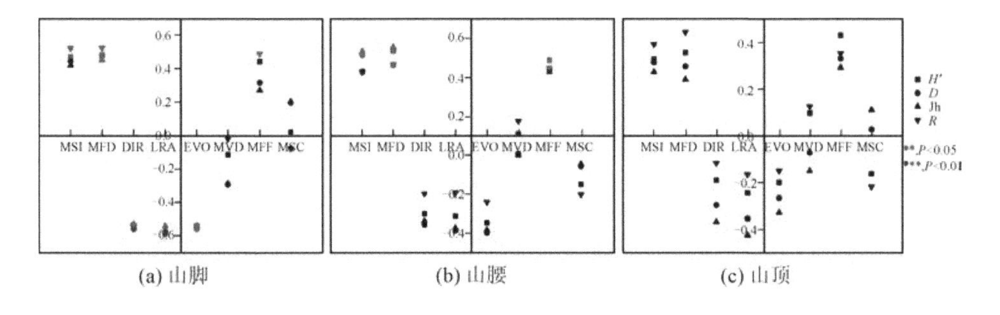

(a) 山脚　　(b) 山腰　　(c) 山顶

图 7－3　城市遗存山体不同坡位总体植物群落物种 α 多样性与山体形态特征的相关性

关;山体分维数(MFD)与植物物种 α 多样性各指数均存在显著正相关关系;发展界面面积比(DIR)、地形起伏度(LRA)和高程变异系数(EVO)与植物物种 α 多样性各指数均存在显著负相关关系;山体形数(MFF)与 Margalef(R)显著正相关。山腰处,山体表面形态指标与各植物物种 α 多样性指数无相关关系;山体平面形态指标山体形状指数(MSI)与 Simpson 指数(D)和 Pielou 指数(Jh)显著正相关,山体分维数(MFD)与所有物种多样性指数均呈显著正相关关系;整体形态指标中的山体形数(MFF)与 Shannon-Wiener 指数(H')和 Margalef 指数(R)显著正相关。山脚处,山体形态特征指标与植物物种多样性各指数均不存在显著相关性。

由不同坡位各层次植物物种 α 多样性指数与城市遗存山体形态特征指标之间的相关性分析结果(见图 7-4)可以看出:①山顶处,平面形态指标山体形状指数(MSI)和山体分维数(MFD)与乔木层物种多样性的 Margalef 指数(R)显著正相

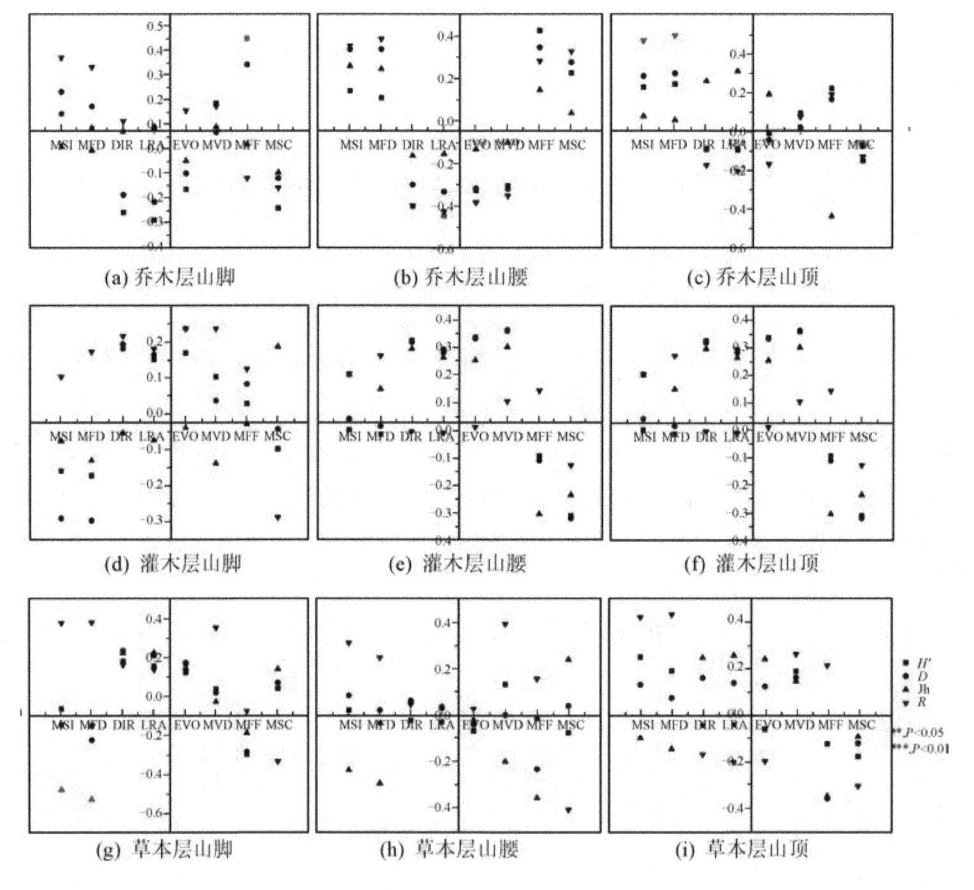

(a) 乔木层山脚　(b) 乔木层山腰　(c) 乔木层山顶

(d) 灌木层山脚　(e) 灌木层山腰　(f) 灌木层山顶

(g) 草本层山脚　(h) 草本层山腰　(i) 草本层山顶

图 7-4　城市遗存山体不同坡位各层次植物物种 α 多样性与山体形态特征的相关性

关;山体形态特征指标与灌木层和草本层物种 α 多样性指数均无显著相关关系。②山腰处,只有山体表面形态指标中的地形起伏度(LRA)与乔木层的 Shannon-Wiener 指数(H')显著负相关;山体形态特征指标与灌木层和草本层物种 α 多样性指数均无显著相关关系。③山脚处,只有山体整体形态指标中的山体形数(MFF)与乔木层 Shannon-Wiener 指数(H')显著正相关;山体形态特征指标与灌木层物种 α 多样性指数均无显著相关关系;平面形态指标山体形状指数(MSI)和山体分维数(MFD)与草本层 Pielou 指数(Jh)显著负相关。

7.5　城市遗存山体形态特征与其植物物种 β 多样性

7.5.1　城市遗存山体形态特征与复合群落植物物种 β 多样性

以城市遗存山体复合群落为对象分析其植物物种 β 多样性与山体形态特征之间的关系,结果如图 7-5 所示。在山体表面积大小梯度上,城市遗存山体复合群落植物物种 β 多样性总体上与山体形态指标之间的相关性不显著,总体植物、灌木

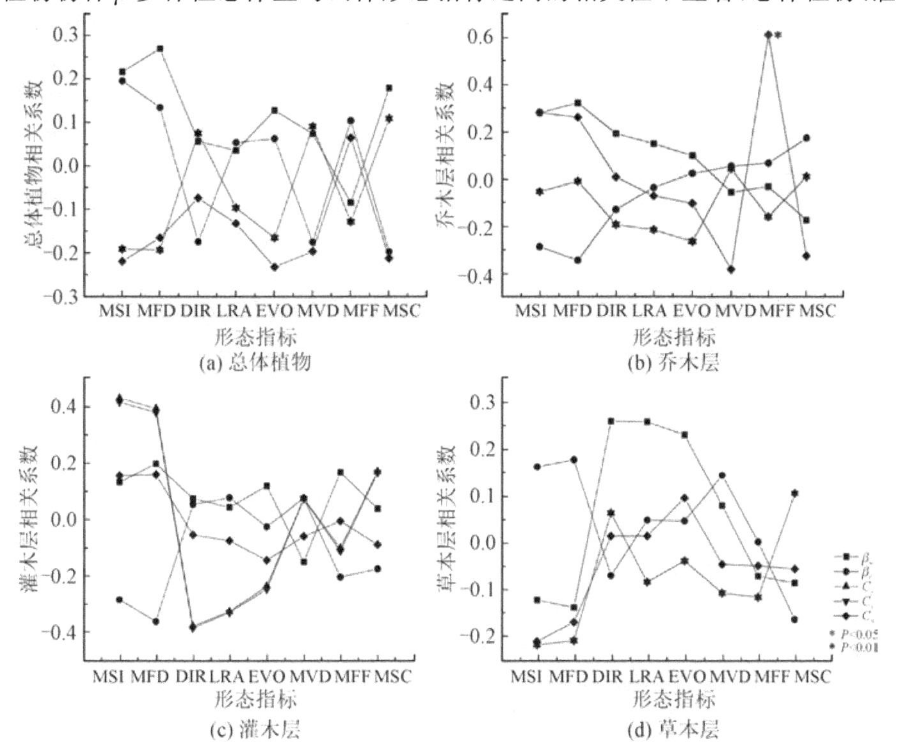

图 7-5　城市遗存山体形态特征与总体植物物种 β 多样性相关性

层和草本层各 β 多样性指数均与山体形态特征指标之间无显著相关性，仅山体整体形态指标中的山体形数（MFF）与乔木层的 Bray-curtis 指数（C_n）表现出显著正相关关系。这一结果表明，在表面积大小梯度上并不能反映山体形态特征对城市遗存山体间植物物种 β 多样性的影响。因为城市遗存山体斑块与其他类型的陆地岛屿生境不同，其生境形态特征复杂，且受人为干扰影响大，因此，一般意义上的斑块面积大小梯度不能完全反映其生境形态特征。

7.5.2　城市遗存山体形态特征与山体内部不同坡位植物物种 β 多样性

由城市遗存山体形态特征指标与各坡向不同坡位间植物物种 β 多样性指数之间的相关性分析结果（见图 7－6）可以看出，不同坡向上坡位间的植物物种 β 多样性与山体形态特征之间相关性较为复杂。总体植物水平上，东坡向，山腰（东 2）与山顶之间的植物物种 β 多样性仅 Whittaker 指数（β_w）与平面形态指标山体形状指数（MSI）和山体分维数（MFD）显著负相关。南坡向，山脚（南 1）与山腰（南 2）之间植物物种 β 多样性 Whittaker 指数（β_w）与表面形态指标发展界面面积比（DIR）、

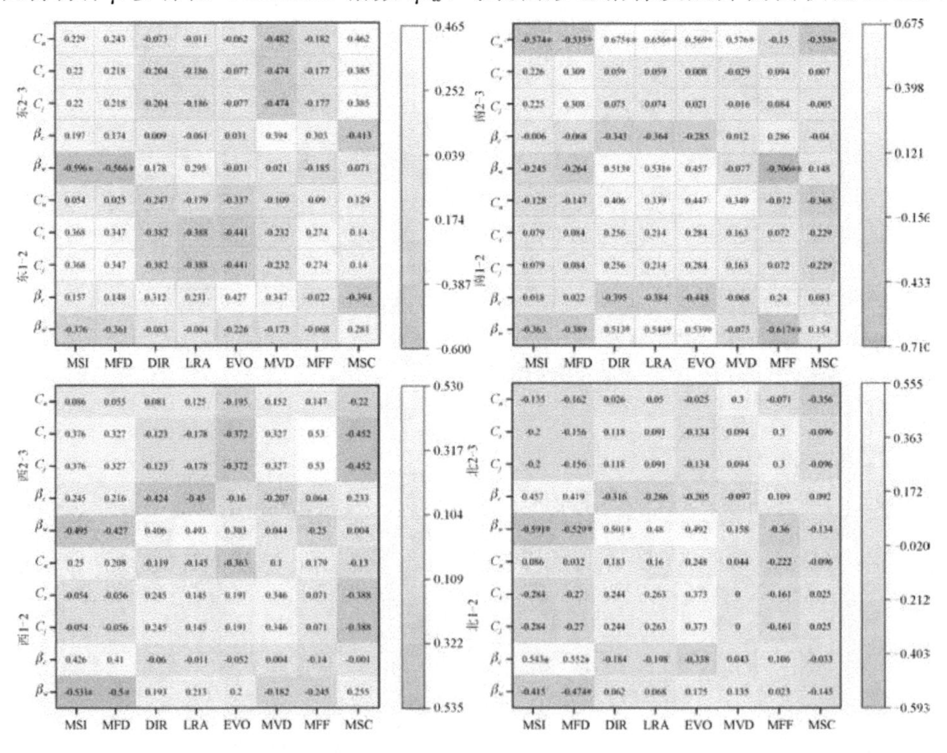

图 7－6　城市遗存山体形态特征与不同坡向上坡位间总体植物群落物种 β 多样性相关性

地形起伏度(LRA)和高程变异系数(EVO)显著正相关,与整体形态指标山体形数(MFF)极显著负相关($P<0.01$);山腰(南2)和山顶(南3)之间植物物种β多样性Whittaker指数(β_w)与表面形态指标发展界面面积比(DIR)和地形起伏度(LRA)显著正相关,与整体形态指标山体形数(MFF)极显著负相关($P<0.01$);植物物种β多样性Bray-curtis指数(C_n)与山体形状指数(MSI)、山体分维数(MFD)和山体体型系数(MSC)显著负相关,与发展界面面积比(DIR)、地形起伏度(LRA)、高程变异系数(EVO)和山体容积密度(MVD)显著正相关。西坡向,山脚(西1)和山腰(西2)之间植物物种β多样性Whittaker指数(β_w)与平面形态指标山体形状指数(MSI)和山体分维数(MFD)显著负相关;山顶(西3)和山腰(西2)之间植物物种β多样性各指数与山体形态各指标之间均无显著相关性。北坡向,山脚(北1)和山腰(北2)之间植物物种β多样性Whittaker指数(β_w)与山体分维数(MFD)显著负相关,Cody指数(β_c)与平面形态指标山体形状指数(MSI)和山体分维数(MFD)显著正相关;山顶(北3)和山腰(北2)之间植物物种β多样性Whittaker指数(β_w)与平面形态指标山体形状指数(MSI)和山体分维数(MFD)显著负相关。

综上可以看出,不同坡位之间的物种组成相异性水平与城市遗存山体形态特征之间具有显著相关关系,且主要集中于山体平面形态指标。

图7-7表明,乔木层水平上,不同坡向上坡位间的植物物种β多样性与山体形态特征之间也存在相关性,但相关性结果差异较大。东坡向,山腰(东2)和山脚(东1)之间物种β多样性Cody指数(β_c)与表面形态指标发展界面面积比(DIR)、地形起伏度(LRA)和高程变异系数(EVO)显著正相关,Jaccard指数(C_j)和Sorenson指数(C_s)与山体形数(MFF)显著正相关。南坡向,山腰(南2)和山顶(南3)之间物种β多样性Whittaker指数(β_w)与平面形态指标山体形状指数(MSI)和山体分维数(MFD)显著负相关;山腰(南2)与山脚(南1)之间物种β多样性与山体形态特征指标之间无显著相关性。西坡向,山顶(西3)和山腰(西2)之间物种β多样性Jaccard指数(C_j)和Sorenson指数(C_s)与山体形数(MFF)显著正相关,与山体体型系数(MSC)显著负相关。北坡向,山腰(北2)和山顶(北3)之间物种β多样性Bray-curtis指数(C_n)与高程变异系数(EVO)显著正相关。

灌木层水平上,东坡向,山腰(东2)和山脚(东1)之间物种β多样性Bray-curtis指数(C_n)与发展界面面积比(DIR)和高程变异系数(EVO)显著负相关;山顶(东3)和山腰(东2)之间Bray-curtis指数(C_n)与平面形态指标山体形状指数(MSI)、山体分维数(MFD)显著正相关。南坡向,山腰(南2)和山脚(南1)之间物种β多样性Bray-curtis指数(C_n)与山体形数(MFF)显著负相关。西坡向,山体形

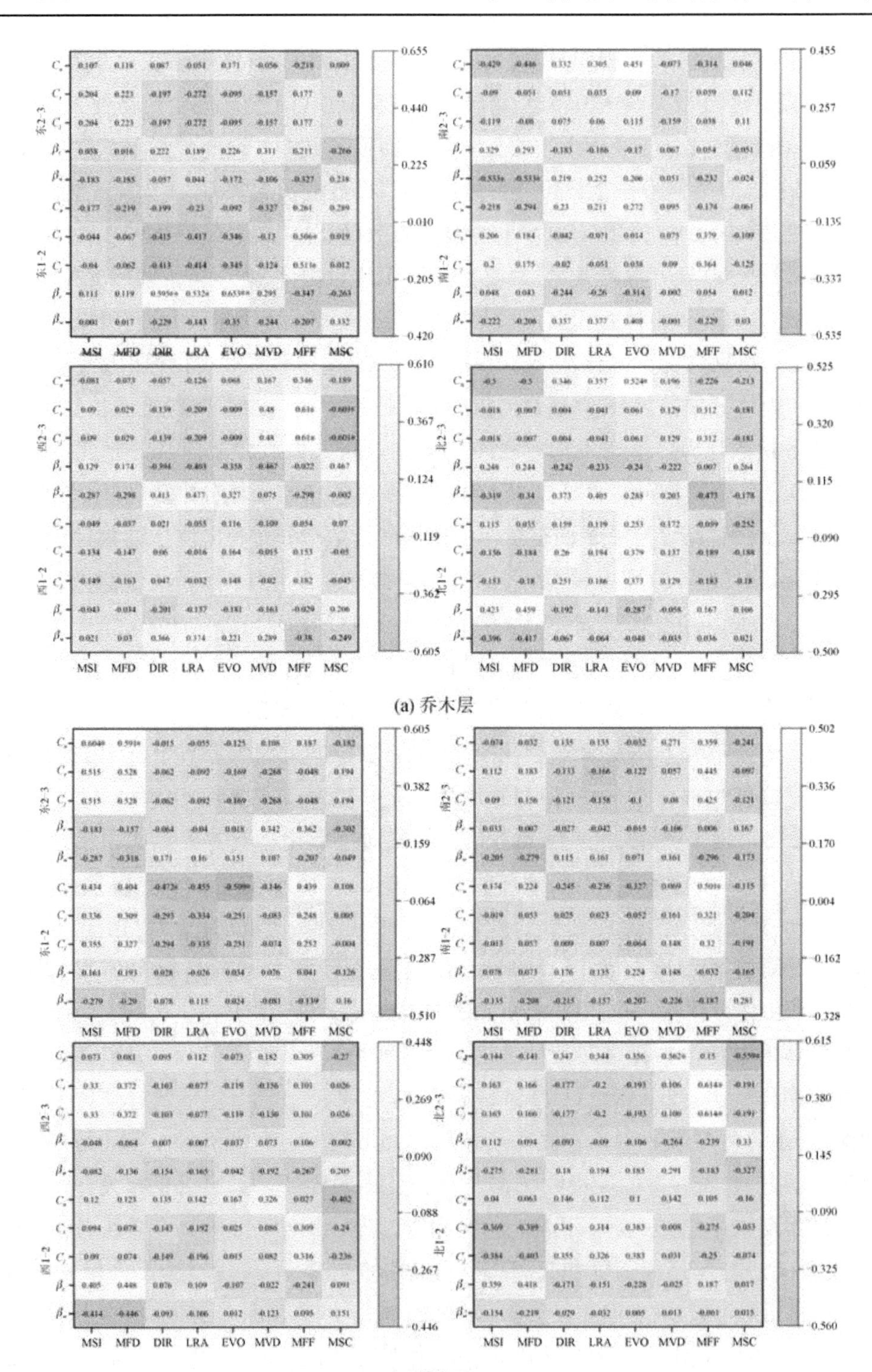

(a) 乔木层

(b) 灌木层

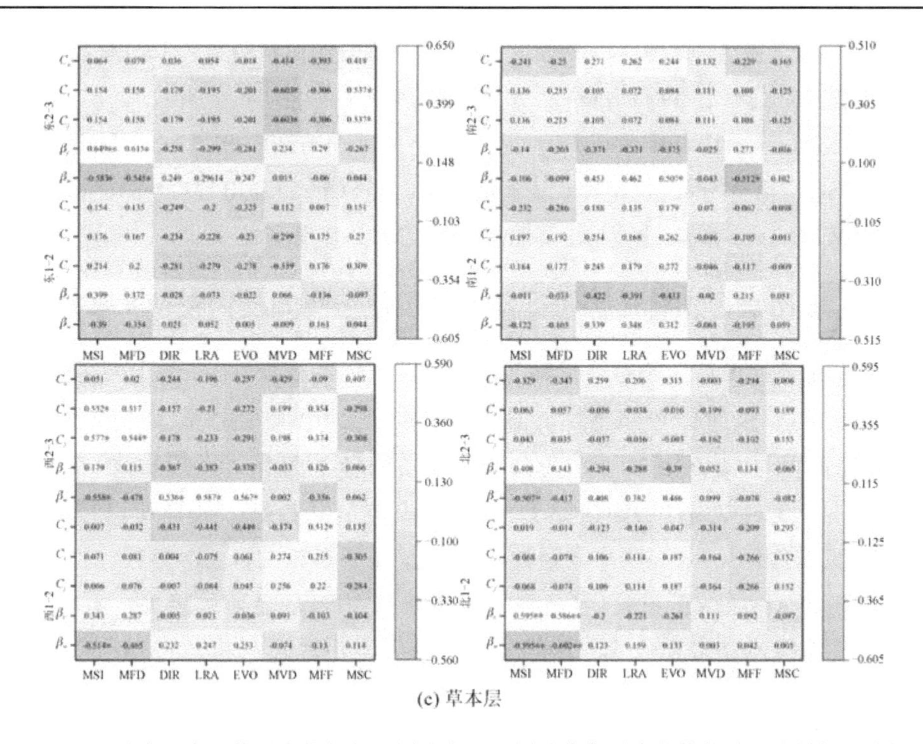

图 7－7　城市遗存山体形态特征与不同坡向上不同坡位各层次植物物种 β 多样性相关性

态特征指标与物种 β 多样性各指数均无显著相关性。北坡向，山顶（北 3）和山腰（北 2）之间物种 β 多样性 Jaccard 指数（C_j）和 Sorenson 指数（C_s）与山体形数（MFF）显著正相关，Bray-curtis 指数（C_n）与山体容积密度（MVD）显著正相关，与山体体型系数（MSC）呈显著负相关。

草本层水平上，东坡向，山顶（东 3）和山腰（东 2）之间物种 β 多样性 Whittaker 指数（β_w）与平面形态指标山体形状指数（MSI）和山体分维数（MFD）极显著负相关；Cody 指数（β_c）与山体形状指数（MSI）和山体分维数（MFD）极显著正相关；Jaccard 指数（C_j）和 Sorenson 指数（C_s）与山体容积密度（MVD）显著负相关，与山体体型系数（MSC）显著正相关。南坡向，山顶（南 3）和山腰（南 2）之间物种 β 多样性 Whittaker 指数 β_w 与高程变异系数（EVO）显著正相关，与山体形数（MFF）显著负相关。西坡向，山腰（西 2）和山脚（西 1）之间物种 β 多样性 Whittaker 指数（β_w）与山体形状指数（MSI）显著负相关，Bray-curtis 指数（C_n）与山体形数（MFF）显著正相关；山腰（西 2）和山顶（西 3）之间物种 β 多样性 Whittaker 指数（β_w）与山体形状指数（MSI）显著负相关，与发展界面面积比（DIR）、地形起伏度（LRA）和高程变异系数（EVO）显著正相关，Jaccard 指数（C_j）与山体形状指数（MSI）、山体分维数(MFD)呈显著正相关,Sorenson 指数(C_s)与山体形状指数(MSI)呈显著正相关。北坡向,山脚(北 1)和山腰(北 2)之间物种 β 多样性 Cody 指数(β_c)与山体形状指数(MSI)和山体分维数(MFD)显著正相关,Whittaker 指数(β_w)与山体形状指数(MSI)和山体分维数(MFD)显著负相关;山腰(北 2)和山顶(北 3)之间物种 β 多样性 Whittaker 指数(β_w)与山体形状指数(MSI)显著负相关。

7.5.3　城市遗存山体形态特征与不同坡位坡向间植物物种 β 多样性

对城市遗存山体形态特征指标与不同坡位坡向间植物物种 β 多样性指数进行相关性分析,结果如图 7-8 所示。总体植物水平上,山顶处,西坡与北坡之间物种 β 多样性仅 Whittaker 指数(β_w)与高程变异系数(EVO)显著正相关;东坡与北坡之间物种 β 多样性 Whittaker 指数(β_w)与山体形状指数(MSI)和山体分维数(MFD)显著负相关,与高程变异系数(EVO)呈显著正相关;Cody 指数(β_c)与山体形状指数(MSI)显著正相关,与高程变异系数(EVO)呈显著负相关。山腰处,东坡与南坡间物种 β 多样性 Whittaker 指数(β_w)与山体形状指数(MSI)显著负相关;南坡与西坡之间 Whittaker 指数(β_w)与山体形状指数(MSI)显著负相关,与发展界面面积比(DIR)和地形起伏度(LRA)显著正相关;南坡与西坡之间 Bray-curtis 指数(C_n)与山体容积密度(MVD)显著正相关,与山体体型系数(MSC)显著负相关;西坡与北坡之间和北坡和东坡之间 Whittaker 指数(β_w)与山体形状指数(MSI)和山体分维数(MFD)显著负相关,Cody 指数(β_c)与山体形状指数(MSI)和山体分维数(MFD)显著正相关。山脚处,山体平面形态指标与不同坡向间植物物种 β 多样性指数之间的相关性较为全面和显著。南坡和西坡之间 β 多样性 Whittaker 指数(β_w)与山体形状指数(MSI)和山体分维数(MFD)显著负相关,与山体体型系数(MSC)显著正相关,Cody 指数(β_c)与山体形状指数(MSI)和山体分维数(MFD)显著正相关;西坡和北坡之间 Whittaker 指数(β_w)、Jaccard 指数(C_j)和

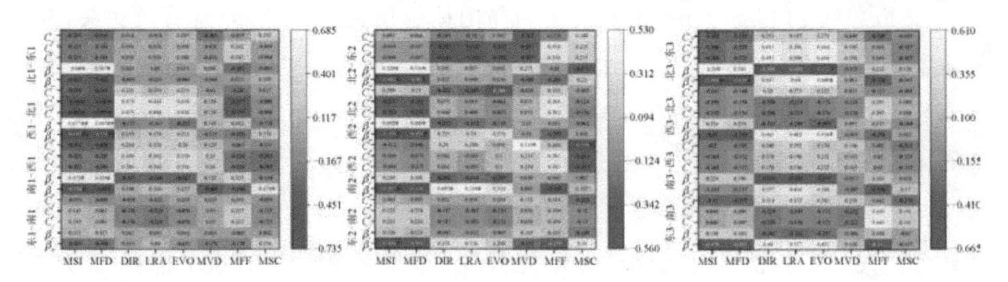

图 7-8　城市遗存山体不同坡位总体植物群落物种 β 多样性与山体形态特征的相关性

Sorenson 指数(C_s)与山体形状指数(MSI)和山体分维数(MFD)显著负相关,Cody 指数(β_c)与山体形状指数(MSI)和山体分维数(MFD)显著正相关;北坡和东坡之间仅 Cody 指数(β_c)与山体形状指数(MSI)和山体分维数(MFD)显著正相关。总体而言,山体平面形态指标对各坡位坡向间的植物物种 β 多样性有较显著的影响,尤其对山脚处各坡向间植物物种 β 多样性影响更强烈。

由图 7-9 可以看出,在乔木层水平上,山顶处,山体形态特征指标与不同坡向间物种 β 多样性的相关关系较为显著,东坡与南坡之间 Bray-curtis 指数(C_n)与山体容积密度(MVD)显著正相关,与山体体型系数(MSC)显著负相关;南坡与西坡之间 Cody 指数(β_c)与山体形状指数(MSI)、山体分维数(MFD)及山体形数(MFF)显著正相关,与发展界面面积比(DIR)和地形起伏度(LRA)显著负相关;Jaccard 指数(C_j)和 Sorenson 指数(C_s)与山体形状指数(MSI)、山体分维数(MFD)及山体形数(MFF)显著负相关,与发展界面面积比(DIR)、地形起伏度(LRA)和高程变异系数(EVO)显著正相关。山腰处,西坡与北坡之间 Whittaker 指数(β_w)与发展界面面积比(DIR)和地形起伏度(LRA)显著正相关,与山体形数(MFF)显著负相关;Jaccard 指数(C_j)和 Sorenson 指数(C_s)与山体容积密度(MVD)呈显著负相关。山脚处,城市遗存山体形态特征指标与各坡向间 β 多样性指数均无显著相关性。

在灌木层水平上,山顶处,东坡与南坡之间、西坡与北坡之间 Jaccard 指数(C_j)和 Sorenson 指数(C_s)与山体形数(MFF)显著正相关。山腰处,东坡与南坡之间 Whittaker 指数(β_w)与山体分维数(MFD)显著负相关,Bray-curtis 指数(C_n)与高程变异系数(EVO)显著负相关;西坡与北坡之间 Bray-curtis 指数(C_n)与山体容积密度(MVD)显著正相关,与山体体型系数(MSC)显著负相关;北坡与东坡之间 Whittaker 指数(β_w)与山体形状指数(MSI)显著负相关,Bray-curtis 指数(C_n)与山体形状指数(MSI)和山体分维数(MFD)显著正相关。山脚处,山体形态指标与各坡向之间物种 β 多样性指数均不存在相关关系。

在草本层水平上,山顶处,东坡与南坡之间 Whittaker 指数(β_w)与山体形状指数(MSI)和山体分维数(MFD)显著负相关,与发展界面面积比(DIR)、地形起伏度(LRA)和高程变异系数(EVO)显著正相关;南坡和西坡之间 Whittaker 指数(β_w)与地形起伏度(LRA)显著正相关;北坡和东坡之间 Whittaker 指数(β_w)与山体形状指数(MSI)和山体分维数(MFD)显著负相关;北坡和东坡之间 Cody 指数(β_c)与山体形状指数(MSI)显著正相关,与高程变异系数(EVO)显著负相关;北坡和东坡之间 Jaccard 指数(C_j)和 Sorenson 指数(C_s)与高程变异系数(EVO)显著正

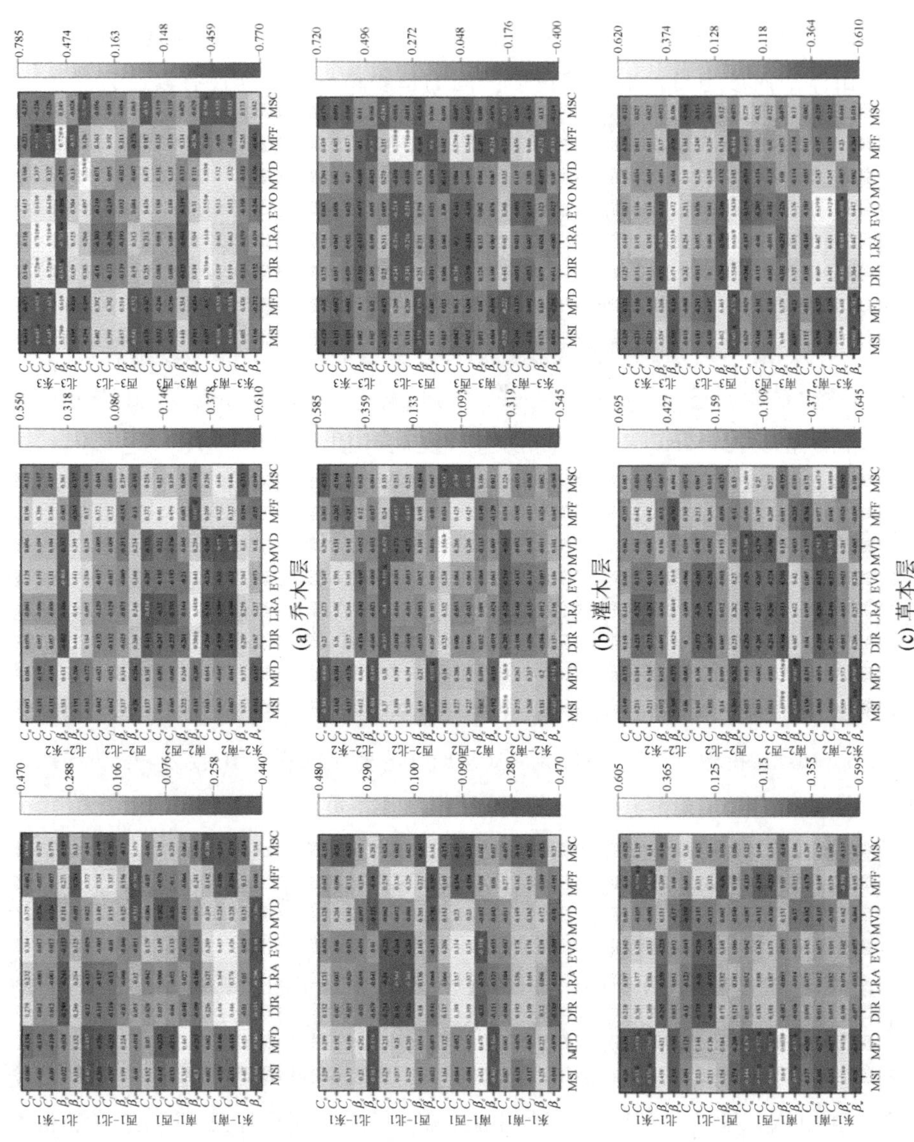

图7-9　城市遗存山体形态特征与不同坡位坡向间植物物种β多样性相关性

相关。山腰处，南坡和西坡之间 Whittaker 指数(β_w)与发展界面面积比(DIR)、地形起伏度(LRA)和高程变异系数(EVO)显著正相关；西坡和北坡之间 Whittaker 指数(β_w)与山体形状指数(MSI)和山体分维数(MFD)显著负相关，Cody 指数(β_c)与山体形状指数(MSI)和山体分维数(MFD)极显著正相关，Bray-curtis 指数(C_n)与山体容积密度(MVD)显著负相关，且与山体体型系数(MSC)显著正相关；北坡和东坡之间 Whittaker 指数(β_w)与山体形状指数(MSI)和山体分维数(MFD)显著负相关，Cody 指数(β_c)与山体形状指数(MSI)和山体分维数(MFD)显著正相关，Jaccard 指数(C_j)和 Sorenson 指数(C_s)与山体容积密度(MVD)显著负相关，且与山体体型系数(MSC)显著正相关。山脚处，南坡和西坡之间 Jaccard 指数(C_j)和 Sorenson 指数(C_s)与山体形状指数(MSI)、山体分维数(MFD)及山体形数(MFF)显著负相关；西坡和北坡之间 Whittaker 指数(β_w)、Jaccard 指数(C_j)和 Sorenson 指数(C_s)与山体形状指数(MSI)和山体分维数(MFD)显著负相关，Cody 指数(β_c)与山体形状指数(MSI)和山体分维数(MFD)呈显著正相关；北坡和东坡之间 Cody 指数(β_c)与山体形状指数(MSI)和山体分维数(MFD)显著正相关。

7.6　城市遗存山体形态特征与其植物物种多样性的回归分析

对城市遗存山体形态指标进行共线性分析后，选取山体形状指数(MSI)、山体分维数(MFD)、发展界面面积比(DIR)、地形起伏度(LRA)、高程变异系数(EVO)、山体容积密度(MVD)、山体形数(MFF)和山体体型系数(MSC)等为自变量，城市遗存山体复合群落总体植物多样性各指数为因变量，进行多元回归分析。

城市遗存山体植物物种 α 多样性指数多元回归方程拟合如下：

$$Y_{H'} = 0.152 - 0.029X_1 + 0.090X_2 + 0.005X_3 + 0.505X_4 + 1.971X_5 + 1.218X_6 - 0.011X_7 - 17.661X_8 \ (R^2 = 0.732)$$

$$Y_D = 0.397 - 0.015X_1 + 0.038X_2 + 0.001X_3 + 0.344X_4 + 1.057X_5 + 0.593X_6 - 0.008X_7 + 21.509X_8 \ (R^2 = 0.617)$$

$$Y_R = -2.086 - 0.399X_1 + 1.361X_2 + 0.051X_3 + 4.622X_4 + 17.355X_5 + 7.910X_6 + 0.102X_7 - 633.124X_8 \ (R^2 = 0.800)$$

$$Y_{Jh} = 0.452 - 0.015X_1 + 0.034X_2 + 0.001X_3 + 0.365X_4 + 1.136X_5 + 0.605X_6 - 0.010X_7 + 34.427X_8 \ (R^2 = 0.539)$$

式中，自变量 X_1 为 MSI、X_2 为 MFD、X_3 为 MVD、X_4 为 MFF、X_5 为 MSC、X_6 为 DIR、X_7 为 LRA、X_8 为 EVO；因变量 $Y_{H'}$ 为 Shannon-Wiener 指数、Y_D 为

Simpson 指数、Y_R 为 Margalef 指数、Y_{Jh} 为 Pielou 指数。

通过多元线性回归分析，得出山体形态指标与山体植物物种 β 多样性指数回归方程的拟合结果，分别为

$$Y_{\beta_w}=2.013+0.0002X_1+0.0004X_2+0.00005X_3+0.005X_4+0.036X_5-0.014X_6+0.001X_7+0.167X_8\ (R^2=0.454)$$

$$Y_{\beta_c}=82.7751-1.476X_1+1.416X_2-0.505X_3-11.145X_4-202.545X_5+135.808X_6-4.315X_7-3688.797X_8\ (R^2=0.188)$$

$$Y_{C_j}=0.321+0.001X_1-0.21X_2+0.001X_3-0.115X_4-0.159X_5-0.192X_6-0.004X_7-7.701X_8\ (R^2=0.170)$$

$$Y_{C_s}=0.484+0.002X_1-0.024X_2+0.001X_3-0.137X_4-0.201X_5-0.241X_6-0.004X_7-9.676X_8\ (R^2=0.184)$$

$$Y_{C_n}=6.027-0.771X_1+0.511X_2-0.133X_3+9.310X_4+40.105X_5-13.642X_6+1.709X_7-2502.682X_8\ (R^2=0.036)$$

式中，自变量 X_1 为 MSI、X_2 为 MFD、X_3 为 MVD、X_4 为 MFF、X_5 为 MSC、X_6 为 DIR、X_7 为 LRA、X_8 为 EVO；因变量 Y_{β_w} 为 Whittaker 指数、Y_{β_c} 为 Cody 指数、Y_{C_j} 为 Jaccard 指数、Y_{C_s} 为 Sorenson 指数、Y_{C_n} 为 Bray-curtis 指数。

可以看出，城市遗存山体形态指标对城市遗存山体复合群落总体植物物种 α 多样性拟合程度较高，R^2 均大于 0.5，说明山体形态指标对山体植物物种 α 多样性的影响较大，城市化背景下的城市遗存自然山体形态指标对山体植物物种 α 多样性之间的差异解释力度较好。而城市遗存山体形态指标对城市遗存山体整体的植物物种 β 多样性拟合程度都较低，Y_{β_w} 的 R^2 为 0.454，拟合度较好，其余拟合方程的 R^2 均在 0.2 以下，说明山体形态对城市遗存山体间的植物 β 多样性的解释力度较差。

7.7 城市遗存山体植物物种多样性的斑块特征效应

本章研究结果表明，山体平面形态指标山体形状指数（MSI）和山体分维数（MFD）与城市遗存山体植物物种 α 和 β 多样性各指数均呈显著相关关系，这与 Hernandez - Stefanoni 等（2006）研究发现斑块形状复杂性和斑块面积是影响植物物种多样性的重要因素的结果一致。山体表面形态指标发展界面面积比（DIR）、地形起伏度（LRA）和高程变异系数（EVO）与物种 α 多样性的 Pielou 指数（Jh）呈显著负相关，与 β 多样性的 Cody 指数（β_c）呈显著正相关。有研究表明地表因素会引起植物物种多样性的变化，通过对降水和太阳辐射的空间再分配，从而导致土

壤、水等资源的空间差异，进而影响植物物种的多样性(Wehn et al.，2014；宋同清 等，2009；韩美荣 等，2012；范夫静 等，2014)。这与本研究中山体表面破碎程度和山体表面形态越复杂，对植物物种多样性的影响越大的结果一致。山体整体形态指标从山体三维属性角度量化山体形态特征，即山体三维形态越饱满，与大气接触面积越大，吸收能量越多。“能量生态学引论”和“能量假说”提出能量是影响生物多样性的重要因素，物种多样性的变化受能量控制(Wright，1983；Davies et al.，2007；Evans et al.，2008；祖元刚，1990)，与本研究的山体整体形态指标山体形数(MFF)、山体体型系数(MSC)和山体容积密度(MVD)与植物物种多样性指数呈显著相关关系的研究结果一致。值得注意的是，山体形态特征指数对南坡植物物种 α 和 β 多样性的影响都是最大的，而山体表面形态指标也只与南坡物种多样性指数有显著相关关系，一方面，可能是因为从南坡到北坡，坡度、光照强度、土温、pH 均呈递减趋势(刘旻霞 等，2021)，因此南坡植物多样性对山体形态特征差异较其他坡向敏感；另一方面，在城市人工环境中，南坡受城市建筑影响也最明显，在没被镶嵌入城前，南坡为阳光充足的阳坡，但在镶嵌入城后，山体周边高大建筑的遮挡使南坡可能由阳坡变为阴坡或半阴坡(这种情况在我们实地调查中经常发现)，从而影响了南坡植物多样性的变化，而山体形态特征与南坡光环境变化有直接的关系。

7.8 本章小结

7.8.1 城市遗存山体形态指标选取的可行性

本章研究表明，城市遗存山体形态与山体植物物种多样性有显著相关关系，这与其他关于生境斑块形态特征研究所得结果一致(Cousins et al.，2008；De Sanctis et al.，2010；John et al.，2011；Noa Katz et al.，2018)，说明基于该套指标体系所得相关研究结果可靠性较高，能较好反映出城市遗存山体形态对山体植物物种多样性的影响。同时，在指标选取中参考了关于生境斑块的研究成果(Ziter et al.，2013；Arellano-Rivas et al.，2018)和其他学科关于形态特征的指标研究成果(邬建国，2007；虞思逸，2020；朱东国 等，2017；杨晓平 等，2019；白净，2009；刘仙萍，2006；栾庆祖 等，2019)，能够反映出城市遗存山体形态特点，这改变了过去对残余生境斑块形态特征的研究仅集中于二维斑块属性方面，而忽视了生境斑块在竖向上的三维空间属性的研究现状。本章研究从山体形态指标与山体植物多样性指数进行相关关系分析，构建的山体形态指标体系与山体植物物种多样性指数均有显著相关关系，由此表明该指标体系对量化城市遗存山体形态特征具有较好的可靠性、适用性、针对性及科学性，可用于基于城市遗存山体形态特征的其他生态过程相关研究。

7.8.2　基于城市遗存山体形态特征开展相关研究非常重要和迫切

城市遗存山体生境斑块作为一类分散并镶嵌在异质城市基质中的自然残余体系(汤娜 等,2021)，成了城市内部绿地生态系统的重要组成部分，其面积规模甚至超过了人工园林绿地(邢龙 等,2021)。这些城市遗存山体不仅塑造了多山城市独特的城市风貌，而且在城市人工环境中保留了大量的当地原生物种，对城市生物多样性保护具有十分重要的意义。十分重要的是，相较于一般城市，这些遗存山体能够向城市提供更多的生态系统服务功能，尤其是可以给在高层工作和生活的居民提供更多的绿视机会。但是，随着城市致密化发展，城市遗存山体生境在长期受到城市建设的干扰下，面积萎缩、生境质量下降、植被衰退现象严重。同时，管理现有生境残余物的生境质量，对于保护正在破碎化的生境中的物种，特别是那些有特殊生境需求的物种具有重要意义(Ye et al. ,2013)。因此，开展城市山体多维形态特征与植物群落、城市空间、周边建筑布局等相关关系研究，以科学保护城市遗存山体生态资源，最大化发挥其多种生态系统服务功能，提升多山城市人居环境质量，具有十分重要的理论与现实意义，而目前相关研究十分薄弱。

第8章　城市遗存山体植物多样性城市化响应的时间效应

城市化进程突出表现在不透水地面增加、自然绿地和水体景观减少、景观破碎和离散化等(Ramalho et al.,2014; Richard et al.,2017; 冯舒 等,2018),由此引起了生物多样性的变化。大量研究结果表明,城市化对植物多样性具有负面影响(Fahrig,2003; Kowarik et al.,2018; Müller et al.,2015)。一项对全球11525个地点的分析表明,在高强度城市化区域,植物物种丰富度和总多度均比较低,估计比农村地区低76.5%(Newbold et al.,2015)。Aronson 等(2014)研究表明,在城市人工建成环境中,植物物种密度大幅下降,只有约25%的本地物种保留。随着城市化进程加速,城市不透水建设用地比例和斑块普遍增大,而生境斑块大小和景观连通性逐渐减少,小而孤立的植被斑块上本地物种持续减少(Aronson et al.,2014;Newbold et al.,2015; Walz,2015)。然而,城市化对植物多样性的正面影响也有报道(Moffatt et al.,2004; 彭羽 等,2020),这主要是物种丰富度的测算包括了本地物种和外来物种。Wang 等(2012)研究发现,植物多样性随着距城市中心距离的增加而增加,但近一半的城市植物物种都是外来物种。在研究城市化强度与植物多样性之间的关系时,大多数学者选择了不透水面积比例、距离城市中心的距离和人口密度等作为城市化指标,并通过土地利用类型、景观格局指数的缓冲区分析,来衡量城市化对生物多样性的影响(Peng et al.,2019; Li et al.,2020;Yan et al.,2019)。这些指标在很大程度上反映了城市化水平和状态,以及城市基质景观特征,能够通过统计分析得出城市化水平及城市基质特征与生物多样性之间的相关性,但是无法解释城市化对生物多样性影响的时间累积效应和滞后效应(Xu et al.,2018;Berthon et al.,2021),尤其镶嵌于城市人工建成环境中的残余生境,多大规模能够耐受多长时间城市人工环境干扰?而这一问题的回答对于遗存有大量自然山体的多山城市,如何通过科学的城市空间规划,保护各类自然山体生物多样性,实现高度人工化环境中人与自然和谐、自然山体生态系统服务功能最大化至关重要。本章以贵阳市中心城区2020年建成区范围为研究区,获取不同时期研究区遥感影像,解译不同时期建成区边界,确定当前城市遗存山体中各山体在城市建成区内的遗存时间,同时筛选样本山体并调查不同遗存时长的城市遗存山体的植物物种多样性水平，间接分析城市遗存山体植物多样性城市化响应的时间效应。

8.1　城市建成区边界与城市遗存山体镶嵌入城时间确定

获取研究区 1990 年、2000 年、2010 年和 2020 年共 4 期高分辨率遥感影像为基础数据源，通过大气校正、影像裁剪和地图投影等预处理，结合城市建设相关历史资料，通过目视解译法划定贵阳市中心城区对应年份建成区边界（见图 8－1）。在 ArcGIS 平台中叠加研究区 1∶10000 地形图，识别研究区城市遗存山体，并划定各城市遗存山体边界线。将各年份建成区边界图与 2020 年研究区遥感影像进行叠加，确定 2020 年研究区内各城市遗存山体镶嵌入城的遗存时间（见图 8－1）。最终将研究区城市遗存山体按遗存时长划分为≥30 年（1990 年前建成区内城市遗存山体）、[20，30）年（1990—2000 年新增建成区内城市遗存山体）、[10，20）年（2000—2010 年新增建成区内城市遗存山体）和[0，10）年（2010—2020 年新增建成区内城市遗存山体）4 类。城市建成区是持续不断的人工干扰场，城市遗存山体的遗存时间等同于其受干扰的时长，基于此，分析城市遗存山体植物多样性城市化响应的时间效应。

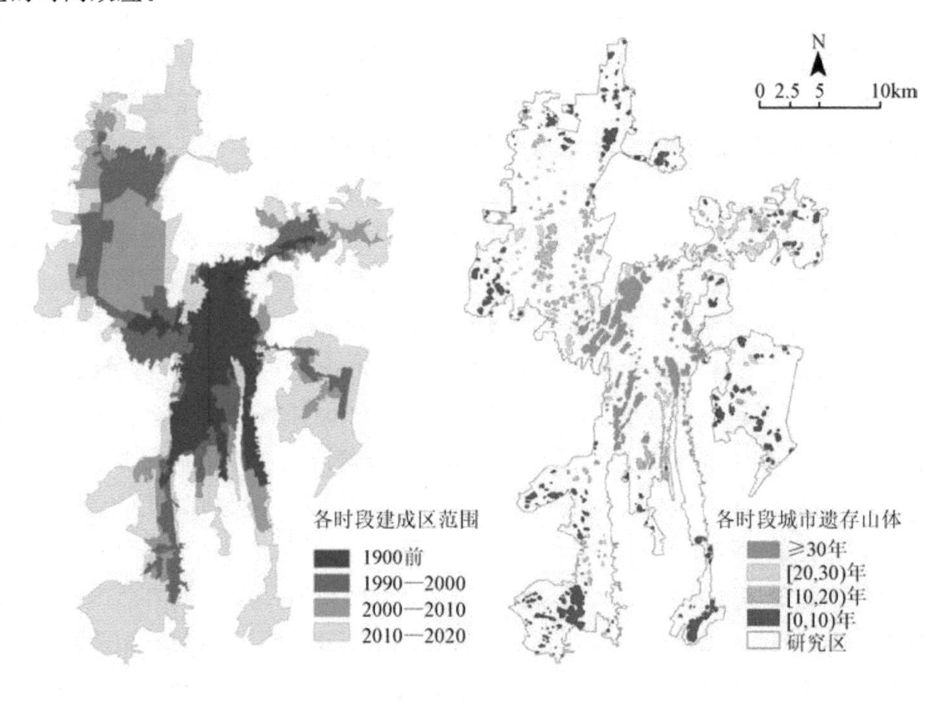

图 8－1　研究区各时段建成区范围（左）及各时段城市遗存山体（右）

8.2　样本山体选择、样地设置、植物群落调查与多样性测算

在各遗存时间的城市遗存山体中随机选择小型山体(面积<3 hm^2)3 座、中型山体(3 hm^2≤面积<10 hm^2)8 座、大型山体(10 hm^2≤面积≤50 hm^2)4 座,共 60 座城市遗存山体样本山体,各样本山体的空间分布见图 8－2,基本情况见表 8－1。

图 8－2　城市遗存山体及样本山体空间分布

表 8-1　城市遗存山体样本山体基本信息

山体编号	面积等级	投影面积/hm^2	遗存时长	山体形态	山体类型
M1-1	中型山体	3.74	≥30 年	孤峰	山体公园
M1-2	中型山体	3.94		孤峰	自然山体
M1-3	中型山体	5.47		孤峰	自然山体
M1-4	大型山体	10.26		孤峰	山体公园
M1-5	大型山体	10.29		孤峰	自然山体
M1-6	中型山体	6.06		2 峰峰丛	自然山体
M1-7	小型山体	2.42		孤峰	自然山体
M1-8	大型山体	13.31		2 峰峰丛	山体公园
M1-9	大型山体	12.96		2 峰峰丛	自然山体
M1-10	中型山体	3.98		孤峰	自然山体
M1-11	中型山体	4.15		孤峰	自然山体
M1-12	小型山体	1.26		孤峰	山体公园
M1-13	中型山体	4.23		孤峰	自然山体
M1-14	中型山体	5.66		孤峰	自然山体
M1-15	小型山体	2.64		孤峰	自然山体
M2-1	大型山体	11.02	[20,30)年	孤峰	自然山体
M2-2	中型山体	7.79		孤峰	山体公园
M2-3	小型山体	1.17		孤峰	山体公园
M2-4	大型山体	13.72		孤峰	自然山体
M2-5	中型山体	4.05		2 峰峰丛	自然山体
M2-6	大型山体	36.05		2 峰峰丛	自然山体
M2-7	中型山体	5.39		孤峰	自然山体
M2-8	中型山体	6.67		孤峰	自然山体
M2-9	中型山体	4.34		孤峰	自然山体
M2-10	小型山体	1.62		孤峰	自然山体
M2-11	大型山体	14.25		2 峰峰丛	自然山体
M2-12	中型山体	4.95		孤峰	自然山体
M2-13	中型山体	4.28		孤峰	自然山体
M2-14	小型山体	2.11		孤峰	自然山体
M2-15	中型山体	4.90		孤峰	自然山体

续表

山体编号	面积等级	投影面积/hm^2	遗存时长	山体形态	山体类型
M3-1	大型山体	37.37		4 峰峰丛	自然山体
M3-2	小型山体	2.98		孤峰	自然山体
M3-3	中型山体	4.81		孤峰	自然山体
M3-4	大型山体	12.89		2 峰峰丛	自然山体
M3-5	中型山体	6.32		孤峰	自然山体
M3-6	小型山体	1.81		孤峰	山体公园
M3-7	小型山体	2.75		孤峰	自然山体
M3-8	中型山体	3.47	[10,20)年	孤峰	自然山体
M3-9	大型山体	15.57		2 峰峰丛	山体公园
M3-10	中型山体	5.29		孤峰	山体公园
M3-11	中型山体	3.75		孤峰	自然山体
M3-12	大型山体	15.54		2 峰峰丛	自然山体
M3-13	中型山体	8.31		孤峰	自然山体
M3-14	中型山体	9.74		孤峰	山体公园
M3-15	中型山体	8.88		2 峰峰丛	自然山体
M4-1	大型山体	15.71		2 峰峰丛	自然山体
M4-2	大型山体	13.21		孤峰	自然山体
M4-3	小型山体	1.81		孤峰	自然山体
M4-4	中型山体	5.01		孤峰	自然山体
M4-5	中型山体	4.13		孤峰	自然山体
M4-6	大型山体	17.62		3 峰峰丛	自然山体
M4-7	中型山体	4.82		孤峰	山体公园
M4-8	大型山体	10.06	[0,10)年	孤峰	自然山体
M4-9	中型山体	4.59		孤峰	自然山体
M4-10	小型山体	1.37		孤峰	自然山体
M4-11	中型山体	4.85		2 峰峰丛	自然山体
M4-12	中型山体	6.73		孤峰	自然山体
M4-13	中型山体	9.39		孤峰	自然山体
M4-14	中型山体	4.02		孤峰	自然山体
M4-15	小型山体	1.49		孤峰	自然山体

样地设置、植物群落调查与物种多样性指数测算见第 4 章。野外调查时间为

2019 年 7～10 月、2020 年 7～10 月和 2021 年 7～10 月。

样本山体植物群落调查数据整理、数据库构建在 Excel 2019 软件中进行，植物物种多样性指数测算在 R 软件中通过 vegan 包实现，单因素方差分析（One-Way ANOVA）在 SPSS 22.0 软件中进行。

8.3 城市遗存山体集合群落植物物种多样性的时间效应

8.3.1 城市遗存山体集合群落总体植物物种多样性的时间效应

图 8－3 表明，随着遗存时间的增加，不同规模城市遗存山体的植物物种多样性表现出一定的差异性。小型城市遗存山体总体植物物种多样性的 Simpson 指数（D）、Pielou 指数（Jh）和 Shannon-Wiener 指数（H'）均表现出随山体遗存时长的增加而逐渐上升的趋势。中型城市遗存山体总体植物物种多样性指数最大值出现在遗存时长[20，30）年的山体中，随遗存时长的增加，4 个多样性指数的变化规律相近，表现为先上升后下降的趋势。大型城市遗存山体集合群落总体植物 Mar-

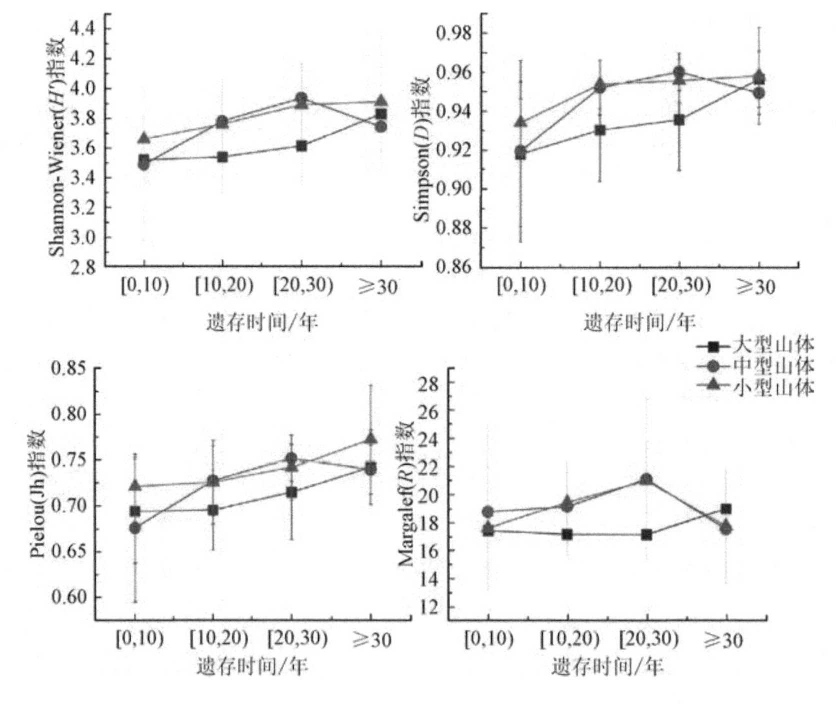

图 8－3　不同规模山体在各时段中植物群落总体物种多样性指数

galef 指数(R)随遗存时间的增加表现为先降低，在[20,30)年遗存时长的山体中出现最低值，然后又上升；Simpson 指数(D)、Shannon-Wiener 指数(H')和 Pielou 指数(Jh)一致表现为随遗存时间增加而不断上升的变化趋势，最大值出现在遗存时间≥30 年的山体中。不同规模、相同遗存时长的城市遗存山体间的差异表现为：遗存时长在[0,10)年的中型城市遗存山体物种多样性的 Margalef 指数(R)大于同期小型和大型城市遗存山体；遗存时长在[10,30)年的小型和大型城市遗存山体的 Simpson 指数(D)、Shannon-Wiener 指数(H')和 Pielou 指数(Jh)小于中型山体。

对同一遗存时间的不同规模城市遗存山体集合群落植物总体物种多样性的方差分析结果(见图 8-4)可以看出：只有 Simpson 指数(D)在遗存时长为[20,30)年的不同规模的山体间存在显著差异，且表现为大型城市遗存山体显著低于中型城市遗存山体；其他多样性指数在任何遗存时间上都不存在差异显著性。这说明从城市遗存山体集合群落水平上，总体植物物种多样性反映出随遗存时间不同而有一定差异的时间效应，但山体斑块面积效应不明显。

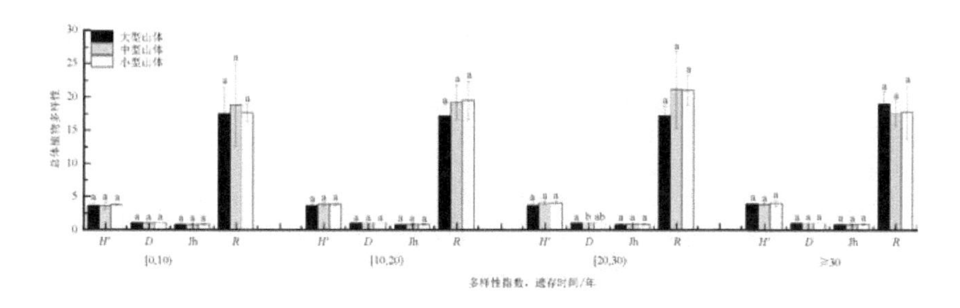

图 8-4　不同时段入城的各规模山体总体植物物种多样性指数方差分析结果

8.3.2　城市遗存山体集合群落乔木层物种多样性的时间效应

不同规模、不同遗存时长城市遗存山体集合群落乔木层物种多样性指数测算结果如图 8-5 所示。乔木层物种多样性指数随遗存时间的增加的变化情况如下：小型城市遗存山体中，Margalef 指数(R)先持续上升到[20,30)年遗存时间，然后降低；Simpson 指数(D)和 Shannon-Wiener 指数(H')在[0,10)年的遗存时间内先上升，然后从[10,20)年开始持续下降；Pielou 指数(Jh)先持续下降到[20,30)年，然后缓慢上升。中型城市遗存山体中，Margalef 指数(R)在 30 年的遗存时间内，随遗存时长增加先缓慢上升，然后快速下降；Simpson 指数(D)先持续下降到遗存时间为[20,30)年，然后略有上升；Shannon-Wiener 指数(H')随遗存时间的增加呈线性下降趋势；Pielou 指数(Jh)持续下降到遗存时间为[20,30)年，然后基本保持稳定。大型城市遗存山体中，Margalef 指数(R)随遗存时间增加持续缓慢上升，30 年后增幅加大；Simpson 指数(D)和 Shannon-Wiener 指数(H')先上升到[20,30)年达最大值，然后下降；Pielou 指数(Jh)在遗存时间 30 年内基本保持稳定，之后开始下降。由图 8－6 可以看出，同一遗存时间内的城市遗存山体集合群落中乔木层物种多样性指数，在不同规模的山体中没有表现出显著的差异性。

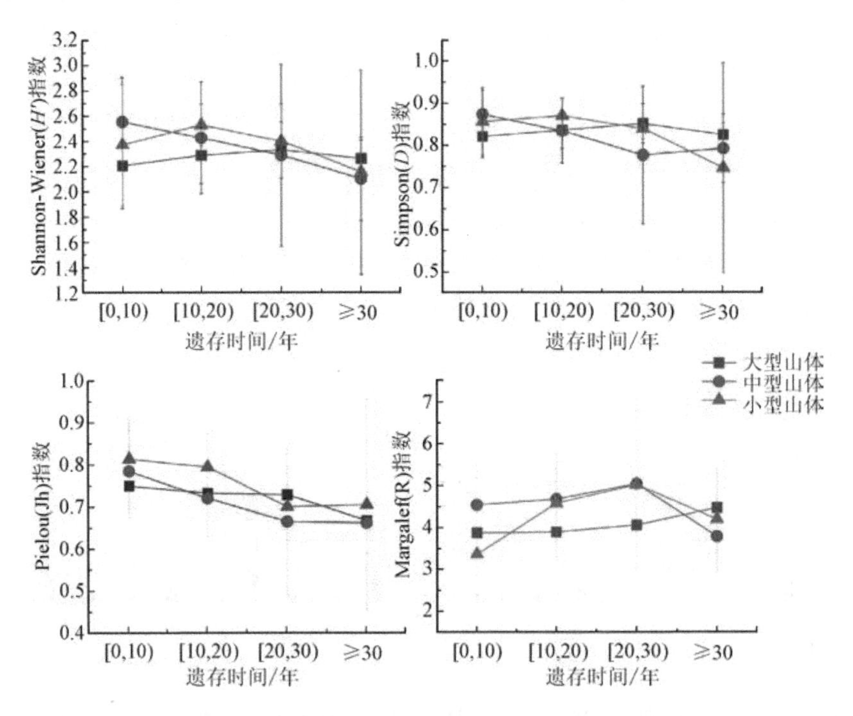

图 8－5　不同规模山体在各时段中乔木层物种多样性指数

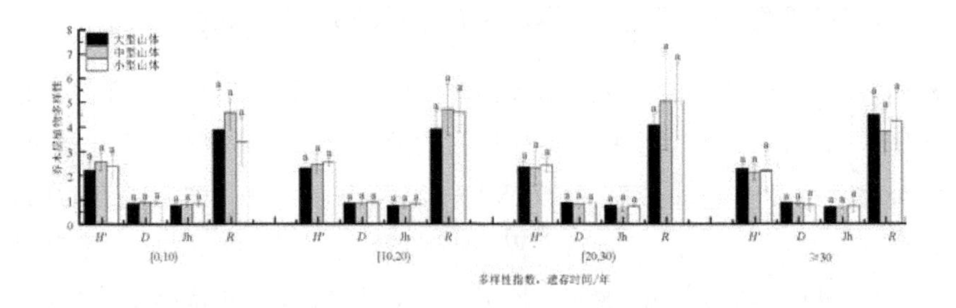

图 8－6　不同时段入城的各规模山体乔木层物种多样性指数差异性分析

8.3.3　城市遗存山体集合群落灌木层物种多样性的时间效应

城市遗存山体集合群落灌木层各物种多样性指数在不同遗存时间山体中的变化如图 8－7 所示。在小型城市遗存山体中，Margalef 指数（R）和 Shannon-Wiener 指数（H'）的变化规律一致，随着城市遗存时间增加而增大，在[20，30）年的山体出现最大值，然后减小，只是 Margalef 指数（R）的增幅和减幅都比 Shannon-Wiener 指数（H'）的大；Simpson 指数（D）先缓慢上升到[20，30）年后又缓慢下降；Pielou 指数（Jh）持续呈缓慢上升趋势。在中型城市遗存山体中，Margalef 指数（R）随遗存时间增加先增大，到[20，30）年的山体出现最大值后减小；Simpson 指数（D）变化不明显；Shannon-Wiener 指数（H'）先缓慢上升到[20，30）年后又缓慢下降；Pielou 指数（Jh）在[20，30）年前基本持续不变，之后有所上升。在大型城市遗存山体中，Margalef 指数（R）总体上呈波动式上升状态，但增幅不大；Simpson 指数（D）在遗存时间[0，20）保持不变，之后持续大幅下降；Shannon-Wiener 指数（H'）和 Pielou 指数（Jh）则表现为持续大幅下降趋势。总体而言，小型和中型城市遗存山体灌木层物种多样性随遗存时间的变化趋势相近，除 Margalef 指数（R）有较大

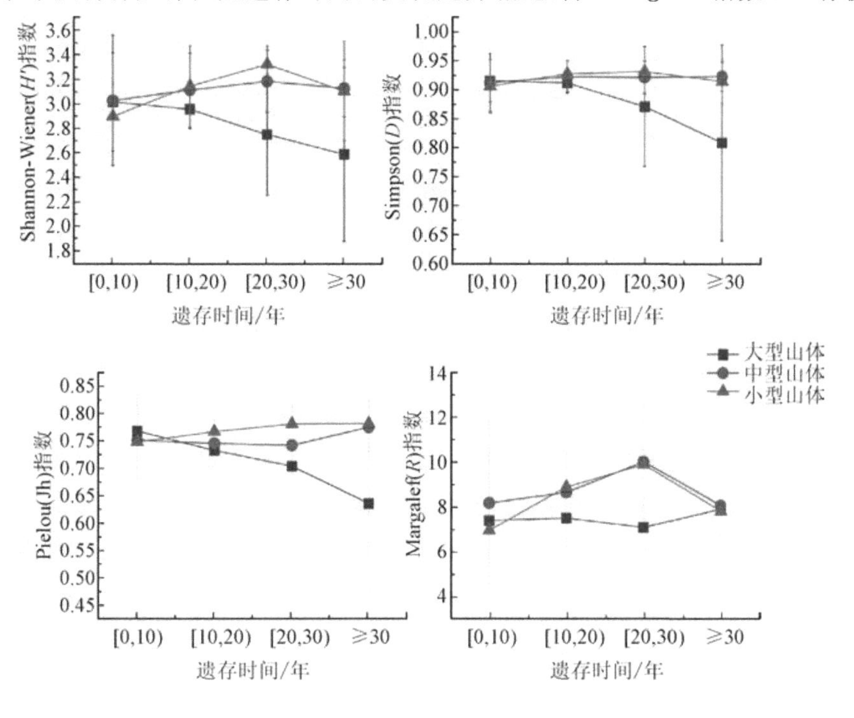

图 8－7　不同规模山体在各时段中灌木层物种多样性指数

变化外，其他多样性指标变化不大；大型城市遗存山体恰好相反，除 Margalef 指数（R）变化不明显外，其余多样性指数整体上都呈大幅下降趋势。

对同一遗存时间段内不同规模城市遗存山体集合群落灌木层物种多样性指数的方差分析结果（见图 8－8）表明，在[0，10)年和[10，20)年两个时间段内，不同规模城市遗存山体间的物种多样性指数差异不显著；在[20，30)年遗存时间内，Shannon-Wiener 指数（H'）和 Margalef 指数（R）在大型山体与中型和小型山体间有显著差异，并显著小于小型和中型城市遗存山体；在≥30 年遗存时间的山体中，Margalef 指数（R）在不同规模山体中差异不显著，其他指数显著小于中型和小型城市遗存山体。

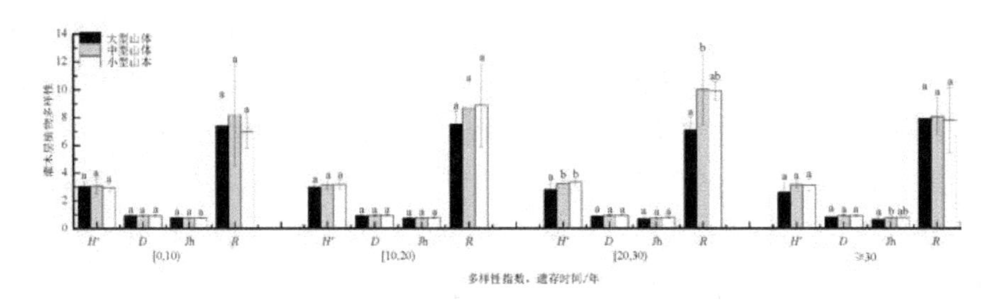

图 8－8　不同时段入城的各规模山体灌木层物种多样性指数差异性分析

8.3.4　城市遗存山体集合群落草本层物种多样性的时间效应

由图 8－9 可以看出，各规模城市遗存山体集合群落草本层物种多样性指数随遗存时间增加的变化规律也不尽相同。小型城市遗存山体中，Margalef 指数（R）随山体遗存时间增加表现为先缓慢上升，到[20，30)年遗存时间达最大值，之后快速下降；Simpson 指数（D）先快速上升，到[10，20)年遗存时间开始缓慢下降，到[20，30)年遗存时间后又缓慢上升；Shannon-Wiener 指数（H'）和 Pielou 指数（Jh）在 30 年内的变化趋势一致，即随遗存时间增加缓慢上升，到[10，20)年遗存时间开始缓慢下降，在[20，30)年遗存时间以后又上升，且上升幅度较大。中型城市遗存山体中，Margalef 指数（R）波浪式变化，最大值出现在[20，30)年遗存时间；Simpson 指数（D）、Shannon-Wiener 指数（H'）和 Pielou 指数（Jh）变化规律基本一致，表现为先逐渐上升，最大值出现在[20，30)年遗存时间，而后又下降。大型城市遗存山体中，Margalef 指数（R）先下降到[10，20)年遗存时间，后缓慢上升；Shannon-Wiener 指数（H'）和 Pielou 指数（Jh）变化规律基本一致，表现为先下降到[10，20)年后开始上升；Simpson 指数（D）总体上表现为上升趋势，但前面上升较缓，到[20，30)年遗存时间后上升幅度加大。总体而言，小型和中型城市遗存山体集合群落草本层物种多样性随遗存时间增加的变化趋势相近，与大型城市遗存山体的变化趋势多有不同。

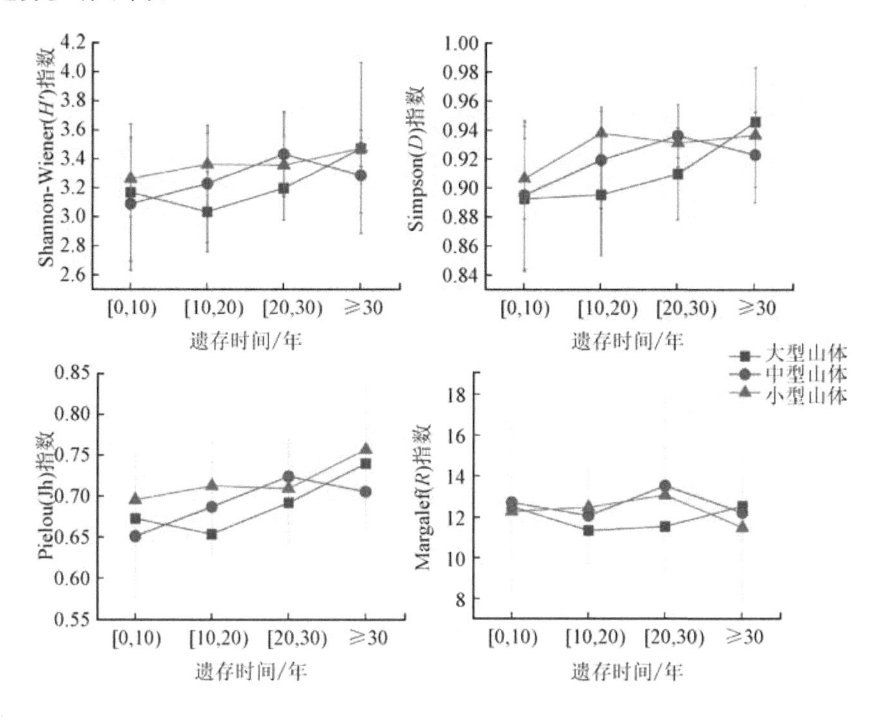

图 8－9　不同规模山体在各时段中草本层物种多样性指数

对同一遗存时间段内不同规模城市遗存山体集合群落草本层物种多样性指数的方差分析结果（见图 8－10）表明，城市遗存山体草本层物种多样性指数在同一时段内不同规模山体间不存在差异显著性。

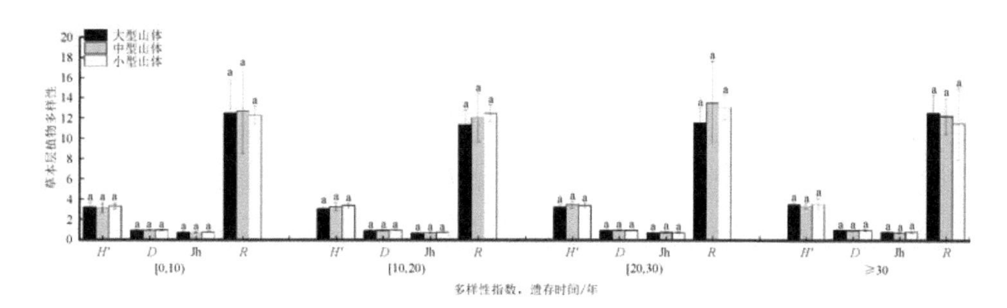

图 8－10　不同时段入城的各规模山体草本层物种多样性指数差异性分析

8.4 城市遗存山体不同坡向样地群落物种多样性的时间效应

8.4.1 城市遗存山体不同坡向样地群落总体植物物种多样性时间效应

不同规模城市遗存山体各坡向样地群落总体植物物种多样性的测算结果如图 8-11 所示。①东坡向，小型城市遗存山体的 Margalef 指数(R)先缓慢降低后又上升，总体上呈上升趋势；Simpson 指数(D)先缓慢降低到[10,20)年后快速下降，在[20,30)年达最小值后又快速上升，并最终大于[0,10)年的水平；Shannon-Wiener 指数(H')和 Pielou 指数(Jh)随遗存时间增加的变化趋势总体上相近，前 10 年下降到[10,20)年时，Shannon-Wiener 指数(H')保持平稳不变，到[20,30)年快速增大并超过[0,10)年的水平，Pielou 指数(Jh)持续下降到[20,30)年达最小值后快速增大并也超过[0,10)年的水平。中型城市遗存山体的 4 个物种多样性指数的变化趋势基本相似，先直线上升到[20,30)年后整体下降。大型城市遗存山体 Margalef 指数(R)先缓慢下降到[20,30)年后快速上升；Simpson 指数(D)、Shannon-Wiener 指数(H')和 Pielou 指数(Jh)均表现上升趋势。②南坡向，小型城市遗存山体 4 个指数的变化规律一致，先持续上升到[20,30)年达最大值后开始下降，Margalef 指数(R)和 Shannon-Wiener 指数(H')的升降幅度大于 Simpson 指数(D)和 Pielou 指数(Jh)。中型城市遗存山体 4 个物种多样性指数的变化规律总体一致，先持续上升到[20,30)年达最大值后开始下降；大型城市遗存山体的 Margalef 指数(R)总体上呈直线缓慢下降趋势，Simpson 指数(D)、Shannon-Wiener 指数(H')和 Pielou 指数(Jh)均表现出上升趋势，Pielou 指数(Jh)上升幅度大于其余两个指数。③西坡向，小型城市遗存山体的 Margalef 指数(R)先快速下降到[10,20)年，然后大幅上升到[20,30)年之后又大幅下降到略低于[0,10)年的水平；Simpson 指数(D)和 Pielou 指数(Jh)的变化规律相近，先持续上升到[20,30)年达最大值后开始缓慢下降；Shannon-Wiener 指数(H')先略有小幅下降到[10,20)年，然后上升到[20,30)年之后又下降。④北坡向，小型城市遗存山体 Margalef 指数(R)先上升到[10,20)年达最大值，然后下降到[20,30)年与[0,10)年的水平基本持平后保持稳定；Simpson 指数(D)、Shannon-Wiener 指数(H')和 Pielou 指数(Jh)随遗存时间增长，其变化趋势一致，表现为先上升到[10,20)年达最大值，再下降到[20,30)年达最小值，然后又上升到接近[0,10)年的水平。中型城市遗存山体的 Margalef 指数(R)先快速上升到[10,20)年时达到最大值，然后直线缓慢下降；

Simpson 指数(D)和 Shannon-Wiener 指数(H')先缓慢上升到[10,20)年之后基本保持稳定;Pielou 指数(Jh)整体上表现为近直线缓慢上升趋势。大型城市遗存山体的 Margalef 指数(R)总体呈轻微波动下降趋势,但降幅不大;Simpson 指数(D)先升到[10,20),然后一直缓慢下降;Shannon-Wiener 指数(H')总体上有轻微波动上升趋势,但增幅不大;Pielou 指数(Jh)一直呈直线上升到[20,30)年达到最大值后下降。

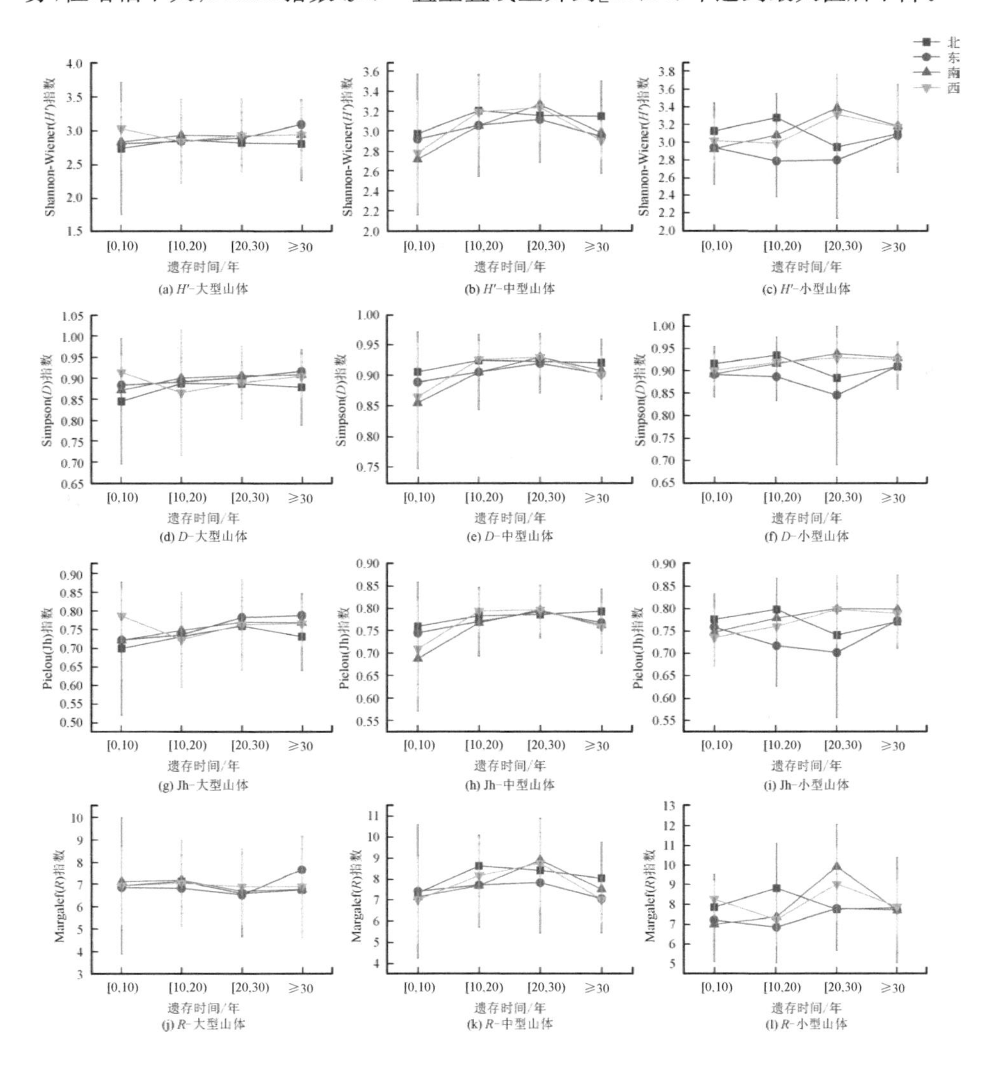

图 8-11　不同规模山体在各时段中各坡向植物群落总体植物物种多样性指数随时间的变化

对各遗存时段内不同规模城市遗存山体各坡向总体植物物种多样性进行方差分析,结果如图 8-12 所示。遗存时长为[0,10)年的不同规模城市遗存山体,相同坡向上物种多样性指数均没有显著差异。遗存时长为[10,20)年的不同规模城市

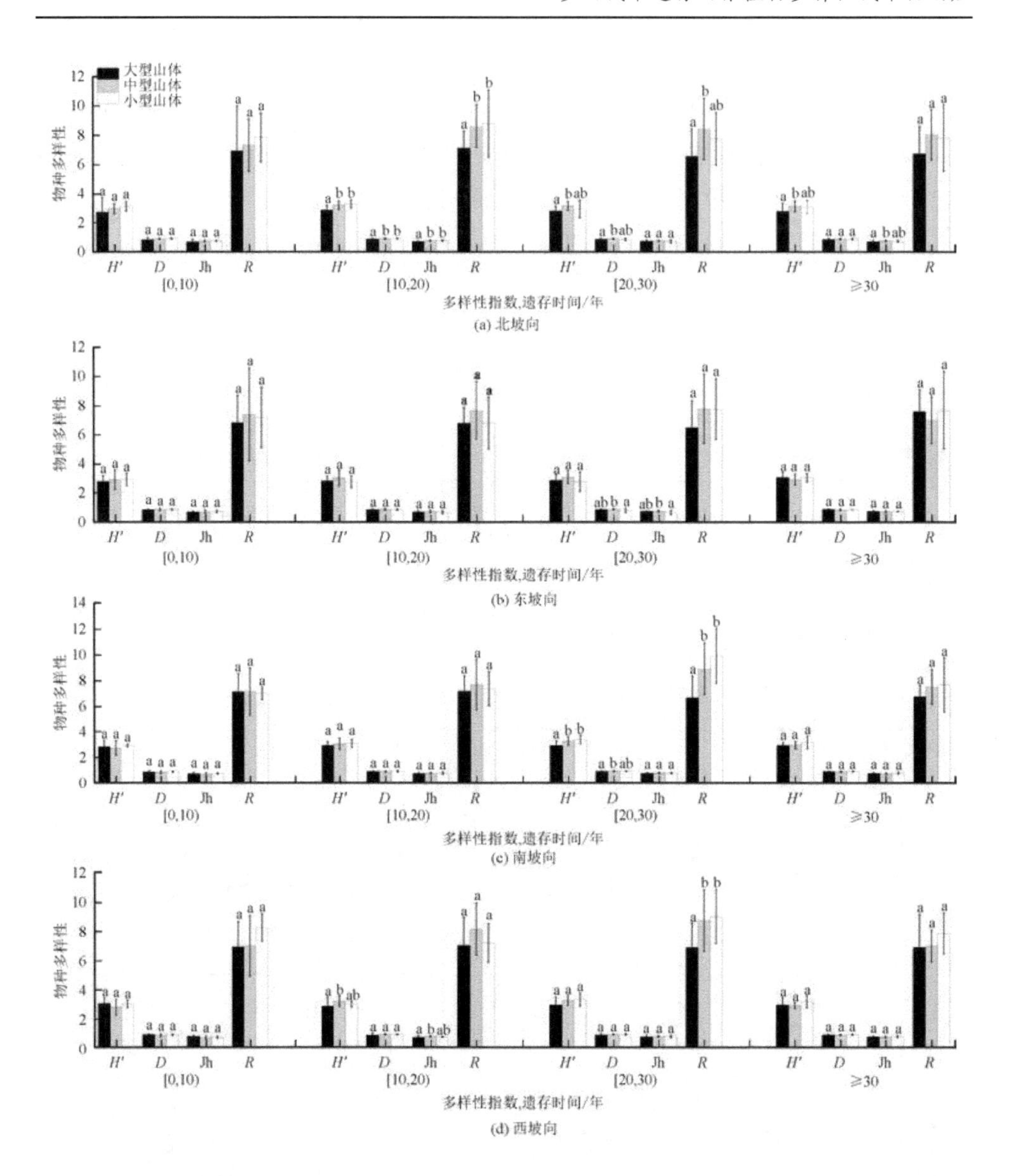

图 8-12 各遗存时段不同规模城市遗存山体各坡向总体植物物种多样性指数差异性分析

遗存山体中,东坡和南坡 4 个物种多样性指数均不存在显著差异;西坡 Shannon-Wiener 指数(H')和 Pielou 指数(Jh)差异显著,大型城市遗存山体显著低于中型和小型城市遗存山体;北坡 4 个物种多样性指数在不同规模城市遗存山体中差异显著,大型城市遗存山体的 4 个物种多样性指标均显著低于中型和小型城市遗存山体。遗存时长在[20,30)的不同规模城市遗存山体中,东坡 Simpson 指数(D)和 Pielou 指数(Jh)指数在小型和中型城市遗存山体间存在显著差异,小型城市遗存山体显著高于中型城市遗存山体；南坡 Margalef 指数（R）和 Shannon-Wiener 指数（H'）在不同规模城市遗存山体中的差异表现为大型山体显著小于中型和小型山体。西坡只有 Margalef 指数（R）在不同规模城市遗存山体间有显著差异，小型和中型山体大于大型山体。北坡 Simpson 指数（D）、Shannon-Wiener 指数（H'）和 Margalef 指数（R）在不同规模的城市遗存山体间差异显著，大型山体低于中型和小型山体。

8.4.2　城市遗存山体不同坡向样地群落乔木层物种多样性时间响应

城市遗存山体不同坡向上样地群落乔木层物种多样性指数在不同遗存时间的计算结果如图 8－13 所示。①东坡向，小型城市遗存山体 Margalef 指数（R）先持续上升到[20，30）年达到最大值后大幅下降到≥30 年达最小值；Simpson 指数（D）和 Shannon-Wiener 指数（H'）变化趋势一致，呈波动变化，先降低到[10，20）年后再上升到[20，30）年达峰值后再下降；Pielou 指数（Jh）变化趋势与 Simpson 指数（D）和 Shannon-Wiener 指数（H'）正好相反。中型城市遗存山体 Margalef 指数（R）整体呈小幅下降趋势；Simpson 指数（D）、Shannon-Wiener 指数（H'）和 Pielou 指数（Jh）变化趋势一致，先持续下降到[20，30）年后基本保持平稳。大型城市遗存山体 Margalef 指数（R）在波动中大幅上升；Simpson 指数（D）和 Shannon-Wiener 指数（H'）波动中总体上升；Pielou 指数（Jh）也呈波动中上升，但最大值出现在[0，10）年。②南坡向，小型城市遗存山体 Margalef 指数（R）、Simpson 指数（D）和 Shannon-Wiener 指数（H'）的变化趋势相近，一直上升到[20，30）年达峰值后下降；Pielou 指数（Jh）呈波动状下降趋势。中型城市遗存山体 Margalef 指数（R）、Simpson 指数（D）和 Shannon-Wiener 指数（H'）变化趋势，基本上表现为持续上升到[20，30）年达峰值后再下降；Pielou 指数（Jh）呈波动状下降趋势。大型城市遗存山体 Margalef 指数（R）和 Shannon-Wiener 指数（H'）持续上升到[20，30）年达峰值后再下降；Simpson 指数（D）先增大到[10，20）年基本保持稳定；Pielou 指数（Jh）先增大到[10，20）年后缓慢下降。③西坡向，小型城市遗存山体 4 个物种多样性指数先上升后下降，Margalef 指数（R）和 Pielou 指数（Jh）峰值出现在[10，20）年，Simpson 指数（D）和 Shannon-Wiener 指数（H'）峰值出现在[20，30）年。中型城市遗存山体 Margalef 指数（R）波动中略有下降；其余 3 个指数变化趋势相同，总体呈波动下降趋势。大型城市遗存山体 Margalef 指数（R）、Simpson 指数（D）和 Shannon-Wiener 指数（H'）均先下降后上升，最小值出现在[10，20）年；Pielou 指数（Jh）先缓慢增大到[20，30）年后下降。④北坡向，小型城市遗存山体

Margalef 指数(R)呈缓慢上升趋势；Simpson 指数(D)、Shannon-Wiener 指数(H')和 Pielou 指数(Jh)先大幅上升，到[10,20)年后开始下降。中型城市遗存山体 Margalef 指数(R)总体波动上升，[10,20)年出现最大值；Simpson 指数(D)和 Shannon-Wiener 指数(H')表现为升—降—升的变化动态，最大值在[10,20)年；Pielou 指数(Jh)整体上呈下降趋势。大型城市遗存山体 Margalef 指数(R)、Simpson 指数(D)和 Shannon-Wiener 指数(H')先大幅下降到[10,20)年后上升，Margalef 指数(R)和 Shannon-Wiener 指数(H')上升幅度相对较大，Simpson 指数(D)上升缓慢。

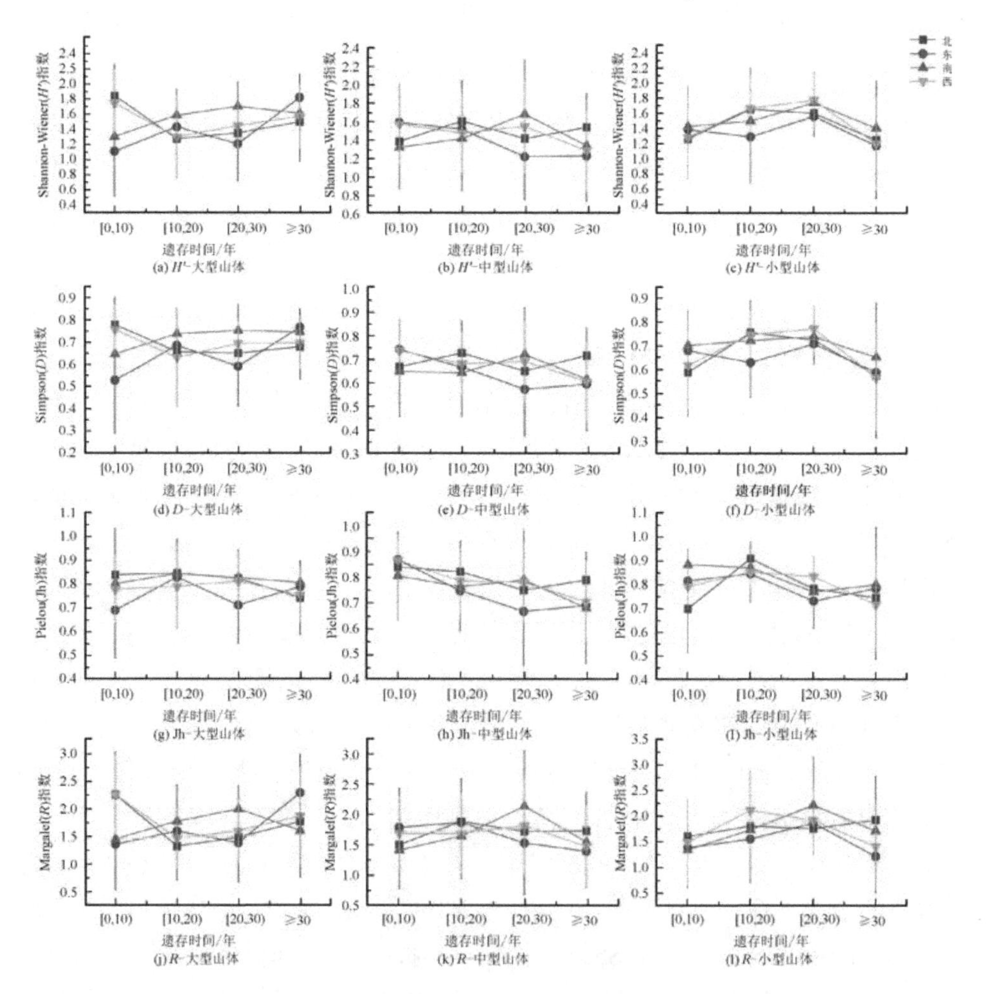

图 8-13　不同规模山体在各时段中各坡向乔木层物种多样性指数随时间的变化

图 8-14 为对各遗存时段内不同规模城市遗存山体各坡向乔木层物种多样性方差分析的结果。遗存时间[0,10)年的不同规模城市遗存山体中，相同坡向上不

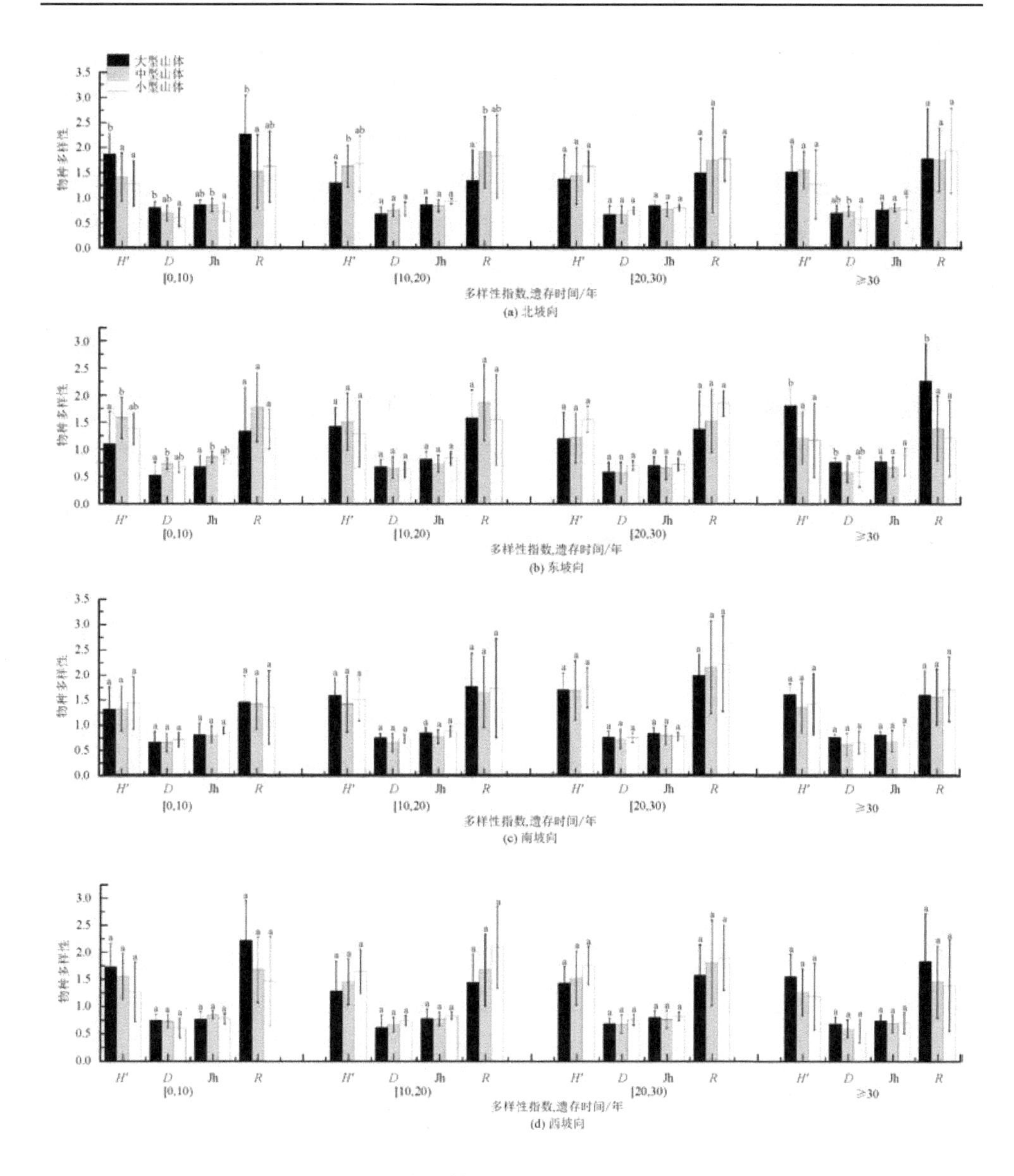

图 8-14　不同时段入城的各规模山体在各坡向的乔木层物种多样性指数差异性分析

同规划山体间乔木层物种多样性差异性表现为:东坡 Simpson 指数(D)、Shannon-Wiener 指数(H')和 Pielou 指数(Jh)有差异,大型山体显著小于小型和中型山体;南坡和西坡物种多样性指数均无山体规模上的显著差异;北坡 Margalef 指数(R)、Simpson 指数(D)和 Shannon-Wiener 指数(H')存在山体规模上的显著差异性,总体表现为大型山体高于中型或小型山体。遗存时长[10,20)年的城市遗存山体相同坡向上乔木层物种多样性的山体规模差异为:东坡、南坡和西坡各物种多样性指数均无山体规模上的显著差异性，只有北坡的 Margalef 指数（R）和 Shannon-Wiener 指数（H'）表现为大型山体显著小于中型和小型山体。遗存时长[20，30）年的山体各坡向乔木层物种多样性指数均没有表现出山体规模显著差异性。遗存时长≥30 年的山体中，东坡 Margalef 指数（R）和 Simpson 指数（D）存在山体规模上的显著差异性，南坡和西坡各物种多样性指数均无山体规模上的显著差异性，北坡的 Simpson 指数（D）存在山体规模上的显著差异。

8.4.3 城市遗存山体不同坡向样地群落灌木层物种多样性时间响应

城市遗存山体不同坡向上样地群落灌木层物种多样性指数在不同遗存时间的计算结果如图 8－15 所示。①东坡向。小型城市遗存山体灌木层 4 个多样性指数随遗存时间的增加变化趋势基本一致，均表现为降—升—降。中型城市遗存山体 Margalef 指数（R）、Simpson 指数（D）和 Shannon-Wiener 指数（H'）先缓慢上升到[20，30）年达最大值后开始下降；Pielou 指数（Jh）先降到[10，20）年后稳定，至[20，30）年后上升。大型城市遗存山体 Margalef 指数（R）表现为降—升—降的变化趋势；Simpson 指数（D）和 Shannon-Wiener 指数（H'）先上升到[10，20）年达最大值后，[20，30）年大幅下降。②南坡向。小型城市遗存山体 4 个多样性指数的变化趋势基本相似，都表现为先持续上升到[20，30）年达最大值后开始下降，但不同的指标之间的增幅和降幅不同，Margalef 指数（R）增降幅最大、Shannon-Wiener 指数（H'）次之；Pielou 指数（Jh）先略有上升到[10，20）年达最大值后缓慢降低。中型城市遗存山体 Margalef 指数（R）和 Shannon-Wiener 指数（H'）先持续上升到[20，30）年达最大值后大幅下降；Simpson 指数（D）上升到[10，20）年后保持稳定，从[20，30）年后开始缓慢下降。大型城市遗存山体 Margalef 指数（R）和 Shannon-Wiener 指数（H'）先上升到[10，20）年后缓慢下降；Simpson 指数（D）先总体略上升到[20，30）年后开始下降。③西坡向。小型城市遗存山体 Margalef 指数（R）、Shannon-Wiener 指数（H'）和 Pielou 指数（Jh）整体上呈降—升—降的变化趋势，Shannon-Wiener 指数（H'）的变化幅度最大，Pielou 指数（Jh）变化幅度最小；Simpson 指数（D）变化不明显。中型城市遗存山体 Margalef 指数（R）、Simpson 指数（D）和 Shannon-Wiener 指数（H'）变化趋势相近，都表现为先上升到[20，30）年达最大值后开始下降；Pielou 指数（Jh）总体呈波动下降趋势。④北坡向。小型城市遗存山体 Margalef 指数（R）先升后降，在[10，20）年达最大值；Simpson 指数（D）变化不明显；Shannon-Wiener 指数（H'）和 Pielou 指数（Jh）先缓慢上升，直到[20，30）年达最大值后缓慢下降。中型城市遗存山体 Margalef 指数（R）、Simpson

指数(D)和 Shannon-Wiener 指数(H')总体上表现为升—降—升的变化趋势；Pielou 指数(Jh)先持续缓慢下降到[20,30)年后缓慢上升。大型城市遗存山体 Margalef 指数(R)、Simpson 指数(D)和 Shannon-Wiener 指数(H')均表现为先上升到[10,20)年达最大值后持续下降；Pielou 指数(Jh)先缓慢上升直到[20,30)年达最大值后大幅下降。

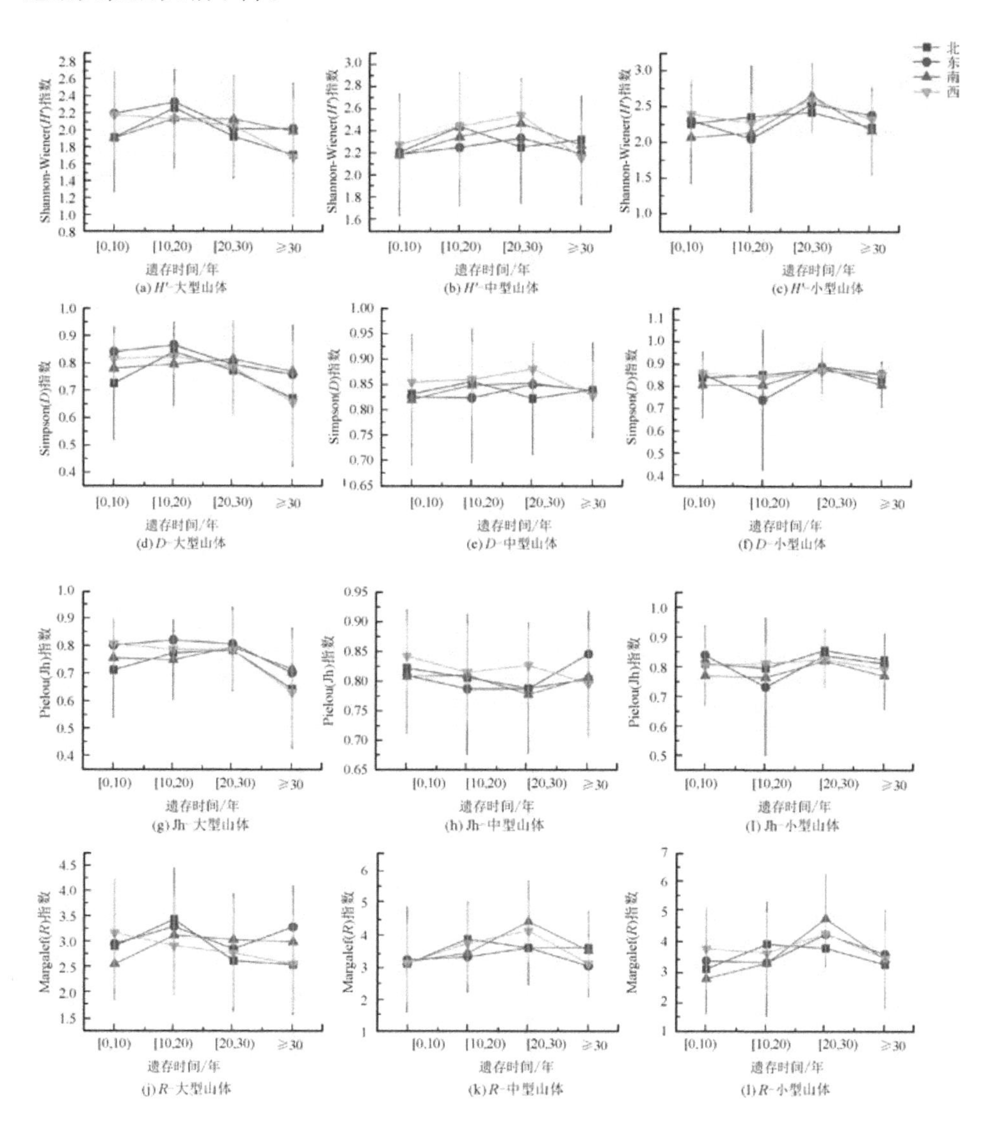

图 8-15　各时段不同规模山体各坡向灌木层物种多样性指数随时间的变化

图 8-16 为对各遗存时段内不同规模城市遗存山体各坡向灌木层物种多样性的方差分析结果。遗存时间[0,10)年和[10,20)年的不同规模城市遗存山体中，相同坡向上不同规模山体间灌木层物种多样性差异性不显著。遗存时间[20,30)年的城市遗存山体中表现为：东坡 Margalef 指数(R)、Simpson 指数(D)和 Shannon-Wiener 指数(H')存在不同规模上的显著差异性，大型山体均小于中型或小型山体；南坡 Margalef 指数(R)和 Shannon-Wiener 指数(H')存在山体规模差异显著性，大型山体小于中型和小型山体；西坡 Margalef 指数(R)、Simpson 指数(D)和

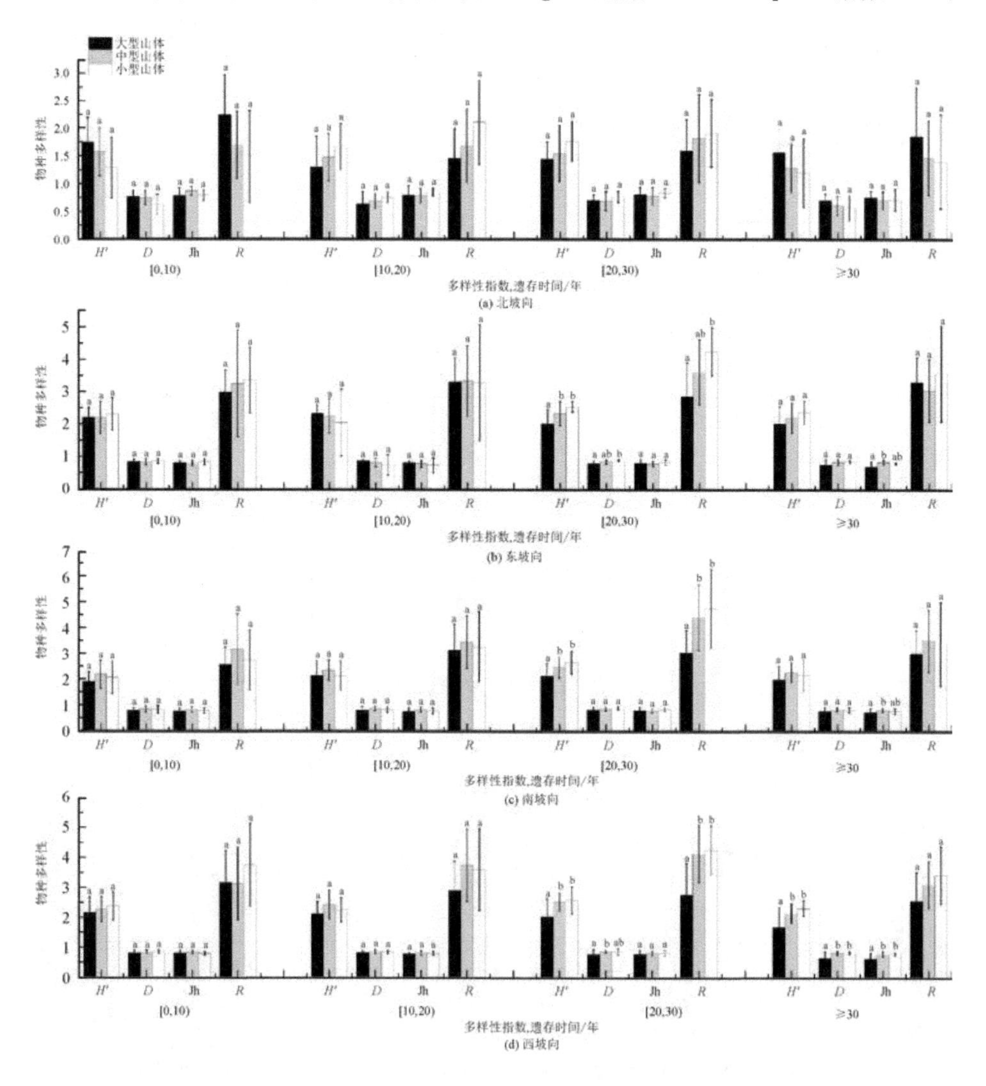

图 8-16　不同时段入城的各规模山体在各坡向的灌木层物种多样性指数差异性分析

Shannon-Wiener 指数(H')也是大型遗存山体显著小于中型和小型遗存山体;北坡4个多样性指标均不存在山体规模上的差异显著性。遗存时间≥30年的不同规模城市遗存山体相同坡向的灌木物种多样性差异表现为:东坡和南坡 Pielou 指数(Jh)存在山体规模上的显著差异;西坡 Simpson 指数(D)、Shannon-Wiener 指数(H')和 Pielou 指数(Jh)存在山体规模上的显著差异性;北坡4个多样性指标均不存在山体规模上的差异显著性。

8.4.4 城市遗存山体不同坡向样地群落草本层物种多样性时间响应

城市遗存山体不同坡向上样地群落草本层物种多样性指数在不同遗存时间的计算结果如图8-15所示。①东坡向。小型城市遗存山体的 Margalef 指数(R)、Shannon-Wiener 指数(H')和 Pielou 指数(Jh)变化趋势基本相似,随着遗存时间增加先持续下降到[20,30)年达最小值后,又有所上升,各指标的变化幅度略有差别;Simpson 指数(D)表现为先缓慢上升到[10,20)年,然后大幅下降至[20,30)年后又大幅上升。中型城市遗存山体 Margalef 指数(R)整体上稳中略有下降;其余3个物种多样性指数均呈波动变化趋势,即降—升—降的状态,且升降幅度都比较小。大型城市遗存山体 Margalef 指数(R)和 Shannon-Wiener 指数(H')先下降到[10,20)年后持续直线上升;Simpson 指数(D)先保持稳定,直到[20,30)年后缓慢上升;Pielou 指数(Jh)不同时段以不同幅度持续上升。②南坡向。小型城市遗存山体 Margalef 指数(R)先缓升再快升到[20,30)年达最大值后大幅下降;Simpson 指数(D)和 Shannon-Wiener 指数(H')上升到[10,20)年后基本保持稳定;Pielou 指数(Jh)总体上持续上升,但不同时段增幅不同。中型城市遗存山体4个物种多样性指数变化趋势相似,先持续上升到[20,30)年后大幅下降。大型城市遗存山体 Margalef 指数(R)呈不同幅度下降趋势;Simpson 指数(D)和 Shannon-Wiener 指数(H')先大幅下降到[10,20)年后持续缓慢上升;Pielou 指数(Jh)总体上持续上升至[20,30)年后缓慢下降。③西坡向。小型城市遗存山体 Margalef 指数(R)大幅下降至[10,20)年达最小值后大幅上升到[20,30)年,后又小幅下降;Simpson 指数(D)先上升到[10,20)年后一直保持稳定状态;Shannon-Wiener 指数(H')表现为稳—缓升—缓降的变化趋势;Pielou 指数(Jh)不同时段以不同幅度持续上升。中型城市遗存山体4个物种多样性指数变化规律一致,先持续上升到[20,30)年后下降,只是不同指数间的变化幅度有所不同。大型城市遗存山体 Margalef 指数(R)先下降到[10,20)年后基本保持稳定状态;其余3个物种多样性指数都呈先下降到[10,20)年后持续增加的变化态势,各指数变化幅度有所不同。④北坡向。小型城市遗存山体 4 个物种多样性指数变化规律统一为缓升一降一升趋势；中型城市遗存山体 Margalef 指数(R)持续以不同幅度增长；其余 3 个指数在轻微波动中总体呈缓慢上升状态。大型城市遗存山体 Margalef 指数(R)、Simpson 指数(D)和 Shannon-Wiener 指数(H')总体上略呈上升趋势；Pielou 指数(Jh)表现为缓降—升—缓降的变化趋势。

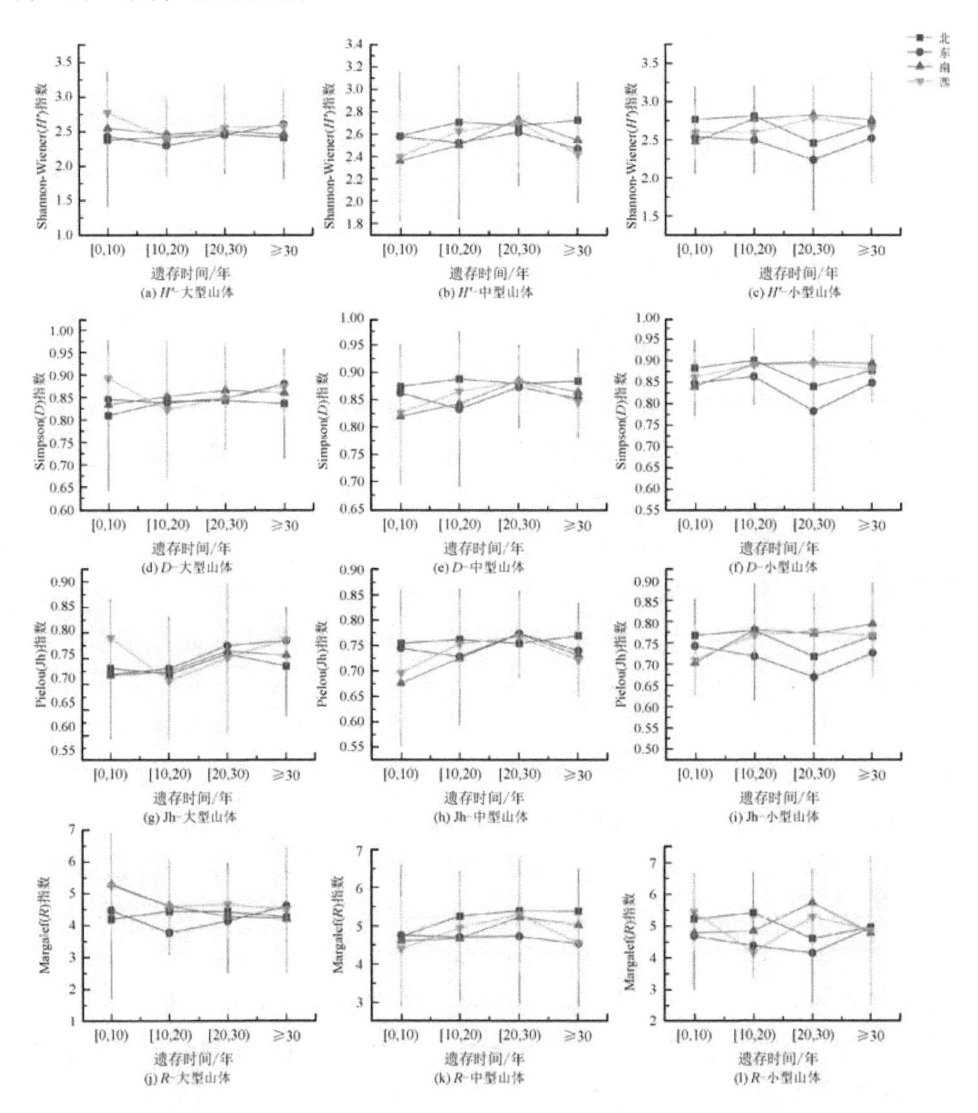

图 8-17　各时段不同规模山体各坡向草本层物种多样性指数随时间的变化

图 8-18 为对各遗存时段内不同规模城市遗存山体各坡向草本层物种多样性

的方差分析结果。遗存时间[0,10)年的城市遗存山体各坡向草本层物种多样性指数不存在山体规模上的显著差异。遗存时间[10,20)年的城市遗存山体各坡向草本层物种多样性指数在山体规模上的差异性表现为：仅北坡的 Simpson 指数(D)、Shannon-Wiener 指数(H')和 Pielou 指数(Jh)存在山体规模上的差异显著性，大型山体显著低于中型和小型山体。遗存时间[20,30)年各坡向物种多样性指数的山体规模差异表现为：东坡 Pielou 指数(Jh)有显著差异，中型山体最大；南坡 Mar-

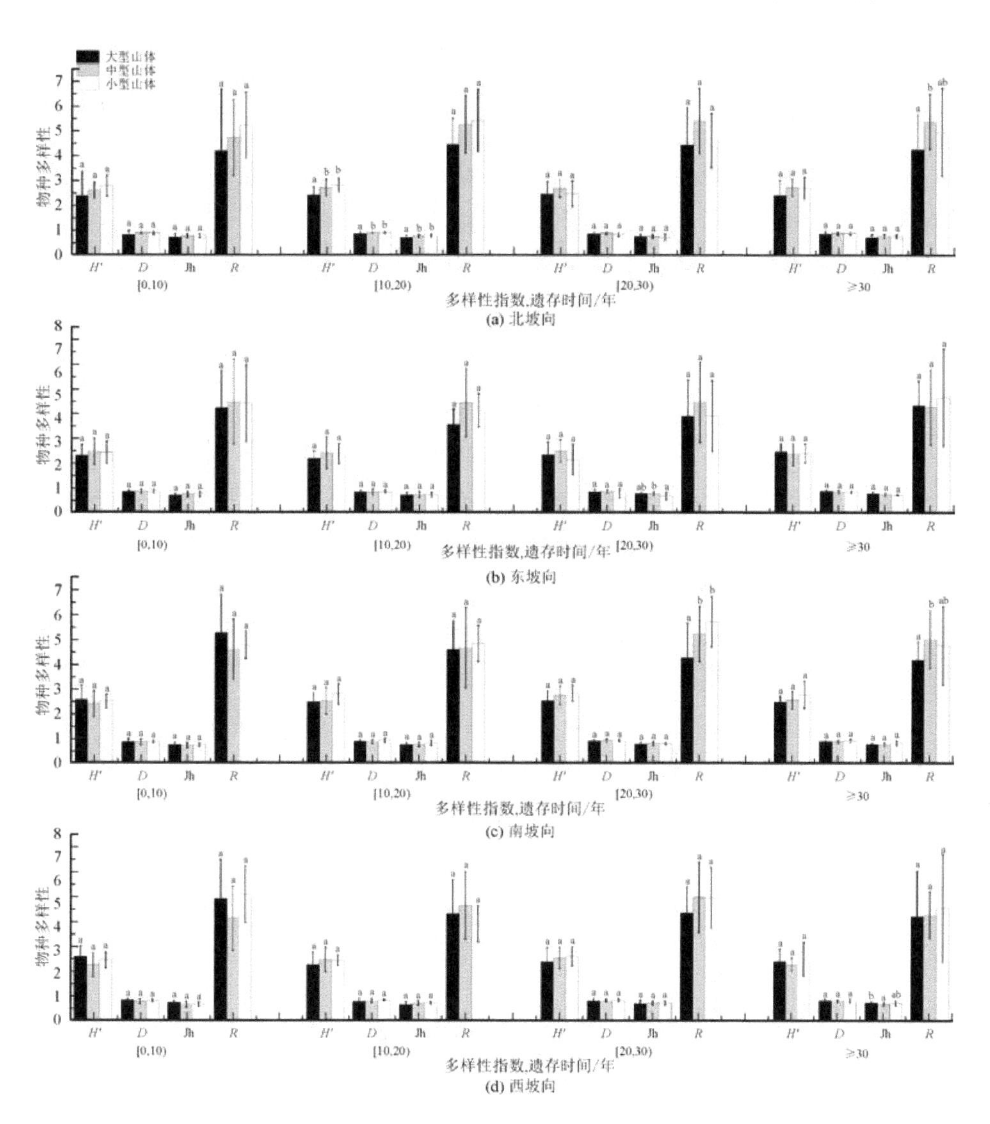

图 8－18　不同时段入城的各规模山体在各坡向的草本层物种多样性指数差异性分析

galef 指数(R)表现为大型山体显著最小;其他坡向上各草本层物种多样性山体规模间差异不显著。遗存时间≥30 年的山体中,东坡各物种多样性指数无山体规模差异显著性;南坡 Margalef 指数(R)在大型山体中显著最小;西坡 Pielou 指数(Jh)差异显著性表现为大型山体最小 ;北坡 Margalef 指数(R)存在显著差异。

8.5 城市遗存山体不同坡位样地群落物种多样性的时间效应

8.5.1 城市遗存山体各坡位样地群落总体植物物种多样性的时间响应

各遗存时间不同规模城市遗存山体各坡位样地群落总体植物物种多样性的测算结果如图 8－19 所示。各坡位不同规模城市遗存山体样地群落总体植物物种多样性指数随遗存时间的变化规律如下。①山顶。小型城市遗存山体 Margalef 指数(R)呈降—升—降的变化趋势;Simpson 指数(D)和 Pielou 指数(Jh)呈升—缓降—缓升的变化趋势;Shannon-Wiener 指数(H')先持续直线上升到[20,30)年后缓慢上升。中型城市遗存山体 4 个物种多样性指数总体上表现出持续上升到[20,30)年达最大值后下降,各指数不同时段的变化幅度有差别。大型城市遗存山体 4 个物种多样性指数的总体变化趋势相近,表现为降—升—升的状态,Margalef 指数(R)和 Simpson 指数(D)的变化幅度较小。②山腰。小型城市遗存山体由于体量较小未设置山腰样地。中型城市遗存山体 4 个物种多样性指数表现为升—缓升—降的相一致变化趋势。大型城市遗存山体 Margalef 指数(R)先上升到[10,20)年达最大值后一直直线下降;其余 3 个指数先持续上升到[20,30)年达最大值后开始下降。③山脚。小型城市遗存山体 Margalef 指数(R)先上升到[10,20)年达最大值后持续下降;其余 3 个多样性指数变化规律相近,呈升—降—升趋势,不同指数的变化幅度有差异。中型城市遗存山体 4 个物种多样性指数的变化趋势基本一致,先不同幅度上升到[20,30)年达最大值后下降。大型城市遗存山体 Margalef 指数(R)先不同幅度下降到[20,30)年达最小值后上升;Simpson 指数(D)和 Shannon-Wiener 指数(H')总体上呈波动上升趋势;Pielou 指数(Jh)以不同幅度持续上升。

图 8－20 为对各遗存时段内不同规模城市遗存山体各坡位样地群落总体植物物种多样性方差分析结果。遗存时间[0,10)年各坡位总体植物物种多样性指数不存在山体规模上的显著差异性。遗存时间[10,20)年的山体,山顶 4 个物种多样性指数均表现为大型遗存山体显著最低;山腰处物种多样性指数在不同规模山体间

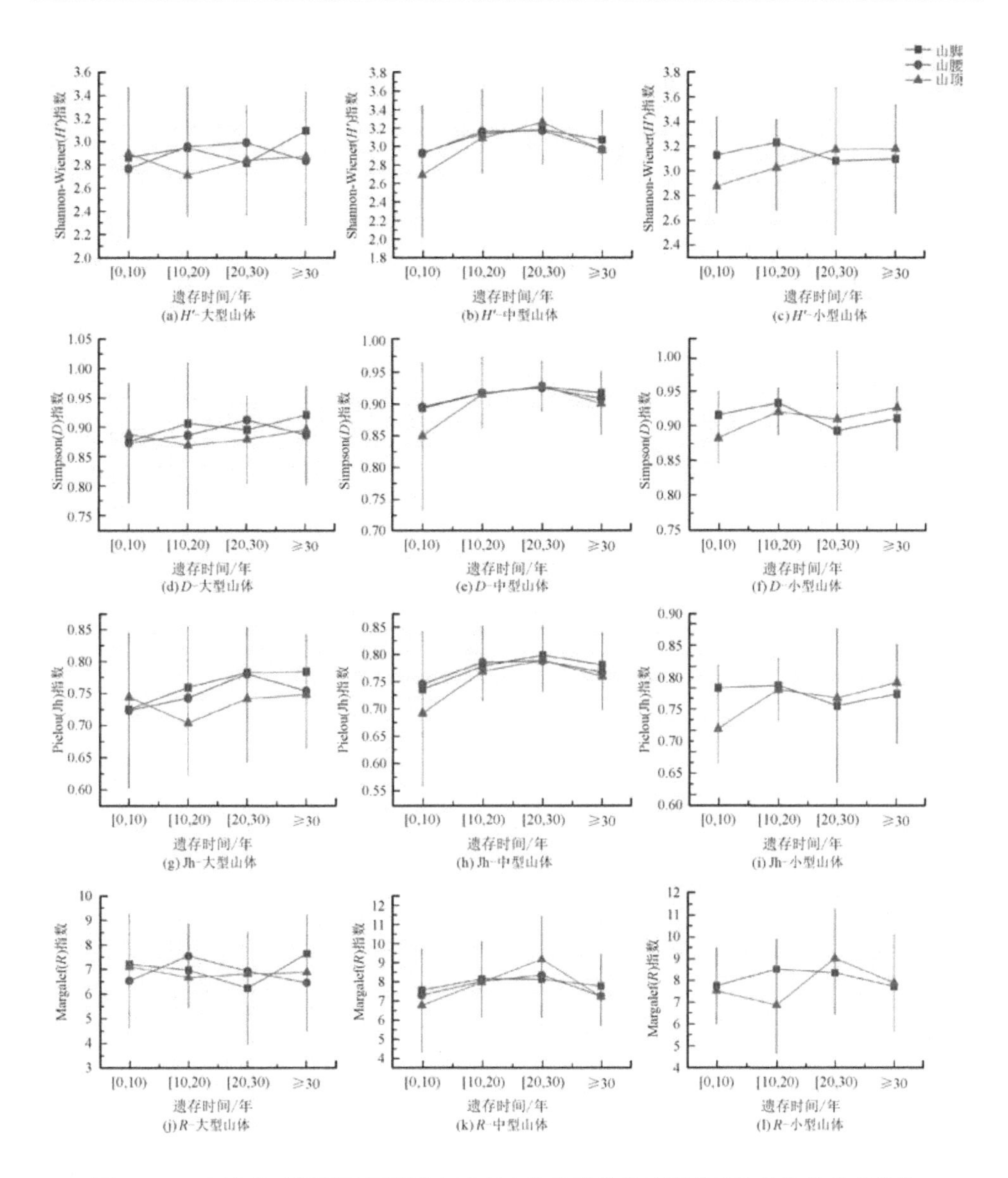

图 8－19　各遗存时间不同规模城市遗存山体各坡位样地群落总体植物物种多样性

的差异性不显著；山脚处 Margalef 指数(R)表现出山体规模间的差异显著性，且大型山体显著最小。遗存时间[20,30)年的山体，山顶 Margalef 指数(R)、Simpson 指数(D)和 Shannon-Wiener 指数(H')存在山体规模间的差异显著性，大型山体最低；山腰处物种多样性指数在不同规模山体间的差异性也不显著；山脚 Margalef 指数(R)和 Shannon-Wiener 指数(H')存在山体规模间的差异显著性。遗存时间(≥30)年的山体中,山顶 Shannon-Wiener 指数(H')存在山体规模间的差异显著性,大型山体最低;山脚处 4 个多样性指数均无山体规模间显著差异性。

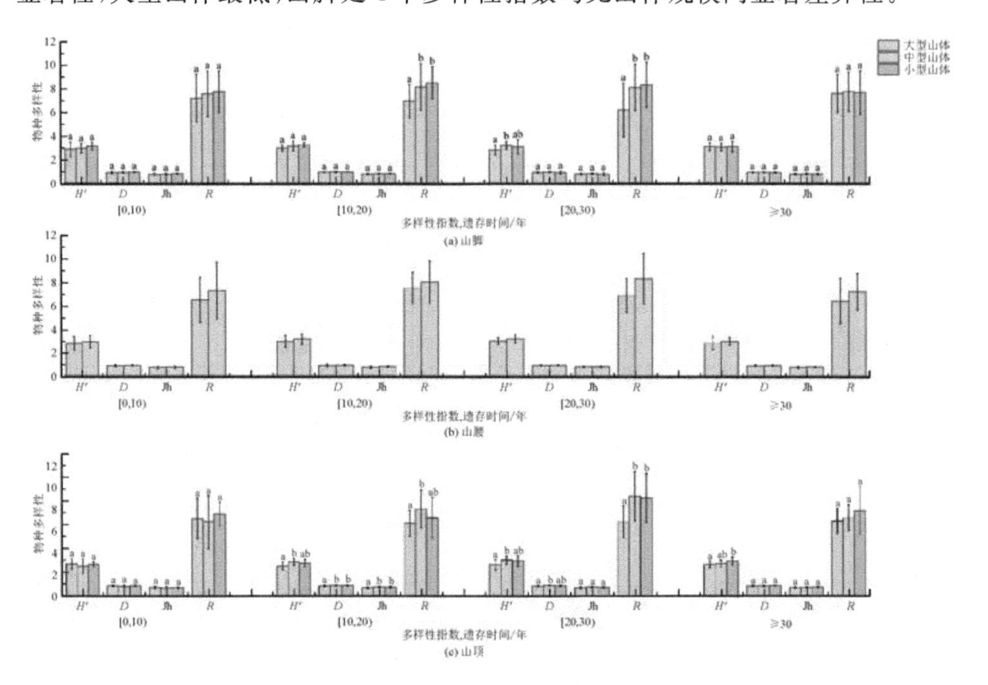

图 8-20　不同时段入城的各规模山体在各坡位的植物群落总体物种多样性指数差异性分析

8.5.2　城市遗存山体各坡位样地群落乔木层物种多样性的时间响应

城市遗存山体不同坡位上样地群落乔木层物种多样性指数在不同遗存时间的计算结果如图 8-21 所示。各坡位不同规模城市遗存山体样地群落乔木层物种多样性指数随遗存时间的变化规律如下。①山顶。小型城市遗存山体 Margalef 指数(R)、Simpson 指数(D)和 Shannon-Wiener 指数(H')变化趋势相同,先升后降,最大值出现在[20,30)年;Pielou 指数(Jh)先升后降,但最大值出现在[10,20)年。中型城市遗存山体 Margalef 指数(R)、Simpson 指数(D)和 Shannon-Wiener 指数(H')变化趋势与小型城市遗存山体相同,其中 Margalef 指数(R)变化幅度大,而 Simpson 指数(D)和 Shannon-Wiener 指数(H')变化幅度小;Pielou 指数(Jh)一直表现为不同幅度下降趋势。大型城市遗存山体 Margalef 指数(R)和 Shannon-Wiener 指数(H')呈降—缓升—缓降的复杂趋势;Simpson 指数(D)一直缓慢上升到[20,30)年后缓慢下降;Pielou 指数(Jh)先升后降,最大值出现在[10,20)年。②山腰。中型城市遗存山体 Margalef 指数(R)先升后降,最大值出现在[10,20)

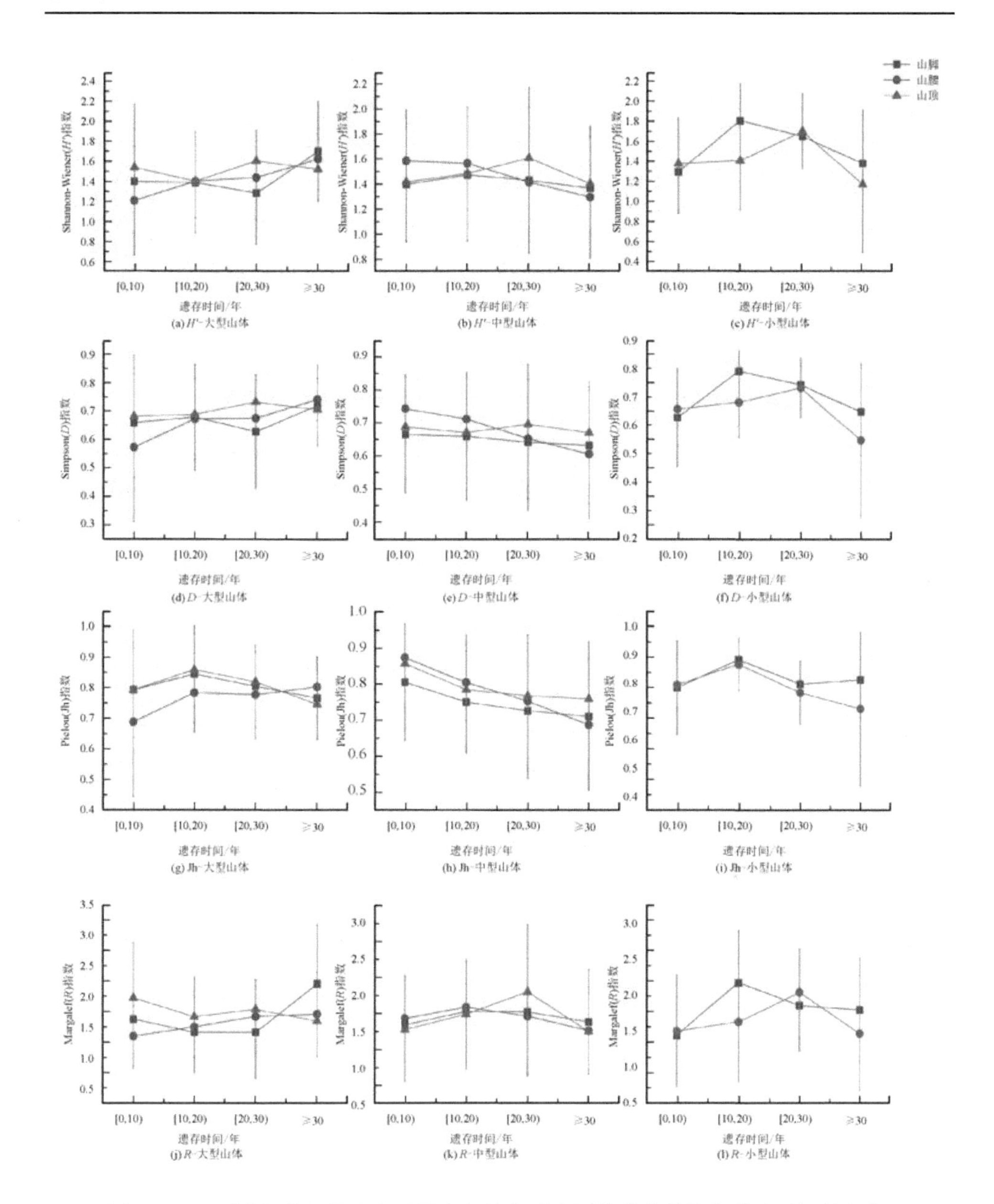

图 8-21　不同规模山体在各时段中各坡位乔木层物种多样性指数随时间的变化

年;其余 3 个多样性指数整体上呈不同幅度下降趋势。大型城市遗存山体 4 个多样性指数大体上均呈不同幅度缓慢上升趋势。③山脚。小型城市遗存山体 Margalef 指数(R)、Simpson 指数(D)和 Shannon-Wiener 指数(H')表现为先升后降,最大值出现在[10,20)年,Pielou 指数(Jh)表现为升—降—缓升的变化趋势。中型城市遗存山体 Margalef 指数(R)表现为升—平—降的变化趋势,其余 3 个多样性指数总体上呈下降趋势。大型城市遗存山体 Margalef 指数(R)表现为缓降—平—快升的变化趋势;Simpson 指数(D)呈微升—降—升的变化趋势;Shannon-Wiener 指数(H')持续下降到[20,30)年后大幅上升;Pielou 指数(Jh)先升后降,最大值出现在[10,20)年。

图 8-22 对各遗存时段内不同规模城市遗存山体各坡位样地群落乔木层植物物种多样性方差分析结果。遗存时间[0,10)年的城市遗存山体中,山顶和山脚处样地群落乔木层物种多样性指数均无山体规模上的差异显著性。遗存时间[10,20)年的城市遗存山体中,山顶处各物种多样性指数无山体规模上的差异显著性;山脚处 Margalef 指数(R)和 Pielou 指数(Jh)存在山体规模上的差异显著性。遗存时间[20,30)年的山体中,山顶和山脚处乔木层各物种多样性指数均不存在山体规模上的差异显著性。遗存时间≥30 年的山体中,山顶处 Simpson 指数(D)大型山体显著最大,其他多样性指数无山体规模上的差异显著性;山脚处 Margalef 指数(R)和 Shannon-Wiener 指数(H')存在山体规模上的差异显著性。

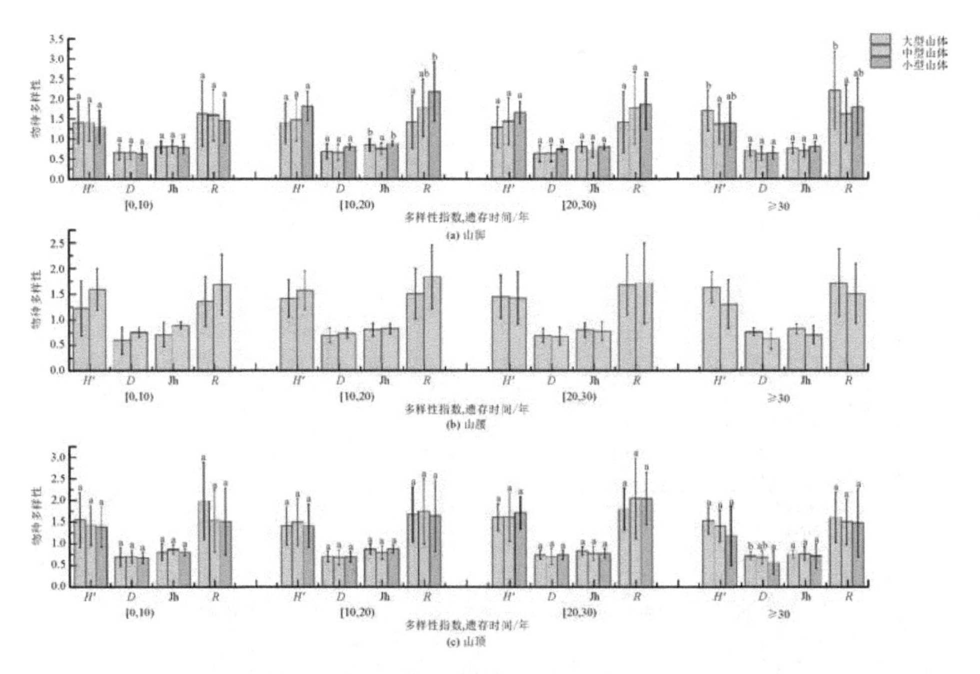

图 8-22　不同遗存时长各坡位的乔木层物种多样性指数山体规模差异性分析

8.5.3　城市遗存山体各坡位样地群落灌木层物种多样性的时间响应

各遗存时间不同规模城市遗存山体各坡向样地群落灌木层物种多样性的测算结果如图 8 - 23 所示。各坡位不同规模城市遗存山体样地群落灌木层物种多样性指数随遗存时间的变化规律如下。①山顶。小型城市遗存山体 4 个物种多样性指数变化趋势一致，表现为降—升—降的变化规律，且变化幅度都较大；中型城市遗

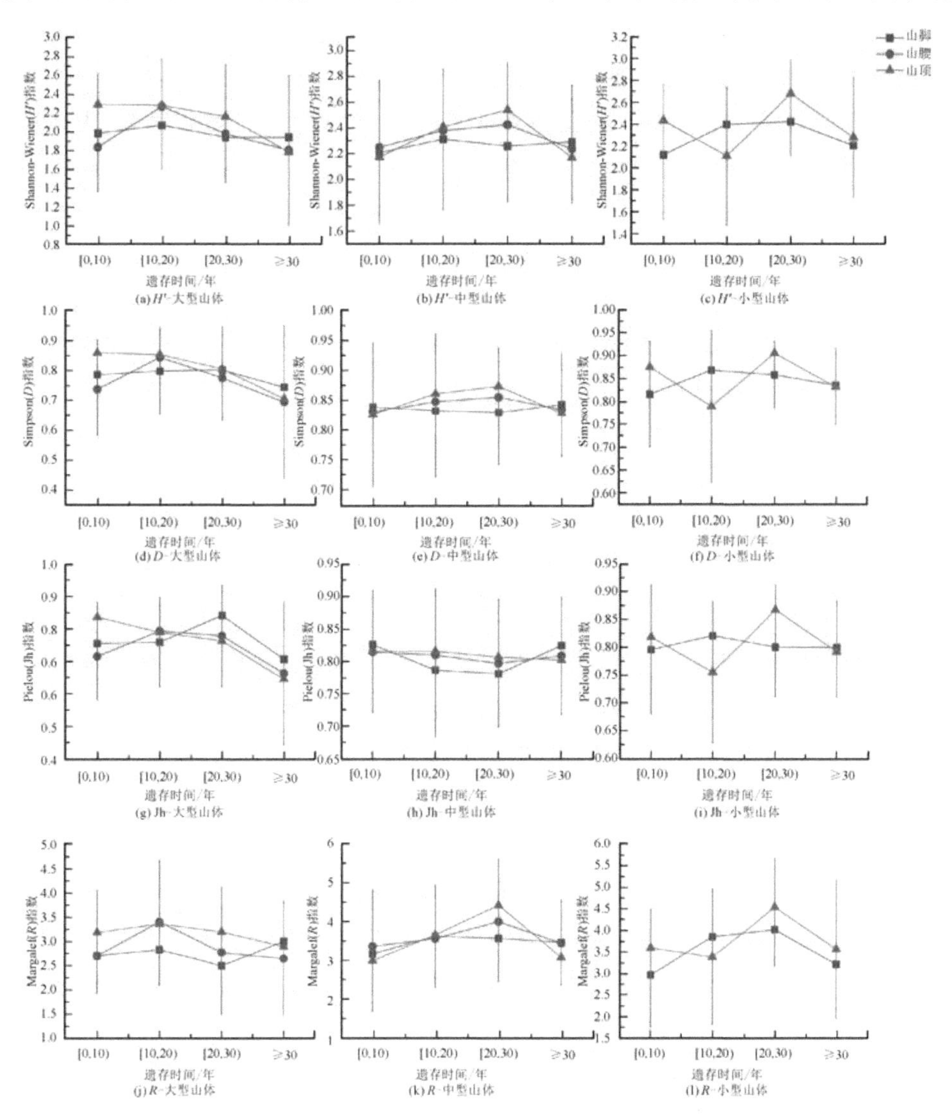

图 8 - 23　不同规模山体在各时段中各坡位灌木层物种多样性指数随时间的变化

存山体 Margalef 指数(R)、Simpson 指数(D)和 Shannon-Wiener 指数(H')先持续上升到[20,30)年达最大值后大幅下降,其中 Simpson 指数(D)的上升幅度较小;Pielou 指数(Jh)总体上呈不同幅度下降趋势。大型城市遗存山体 Margalef 指数(R)先小幅上升后呈不同幅度下降趋势;Simpson 指数(D)、Shannon-Wiener 指数(H')和 Pielou 指数(Jh)总体上呈不同幅度下降趋势。②山腰。中型城市遗存山体 Margalef 指数(R)、Simpson 指数(D)和 Shannon-Wiener 指数(H')先持续上升到[20,30)年达最大值后下降;Pielou 指数(Jh)总体上呈不同幅度下降趋势。大型城市遗存山体 4 个多样性指数均先上升到[10,20)年达最大值,然后呈不同幅度持续下降趋势。③山脚。小型城市遗存山体 Margalef 指数(R)和 Shannon-Wiener 指数(H')先不同幅度上升到[20,30)年达最大值后下降;Simpson 指数(D)和 Pielou 指数(Jh)先上升到[10,20)年后,以不同幅度缓慢下降。中型城市遗存山体 Margalef 指数(R)先上升到[10,20)年后,以小幅度直线下降;Simpson 指数(D)和 Pielou 指数(Jh)表现为不同幅度下降到[20,30)年达最小值后上升,Pielou 指数(Jh)的变化幅度全程大于 Simpson 指数(D)。大型城市遗存山体 Margalef 指数(R)和 Shannon-Wiener 指数(H')变化趋势基本相近,先微升后缓降,然后 Margalef 指数(R)大幅上升、Shannon-Wiener 指数(H')略有上升;Simpson 指数(D)持续微弱上升到[20,30)年后下降;Pielou 指数(Jh)先不同幅度上升,到[20,30)年达最大值后大幅下降。

图 8-24 为对各遗存时段内不同规模城市遗存山体各坡位样地群落灌木层物种多样性方差分析结果。遗存时间[0,10)年的山体中,除山脚处 Pielou 指数(Jh)存在山体规模间的差异显著性外,其他各坡位灌木层物种多样性指数均不存在山体规模间的差异显著性。遗存时间[10,20)年的山体中,山顶处 Simpson 指数(D)、Shannon-Wiener 指数(H')和 Pielou 指数(Jh)存在山体规模间的差异显著性;山脚处仅 Margalef 指数(R)存在山体规模上的差异显著性。遗存时间[20,30)年的山体中,山顶处各物种多样性指数均表现出大型山体显著小于中型和小型山体;山脚处 Margalef 指数(R)、Shannon-Wiener 指数(H')和 Pielou 指数(Jh)存在山体规模上的差异显著性。遗存时间≥30 年的山体中,山顶和山脚处 Simpson 指数(D)、Shannon-Wiener 指数(H')和 Pielou 指数(Jh)存在山体规模上的差异显著性。

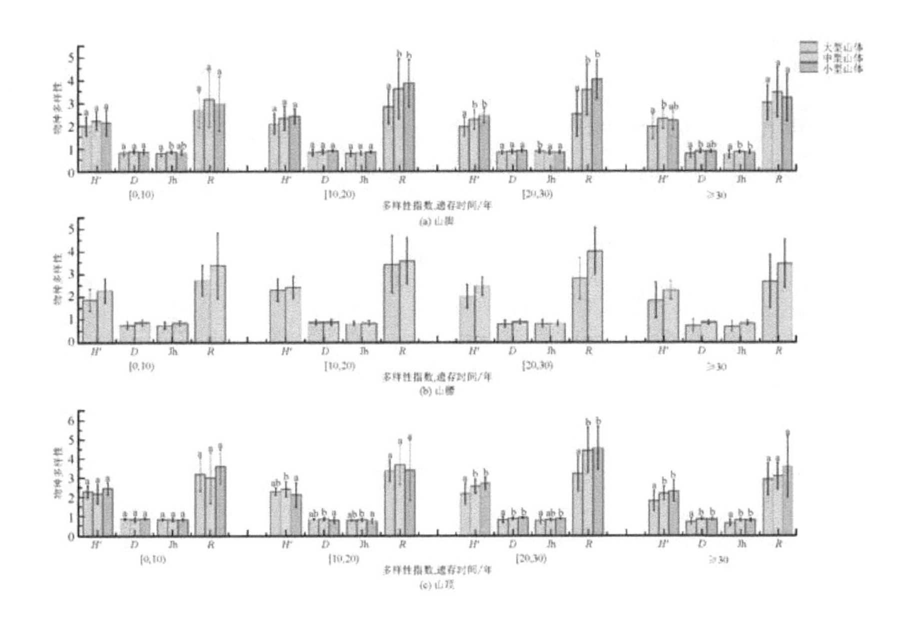

图 8－24　不同遗存时长各坡位的灌木层物种多样性指数山体规模差异性分析

8.5.4　城市遗存山体各坡位样地群落草本层物种多样性的时间响应

各遗存时间不同规模城市遗存山体各坡位样地群落草本层物种多样性的测算结果如图 8－25 所示。各坡位不同规模城市遗存山体样地群落草本层物种多样性指数随遗存时间的变化规律如下。①山顶。小型城市遗存山体 Margalef 指数（*R*）总体上呈缓降—升—缓降的变化趋势；Simpson 指数（*D*）和 Pielou 指数（Jh）的变化趋势为升—缓降—升；Shannon-Wiener 指数（H'）一直表现为不同幅度上升趋势。中型城市遗存山体 4 个多样性指数变化规律一致，即持续上升到[20，30）年达最大值后下降。大型城市遗存山体 4 个多样性指数的变化趋势相近，表现为先降到[10，20）年达最低值后持续以不同幅度上升。②山腰。中型城市遗存山体 Margalef 指数（*R*）、Simpson 指数（*D*）和 Pielou 指数（Jh）变化趋势相近，先缓慢上升到[20，30）年达最大值后又缓慢下降；Shannon-Wiener 指数（H'）上升到[10，20）年后保持稳定，到[20，30）年后又缓慢下降。大型城市遗存山体 Margalef 指数（*R*）一直以不同幅度持续下降；其余 3 个指数变化趋势相近，先缓降到[10，20）年，然后上升到[20，30）年达到最大值，而后又呈下降趋势。③山脚。小型城市遗存山体山顶 Margalef 指数（*R*）持续以不同幅度下降到[20，30）年后又缓慢上升；Simpson 指数（*D*）、Shannon-Wiener 指数（H'）和 Pielou 指数（Jh）为先缓慢上升到[10，20）年，后大幅度下降到[20，30）年，然后又以不同的幅度上升。中型城市遗存山体

Margalef 指数(R)基本保持稳定状态;Simpson 指数(D)、Shannon-Wiener 指数(H')和 Pielou 指数(Jh)先持续上升到[20,30)年达最大值后缓慢下降。大型城市遗存山体 Margalef 指数(R)和 Shannon-Wiener 指数(H')先缓慢下降到[10,20)年后基本保持稳定,到[20,30)年,然后以不同幅度上升。Simpson 指数(D)总体上呈波动上升趋势;Pielou 指数(Jh)一直呈上升趋势。

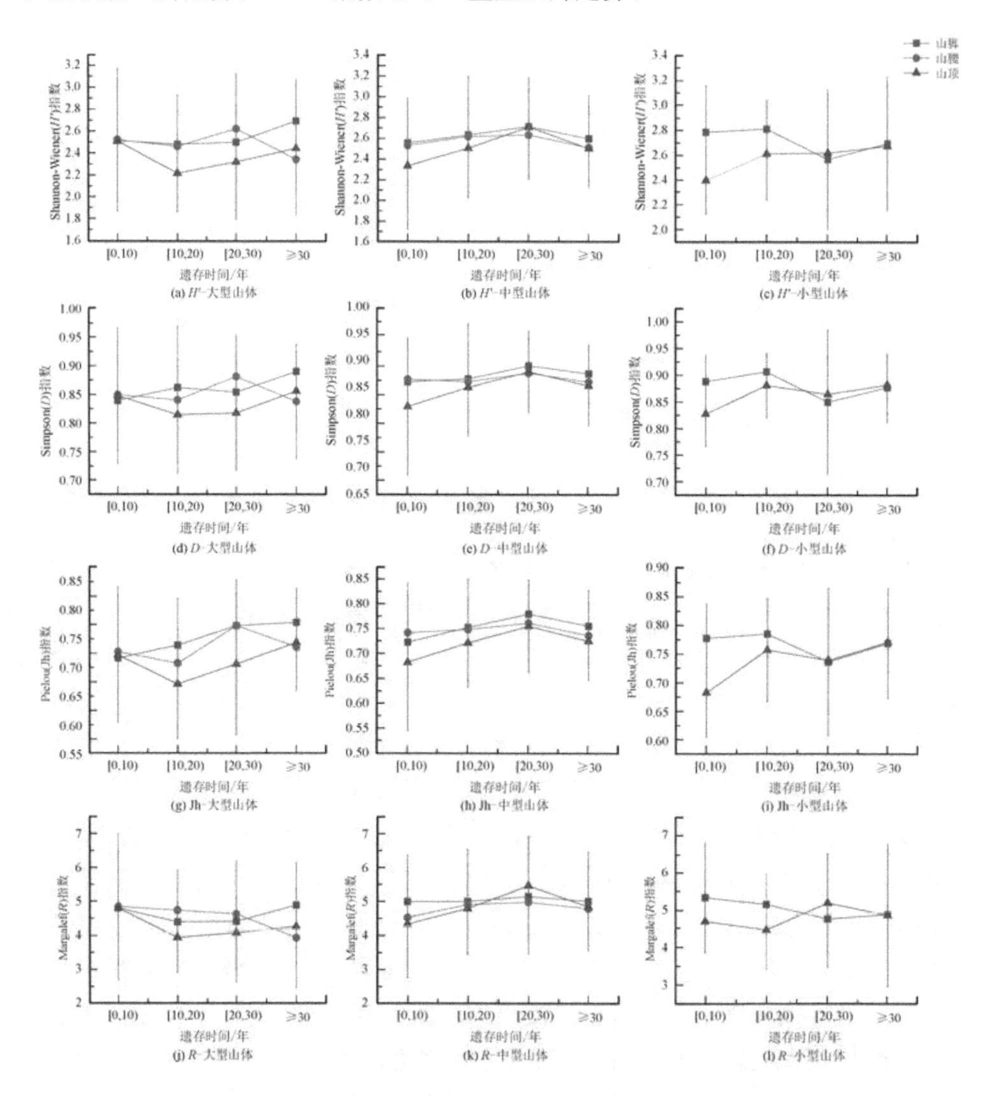

图 8-25　不同规模山体在各遗存时段中各坡位草本层物种多样性指数随时间的变化

图 8-26 为对各遗存时段内不同规模城市遗存山体各坡位样地群落草本层物种多样性方差分析结果。遗存时间[0,10)年的山体中,各坡位草本层物种多样性

指数均不存在山体规模间的差异显著性。遗存时间在[10,20)年的山体中，山顶处 4 个多样性指数均存在山体规模上的差异显著性，都表现为大型城市遗存山体显著最低；山脚处各指数均无山体规模上的差异显著性。遗存时间[20,30)年的山体中，山顶处，Margalef 指数(R)、Simpson 指数(D)和 Shannon-Wiener 指数(H')存在山体规模上的差异显著性，均表现为大型遗存山体显著最低；山脚处，各指数均无山体规模上的差异显著性。遗存时间≥30 年的山体中，山顶和山脚处的物种多样性各指标均不存在山体规模上的差异显著性。

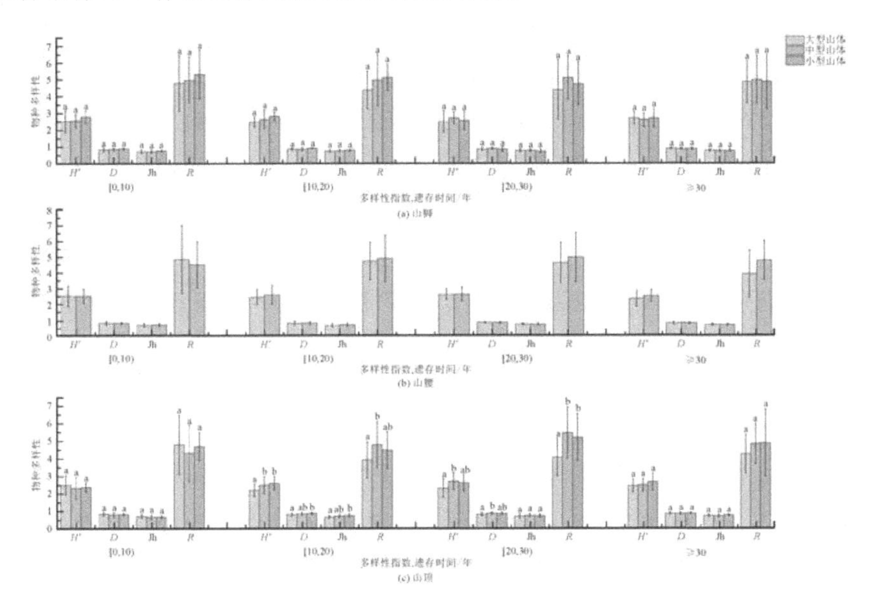

图 8 - 26　不同时段入城的各规模山体在各坡位的草本层物种多样性指数差异性分析

8.6　本章小结

8.6.1　城市遗存山体集合群落植物物种多样性的时间响应

以整体城市遗存山体为集合群落，其各层次植物物种多样性随山体在城市建设环境中遗存时间的增加，表现出一定的响应规律。总体而言，城市遗存山体在城市人工环境中，其植物物种多样性表现出一定时间段的增长趋势，这可能跟城市环境中快速的物质流动和频繁的人工干扰有一定的关系。但不同规模的城市遗存山体总体物种多样性在时间尺度上的效应，存在一定的差异。遗存时间越长的小型城市遗存山体，其总体植物物种多样性越高；中型城市遗存山体在遗存时间[20,

30)的大多数山体中,总体植物物种多样性最高;大型城市遗存山体也存在遗存时间越长总体植物物种多样性越高的现象。集合群落乔木层物种多样性随遗存时间变化,在大型城市遗存山体中表现出先上升后下降的时间效应,但在小型和中型城市遗存山体中时间效应不明显。集合群落灌木层物种多样性在城市建成环境中也表现出了明显的时间效应,小型和中型城市遗存山体都表现为随遗存时间增加,灌木层物种多样性先升后降,大型城市遗存山体随遗存时间的增加呈持续降低的趋势。集合群落草本层物种多样性响应城市化的时间效应最为敏感,不同规模的山体中,物种多样性随遗存时间增加变化的趋势不同,小型和大型城市遗存山体均表现出先下降后上升的变化规律,中型城市遗存山体则表现出先上升后下降的变化趋势。另外,城市遗存山体集合群落各层次植物物种多样性响应城市化的时间整体而言,大型山体及小型山体的每种生活型植物随遗存时间变化的时间响应趋势均不一致,草本层的响应时间相对较短,乔木层、灌木层大多在遗存时间超过 20 年以后有较为明显的变化。部分植物物种多样性指数对遗存时间的响应存在山体规模上的差异显著性,普遍表现为大型城市遗存山体植物物种多样性显著最小。

8.6.2 城市遗存山体不同坡向样地群落植物物种多样性的时间响应

城市遗存山体各坡向本身因光环境差异,在植物群落物种组成上存在差异,被镶嵌入城市建成区后,山体周边建筑布局可能会改变各坡向的光环境,进而影响其植物群落生态过程。本章研究结果表明,总体植物东坡向小型城市遗存山体对遗存时间的响应比较敏感,其他坡向响应不显著。乔木层在 4 个坡向都有响应变化,其中小型和大型城市遗存山体响应变化更为剧烈一些。灌木层各物种多样性指数在大型和中型城市遗存山体各坡向均有明显的遗存时间效应,小型城市遗存山体的 Margalef 指数(R)和 Shannon-Wiener 指数(H')在各坡向的遗存时间响应显著,其他指数在东坡向的响应较为明显。草本层 Margalef 指数(R)在小型城市遗存山体 4 个坡向均有明显的遗存时间响应,在中型和大型城市遗存山体的东坡、南坡和西坡响应明显;Simpson 指数(D)在小型城市遗存山体的东坡和北坡,中型城市遗存山体的南坡、西坡和北坡,以及大型城市遗存山体的西坡,遗存时间响应明显;Shannon-Wiener 指数(H')在小型城市遗存山体和各坡向、中型城市遗存山体的南坡和西坡、大型城市遗存山体的东坡和西坡有明显的遗存时间响应;Pielou 指数(Jh)在小型城市遗存山体的各坡向、中型城市遗存山体的南坡和西坡、大型城市遗存山体的各坡向表现出明显的遗存时间响应。

8.6.3　城市遗存山体不同坡位样地群落植物物种多样性的时间响应

城市遗存山体不同坡位样地群落植物物种多样性的时间效应差异较为明显。总体植物物种多样性各指数在山顶、山腰和山脚处，各规模山体均有显著响应。乔木层各物种多样性指数各坡位所有山体中也表现出遗存时间上的响应规律。灌木层 Margalef 指数(R)在小型和中型城市遗存山体的山顶处、小型城市遗存山体的山脚处、中型和大型城市遗存山体的山腰处，随遗存时间的响应更为剧烈；在大型城市遗存山体的山顶处、大型和中型城市遗存山体的山脚处响应较弱。Simpson 指数(D)在各规模城市遗存山体的山顶处、小型城市遗存山体的山脚处和大型城市遗存山体的山腰处遗存时间效应较明显；Shannon-Wiener 指数(H')在小型城市遗存山体的山顶与山脚处、中型和大型城市遗存山体的山顶和山腰处，有显著的遗存时间效应；Pielou 指数(Jh)在小型城市遗存山体的山顶处、中型城市遗存山体的山脚处和大型城市遗存山体的各坡位，表现出显著的时间效应。草本层 Margalef 指数(R)在中型城市遗存山体的山顶处、大型城市遗存山体的山顶和山腰处，遗存时间效应更显著；Simpson 指数(D)和 Shannon-Wiener 指数(H')在小型城市遗存山体的山顶和山脚处、中型城市遗存山体的山顶处和大型城市遗存山体各坡位，有显著的遗存时间效应；Pielou 指数(Jh)除在中型城市遗存山体的山腰处外，在其他各规模山体的不同坡位处，均表现出遗存时间效应。

参 考 文 献

艾佛士,1981. 国际山地学会介绍[J]. 地理学报(02):234.

安明态,2019. 喀斯特森林土壤水分和养分格局及其植物物种多样性维持机制研究[D]. 贵阳:贵州大学.

白净,2009. 基于形数的单株立木材积测定方法的研究[D]. 北京:北京林业大学.

陈芙蓉,程积民,刘伟,等,2013. 不同干扰对黄土区典型草原物种多样性和生物量的影响[J]. 生态学报,33(09):2856-2866.

程红梅,田锴,田兴军,2015. 大蜀山孤岛状山体植被演替阶段物种多样性变化规律[J]. 生态学杂志,34(7):1830-1837.

范夫静,宋同清,黄国勤,等,2014. 西南峡谷型喀斯特坡地土壤养分的空间变异特征[J]. 应用生态学报,25(01):92-98.

范小晨,代存芳,陆欣鑫,等,2018. 金河湾城市湿地浮游植物功能类群演替及驱动因子[J]. 生态学报,38(16):5726-5738.

冯舒,孙然好,陈利顶,2018. 基于土地利用格局变化的北京市生境质量时空演变研究[J]. 生态学报,38(12):4167-4179.

高贤明,马克平,黄建辉,等,1998. 北京东灵山地区植物群落多样性的研究Ⅺ. 山地草甸 β 多样性[J]. 生态学报,18(01):26-34.

耿甜伟,毛雅倩,李九全,等,2019. 西安城市扩展时空特征及驱动机制[J]. 经济地理,39(10):62-70.

韩会庆,刘悦,蔡广鹏,等,2020. 快速城镇化背景下山地城市生态系统服务价值变化梯度特征:以贵阳市为例[J]. 水土保持研究,27(5):295-303.

韩美荣,宋同清,彭晚霞,等,2012. 喀斯特峰丛洼地土壤矿物质的组成特征与作用[J]. 应用生态学报,23(03):685-693.

黄光宇,2002. 山地城市学[M]. 北京:中国建筑工业出版社.

黄光宇,2005. 山地城市空间结构的生态学思考[J]. 城市规划(01):57-63.

黄光宇,1998. 山地人居环境的可持续发展[J]. 时代建筑(01):70-71.

贾真真,李苇洁,田奥,等,2021. 贵州百里杜鹃风景区旅游干扰对杜鹃群落特征的影响[J]. 生态学报,41(11):4641-4649.

蒋裕良,蒙涛,许为斌,等,2021. 喀斯特山顶区域濒危裸子植物群落特征及其地形关联[J]. 生态学报 (05):1-10.

克罗基乌斯,1982. 城市与地形[M]. 钱治国,王进益,常连贵,等译. 北京:中国建筑工业出版社.

李睿,王志泰,包玉,2020. 快速城市化背景下黔中多山城市扩展模式及景观格局动态:以安顺市为例[J]. 水土保持研究,27(04):376-384,391.

李威,周梅,赵鹏武,等,2020. 大兴安岭东麓火烧迹地恢复初期植被特征[J]. 东北林业大学学报,48(01):51-55.

梁玉华,张军以,樊云龙,2013. 喀斯特生态系统退化诊断特征及风险评价研究:以毕节石漠化为例[J]. 水土保持研究,20(01):240-245.

刘灿然,陈灵芝,2000. 北京地区植被景观中斑块形状的指数分析[J]. 生态学报,20(4):559-567.

刘旻霞,南笑宁,张国娟,等,2021. 高寒草甸不同坡向植物群落物种多样性与功能多样性的关系[J]. 生态学报,41(13):5398-5407.

刘仙萍,丁力行,2016. 建筑体形系数对节能效果的影响分析[J]. 湖南科技大学学报(自然科学版),21(02):25-28.

楼倩,2016. 鄱阳湖湿地植被群落 β-多样性格局[D]. 南昌:南昌大学.

栾庆祖,李波,叶彩华,等. 2019. 北京市三维景观格局的局地气象环境影响初探[J]. 生态环境学报,28(3):514-522.

雒占福,李兰,高旭,等,2021. 基于生态城市理念的兰州:西宁城市群高质量发展与生态环境耦合协调研究[J]. 水土保持研究,28(02):276-284.

马克明,张洁瑜,郭旭东,等,2002. 农业景观中山体的植物多样性分布:地形和土地利用的综合影响[J]. 植物生态学报(05):575-588.

马克平,黄建辉,于顺利,等,1995. 北京东灵山地区植物群落多样性的研究Ⅱ丰富度、均匀度和物种多样性指数[J]. 生态学报,15(3):268-277.

毛凯,2020. 重庆都市区空间扩展及其效率研究[D]. 重庆:西南大学.

毛齐正,马克明,邬建国,等,2013. 城市生物多样性分布格局研究进展[J]. 生态学报,33(04):1051-1064.

欧惠,戴文远,黄万里,等,2020. 盆地型城市建设用地扩展与空间形态演变:以福州市中心城区为例[J]. 地域研究与开发,39(03): 70－75.
裴广廷,孙建飞,贺同鑫,等,2021. 长期人为干扰对桂西北喀斯特草地土壤微生物多样性及群落结构的影响[J]. 植物生态学报,45(01): 74－84.
彭羽,王玟涛,卢奕曈,等,2020. 城市化景观格局对本土植物多样性的多尺度影响:以北京市顺义区为例[J]. 应用生态学报,31(12):4058－4066.
戚书玮,陈奇伯,杨波,等,2022. 计划烧除对云南松林群落结构及物种多样性影响研究[J]. 河南理工大学学报(自然科学版),41(04): 80－88.
史北祥,杨俊宴,2019. 基于GIS平台的大尺度空间形态分析方法:以特大城市中心区高度、密度和强度为例[J]. 国际城市规划,34(02): 111－117.
宋同清,彭晚霞,曾馥平,等,2009. 喀斯特木论自然保护区旱季土壤水分的空间异质性[J]. 应用生态学报,20(01): 98－104.
宋艳暾,史志华,余世孝,2010. 城市化对绿地植物组成特征的影响:以深圳为例[J]. 生态环境学报(03): 615－620.
汤娜,王志泰,2021. 黔中城市喀斯特山体遗存植物群落公园化利用响应[J]. 生态学报,41(08): 3033－3052.
田慧霞,李钧敏,毕润成,等,2017. 山西太岳山白桦种群结构和空间分布格局[J]. 生态学杂志,36(1): 1－10.
田志慧,蔡北溟,达良俊,2011. 城市化进程中上海植被的多样性、空间格局和动态响应(Ⅷ):上海乡土陆生草本植物分布特征及其在城市绿化中的应用前景[J]. 华东师范大学学报(自然科学版)(04): 24－34.
汪昭兵,杨永春,2008. 探析城市规划引导下山地城市空间拓展的主导模式[J]. 山地学报(06): 652－664.
王洁晶,汪芳,刘锐,2012. 基于空间句法的城市形态对比研究[J]. 规划师,28(06): 96－101.
王金旺,魏馨,陈秋夏,等,2017. 温州沿海小型海岛植物丰富度和β多样性及其影响因子[J]. 生态学报,37(02): 523－540.
王世杰,张信宝,白晓永,2015. 中国南方喀斯特地貌分区纲要[J]. 山地学报,33(6): 641－648.
王应刚,梁炜,张婷,等,2015. 晋中盆地不同土地利用类型的植物多样性[J]. 生态学杂,34(11): 2995－3001.
邬建国,2007. 景观生态学:格局、过程、尺度与等级[M]. 2版. 北京:高等教育出版社.

吴勇,2012. 山地城镇空间结构演变研究[D]. 重庆:重庆大学.

希列尔,盛强,2014. 空间句法的发展现状与未来[J]. 建筑学报(08):60-65.

向杏信,黄宗胜,王志泰,2021. 喀斯特多山城市空间形态结构与植物群落物种多样性的耦合关系:以安顺市为例[J]. 生态学报,41(02):575-587.

向杏信,2020. 城市遗存自然山体植物群落特征研究[D]. 贵阳:贵州大学.

邢龙,王志泰,涂燕茹,2021. 黔中喀斯特城市遗存自然山体景观格局时空演变:以安顺市为例[J]. 生态学报,41(4):1291-1302.

徐海鹏,于成,舒朝成,等,2019. 高原鼠兔干扰对高寒草甸植物群落多样性和稳定性的影响[J]. 草业学报,28(05):90-99.

徐慧芳,宋同清,黄国勤,等,2014. 喀斯特峰丛洼地区坡地不同土地利用方式下土壤水分的时空变异特征[J]. 生态学报,34(18):5311-5319.

徐银凤,汪德根,沙梦雨,2019. 双维视角下苏州城市空间形态演变及影响机理[J]. 经济地理,39(04):75-84.

杨晓平,王萍,李晓峰,等,2019. 地形坡度和高程变异系数在识别墨脱活动断裂带中的应用[J]. 地震地质,41(02):419-435.

虞思逸,2020. 城市三维空间形态对人居环境影响的测度与评价研究[D]. 上海:华东师范大学.

张坤,肖燕,何振芳,等,2020. 基于SRTM DEM的祁连山自然保护区地形特征研究[J]. 干旱区地理,43(06):1559-1566.

张荣祖,1983. 国际山地综合研究的进展[J]. 山地研究(01):48-59.

赵海霞,江源,刘全儒,2002. 城市土地利用对植被特征影响的研究[J]. 地球科学进展(02):247-253.

郑林昌,任肖妮,韩星,2021. 京津冀地区城市地表因素对灰霾污染的影响[J]. 环境工程技术学报,11(01):14-22.

郑莘,林琳,2002. 1990年以来国内城市形态研究述评[J]. 城市规划(07):59-64,92.

中泰,1983. 国际山地综合开发中心建立[J]. 山地研究(04):30.

朱东国,谢炳庚,熊鹏,2017. 基于三维景观格局指数的张家界市土地利用格局时空演化[J]. 经济地理,37(8):168-175.

祖元刚,1990. 能量生态学引论[M]. 长春:吉林科学技术出版社.

ALALOUCH C,AL-HAJRI S,NASER A,et al,2019. The impact of space syntax spatial attributes on urban land use in Muscat: implications for urban sustainability[J]. Sustainable Cities and Society(46): 101417.

ALVEY A A,2006. Promoting and preserving biodiversity in the urban forest [J]. Urban Forestry & Urban Greening,5 (4): 195 - 201.

ARELLANO-RIVAS A,DE-NOVA J A,MUNGUÍA-ROSAS M A,2016. Patch isolation and shape predict plant functional diversity in a naturally fragmented forest[J]. Journal of Plant Ecology,11(1): 136 - 146.

ARONSON M F J,LA SORTE F A,NILON C H,et al,2014. A global analysis of the impacts of urbanization on bird and plant diversity reveals key anthropogenic drivers[J]. Proceedings of the Royal Society B: Biological Sciences,281 (1780): 2013 - 2019.

ARONSON M F J,LA SORTE F A,NILON C H,et al,2014. A global analysis of the impacts of urbanization on bird and plant diversity reveals key anthropogenic drivers [J]. Proceedings of the Royal Society B: Biological Sciences (281):1780 - 1790.

ARONSON M F J,NILON C H,LEPCZYK C A,et al,2016. Hierarchical filters determine community assembly of urban species pools[J]. Ecology,97(11): 2952 - 2963.

ARTEAGA M A,DELGADO J D,OTTO R,et al,2008. How do alien plants distribute along roads on oceanic islands? a case study in Tenerife,Canary Islands[J]. Biological Invasions,11(4): 1071 - 1086.

BENDER D J,CONTRERAS T A,FAHRIG L,1998. Habitat loss and population decline: a meta-analysis of the patch size effect[J]. Ecology,79(2): 517 - 533.

BERTHON K,THOMAS F,BEKESSY S,2021. The role of "nativeness" in urban greening to support animal biodiversity[J]. Landscape and Urban Planning(205): 103959.

BIGSBY K M,MCHALE M R,HESS G R,2014. Urban morphology drives the homogenization of tree cover in baltimore,MD,and Raleigh,NC[J]. Ecosystems,17(2): 212 - 227.

BISWAS S R,MALLIK A U,2010. Disturbance effects on species diversity and functional diversity in riparian and upland plant communities[J]. Ecology,91(1): 28 - 35.

BLOIS J L,WILLIAMS J W,FITZPATRICK M C,et al,2013. Space can substitute for time in predicting climate-change effects on biodiversity[J]. Proceedings of the National Academy of Sciences,110(23): 9374 - 9379.

BREUSTE J,NIEMELÄ J,SNEP R P H,2008. Applying landscape ecological principles in urban environments[J]. Landscape Ecology,23(10): 1139 - 1142.

BROCKERHOFF E G,BARBARO L,CASTAGNEYROL B,et al,2017. Forest biodiversity,ecosystem functioning and the provision of ecosystem services[J]. Biodiversity and Conservation,26(13): 3005 - 3035.

BRUNBJERG A K,HALE J D,BATES A J,et al,2018. Can patterns of urban biodiversity be predicted using simple measures of green infrastructure? [J]. Urban Forestry & Urban Greening(32): 143 - 153.

CARLTON J,RUIZ G,2005. Vector science and integrated vector management in bioinvasion ecology: conceptual frameworks[J]. Invasive Alien Species: A New Synthesis(1): 36 - 58.

CARREIRO M M,TRIPLER C E,2005. Forest remnants along urban-rural gradients: examining their potential for global change research[J]. Ecosystems,8(5): 568 - 582.

CASPERSEN O H,OLAFSSON A S,2010. Recreational mapping and planning for enlargement of the green structure in greater Copenhagen[J]. Urban Forestry & Urban Greening,9(2): 101 - 112.

CHARALAMBOUS N,GEDDES I,CHRISTOU N,2014. Space syntax-assessing multiple urban developments in Limassol-from a traffic place to a people place[J]. Transport,31(45): 46 - 60.

CHEN A,YAO L,SUN R,et al,2014. How many metrics are required to identify the effects of the landscape pattern on land surface temperature? [J]. Ecological Indicators(45): 424 - 433.

CHEN X,WANG Z,BAO Y,2021. Cool island effects of urban remnant natural mountains for cooling communities: a case study of Guiyang,China[J]. Sustainable Cities and Society(71): 102983.

CHIMAIMBA F B,KAFUMBATA D,CHANYENGA T,et al,2020. Urban tree species composition and diversity in ZOMBA city,MALAWI: does land use type matter? [J]. Urban Forestry & Urban Greening(54): 126781.

CHRISTIAN K,司建华,2004. 山区生物多样性及其原因与功能[J]. AMBIO-人类环境杂志(Z1): 11-17.

CONCEPCIÓN E D,MORETTI M,ALTERMATT F,et al,2015. Impacts of urbanisation on biodiversity: the role of species mobility,degree of specialisation and spatial scale[J]. Oikos,124(12): 1571-1582.

COUSINS S A O,AGGEMYR E,2008. The influence of field shape,area and surrounding landscape on plant species richness in grazed exfields[J]. Biological Conservation,141(1): 126-135.

DAMSCHEN E I,BRUDVIG L A,HADDAD N M,et al,2008. The movement ecology and dynamics of plant communities in fragmented landscapes[J]. Proceedings of the National Academy of Sciences,105(49): 19078-19083.

DAVIES R G,ORME C D L,STORCH D,et al,2007. Topography,energy and the global distribution of bird species richness[J]. Proceedings: Biological Sciences,274(1614): 1189-1197.

DE SANCTIS M,ALFÒ M,ATTORRE F,et al,2010. Effects of habitat configuration and quality on species richness and distribution in fragmented forest patches near Rome[J]. Journal of Vegetation Science,21(1):55-65.

DESYLAS J,DUXBURY E,2001. Axial maps and visibility graph analysis: a comparison of their methodology and use in models of urban pedestrian movement[C]. London: International Symposium on Space Syntax.

EHRLICH D,MELCHIORRI M,CAPITANI C,2021. Population trends and urbanisation in mountain ranges of the world[J]. Land,10(3): 255.

ESBAH H,COOK E A,EWAN J,2009. Effects of increasing urbanization on the ecological integrity of open space preserves[J]. Environmental Management,43(5): 846-862.

EVANS K L,NEWSON S E,STORCH D,et al,2008. Spatial scale,abundance and the species-energy relationship in British birds[J]. Journal of Animal Ecology,77(2):395 - 405.

FAHRIG L,2003. Effects of habitat fragmentation on biodiversity[J]. Annual Review of Ecology Evolution and Systematics(34): 487 - 515.

FAHRIG L,2017. Ecological responses to habitat fragmentation per se[J]. Annual Review of Ecology,Evolution,and Systematics,48(1): 1 - 23.

FAHRIG L,2003. Effects of habitat fragmentation on biodiversity[J]. Annual Review of Ecology Evolution and Systematics(34): 487 - 515.

FAHRIG L,2020. Why do several small patches hold more species than few large patches? [J]. Global Ecology and Biogeography,29(4): 615 - 628.

FAN C,JOHNSTON M,DARLING L,et al,2019. Land use and socio-economic determinants of urban forest structure and diversity[J]. Landscape and Urban Planning(181): 10 - 21.

FERNÁNDEZ I C,WU J G,SIMONETTI J A,2019. The urban matrix matters: quantifying the effects of surrounding urban vegetation on natural habitat remnants in Santiago de Chile[J]. Landscape and Urban Planning(187): 181 - 190.

FLEMING T H,2010. The theory of island biogeography at age 40[J]. Evolution,64(12): 3649 - 3651.

FLETCHER R J,DIDHAM R K,BANKS-LEITE C,et al,2018. Is habitat fragmentation good for biodiversity[J]? Biological Conservation(226): 9 - 15.

FORMAN R T, ALEXANDER L E, 1998. Roads and their major ecological effects[J]. Annual Review of Ecology and Systematics,29(1): 207 - 231.

FRASCONI W C,NUNES A,VERBLE R,et al,2020. Using a space-for-time approach to select the best biodiversity-based indicators to assess the effects of aridity on Mediterranean drylands[J]. Ecological Indicators(113): 106250.

FRYIRS K,BRIERLEY G J,ERSKINE W D,2012. Use of ergodic reasoning to reconstruct the historical range of variability and evolutionary trajectory of rivers[J]. Earth Surface Processes and Landforms,37(7): 763 - 773.

GATRELL A C,1985. The social logic of space[J]. Progress in Physical Geography,9(3): 468 - 469.

GRIFFITHS G H,1998. Land mosaics: the ecology of landscapes and regions [J]. Applied Geography,18(1): 98 - 99.

GROFFMAN P M, BARON J S, BLETT T, et al, 2006. Ecological thresholds: the key to successful environmental management or an important concept with no practical application? [J]. Ecosystems, 9(1): 1 - 13.

GROVE J M, TROY A R, O'NEIL-DUNNE J P M, et al, 2006. Characterization of households and its implications for the vegetation of urban ecosystems[J]. Ecosystems, 9(4): 578 - 597.

GUILLEN-CRUZ G, RODRÍGUEZ-SÁNCHEZ A L, FERNÁNDEZ-LUQUEÑO F, et al, 2021. Influence of vegetation type on the ecosystem services provided by urban green areas in an arid zone of northern Mexico[J]. Urban Forestry & Urban Greening(62): 127135.

GUIRADO M, PINO J, RODÀ F, 2006. Under storey plant species richness and composition in metropolitan forest archipelagos: effects of forest size, adjacent land use and distance to the edge[J]. Global Ecology and Biogeography, 15 (1): 50 - 62.

HADDAD N M, BRUDVIG L A, CLOBERT J, et al, 2015. Habitat fragmentation and its lasting impact on Earth's ecosystems[J]. Science Advances, 1(2): 1500052.

HAHS A K, MCDONNELL M J, MCCARTHY M A, et al, 2010. A global synthesis of plant extinction rates in urban areas[J]. Ecology Letters, 12(11): 1165 - 1173.

HAN Y, KANG W, THORNE J, et al, 2019. Modeling the effects of landscape patterns of current forests on the habitat quality of historical remnants in a highly urbanized area[J]. Urban Forestry & Urban Greening(41): 354 - 363.

HANSEN R, OLAFSSON A S, VAN DER JAGT A P N, et al, 2017. Planning multifunctional green infrastructure for compact cities: what is the state of practice? [J]. Ecological Indicators(96): 99 - 110.

HEILMAN G E, STRITTHOLT J R, SLOSSER N C, et al, 2002. Forest fragmentation of the conterminous United States: assessing forest intactness through road density and spatial characteristics [J]. Bioscience, 52 (5): 411 - 422.

HERNANDEZ-STEFANONI J L, 2006. The role of landscape patterns of habitat types on plant species diversity of a tropical forest in Mexico[J]. Biodiversity and Conservation,15(4): 1441 - 1457.

HILLIER B,LEAMAN A,STANSALL P,et al,1976. Space syntax[J]. Environment and Planning B: Planning and Design,3(2): 147 - 185.

HILLIER B,PENN A,HANSON J,et al,1993. Natural movement: or,confguration and attraction in urban pedestrian movement[J]. Environment and Planning B: Planning and Design,20(1): 29 - 66.

HILLIER B,1996. Cities as movement economies[J]. Urban Design International, 1(1): 41 - 60.

HOBBS R J,YATES C J,2003. Turner review no. 7. impacts of ecosystem fragmentation on plant populations: generalising the idiosyncratic[J]. Australian Journal of Botany,51(5): 471 - 488.

HOPE D,GRIES C,ZHU W,et al,2003. Socioeconomics drive urban plant diversity [J]. Proceedings of the National Academy of Sciences,100(15): 8788 - 8792.

HUANG X,TANG G,ZHU T,et al,2019. Space-for-time substitution in geomorphology[J]. Journal of Geographical Sciences,29(10): 1670 - 1680.

JAKIMAVIČIUS M,MAČERINSKIENE A,2006. A GIS-based modelling of vehicles rational routes[J]. Journal of Civil Engineering and Management, 12 (4): 303 - 309.

JIANG B,WANG J H,SHANG J,et al,2016. Characters and species diversity of Torreya fargesii Franch. community in the Jinfo mountains[J]. Journal of Landscape Research,8(2): 71 - 74.

KATZ N, SCHARF I, 2018. Habitat geometry and limited perceptual range affect habitat choice of a trap-building predator[J]. Behavioral Ecology,29(4): 958 - 964.

KINZIG A P,WARREN P,MARTIN C,et al,2005. The effects of human socioeconomic status and cultural characteristics on urban patterns of biodiversity [J]. Ecology and Society,10 (1): 23.

KONG N, WANG Z, 2022. Response of plant diversity of urban remnant mountains to surrounding urban spatial morphology: a case study in Guiyang of Guizhou Province,China[J]. Urban Ecosystems,25(2): 437 - 452.

KÖRNER C,PAULSEN J,SPEHN E M,2011. A definition of mountains and their bioclimatic belts for global comparisons of biodiversity data [J]. Alpine Botany,121(2): 73 - 78.

KÖRNER C,URBACH D,PAULSEN J,2021. Mountain definitions and their consequences[J]. Alpine Botany,131(2): 213 - 217.

KOWARIK I,VON DER LIPPE M,2018. Plant population success across urban ecosystems: a framework to inform biodiversity conservation in cities[J]. Journal of Applied Ecology,55(5): 2354 - 2361.

KOWARIK I,VON DER LIPPE M,2018. Plant population success across urban ecosystems: a framework to inform biodiversity conservation in cities[J]. Journal of Applied Ecology(55):2354 - 2361.

KOWARIK I,2008. On the role of alien species in urban flora and vegetation[J]. Urban Ecology(15) :321 - 338.

KÜHN I,BRANDL R,KLOTZ S,2004. The flora of German cities is naturally species rich[J]. Evolutionary Ecology Research,6(5): 749 - 764.

KURAS E R,WARREN P S,ZINDA J A,et al,2020. Urban socioeconomic inequality and biodiversity often converge,but not always: a global meta-analysis [J]. Landscape and Urban Planning(198): 103799.

LAURANCE W F,2009. Beyond island biogeography theory[J]. The Theory of Island Biogeography Revisited(17):214 - 236.

LESTER R E,CLOSE P G,BARTON J L,et al,2014. Predicting the likely response of data-poor ecosystems to climate change using space-for-time substitution across domains[J]. Global Change Biology,20(11): 3471 - 3481.

LI H,LIU Y,ZHANG H,et al,2021. Urban morphology in China: dataset development and spatial pattern characterization[J]. Sustainable Cities and Society(71): 102981.

LI X,JIA B,ZHANG W,et al,2020. Woody plant diversity spatial patterns and the effects of urbanization in Beijing,China[J]. Urban Forestry & Urban Greening(56):158 - 164.

LIIRA J,JURJENDAL I,PAAL J,2014. Do forest plants conform to the theory of island biogeography: the case study of bog islands[J]. Biodiversity and Conservation,23(4): 1019 - 1039.

LIU C,YU R,2012. Spatial accessibility of road network in wuhan metropolitan area based on spatial syntax[J]. Journal of Geographic Information System, 04 (02): 128 - 135.

LIU X, LI Z, LIAO C, et al, 2015. The development of ecological impact assessment in China[J]. Environment International(85): 46 - 53.

LIU Y, YUE W, FAN P, et al, 2017. Assessing the urban environmental quality of mountainous cities: a case study in Chongqing, China[J]. Ecological Indicators(81): 132 - 145.

LUCK G W, SMALLBONE L T, O'BRIEN R, 2009. Socio-economics and vegetation change in urban ecosystems: patterns in space and time[J]. Ecosystems, 12 (4): 604 - 620.

LUCK M, WU J, 2002. A gradient analysis of urban landscape pattern: a case study from the Phoenix metropolitan region, Arizona, USA [J]. Landscape Ecology, 17 (4): 327 - 339.

MA F, REN F, YUEN K F, et al, 2019. The spatial coupling effect between urban public transport and commercial complexes: a network centrality perspective [J]. Sustainable Cities and Society(50): 101645.

MACARTHUR R H, WILSON E O, 1967. The theory of island biogeography [M]. Princeton: Princeton University Press.

MALKINSON D, KOPEL D, WITTENBERG L, 2018. From rural-urban gradients to patch-matrix frameworks: plant diversity patterns in urban landscapes [J]. Landscape and Urban Planning(169): 260 - 268.

MANSOUR S, AL-BELUSHI M, AL-AWADHI T, 2020. Monitoring land use and land cover changes in the mountainous cities of Oman using GIS and CA-Markov modelling techniques[J]. Land Use Policy(91): 104414.

MATTHEWS T J, STEINBAUER M J, TZIRKALLI E, et al, 2014. Thresholds and the species-area relationship: a synthetic analysis of habitat island datasets [J]. Journal of Biogeography, 41(05): 1018 - 1028.

MCDONNELL M J, HAHS A K, 2008. The use of gradient analysis studies in advancing our understanding of the ecology of urbanizing landscapes: current status and future directions[J]. Landscape Ecology, 23 (10): 1143 - 1155.

MCKINNEY M L, 2006. Urbanization as a major cause of biotic homogenization [J]. Biological Conservation, 127(3): 247 - 260.

MCKINNEY M L,2008. Effects of urbanization on species richness: a review of plants and animals[J]. Urban Ecosystems,11(2) : 161 - 176.

MENSING D M, GALATOWITSCH S M, TESTER J R, 1998. Anthropogenic effects on the biodiversity of riparian wetlands of a northern temperate landscape[J]. Journal of Environmental Management,53(4): 349 - 377.

MESSERLI B, VIVIROLI D, WEINGARTNER R, 2001. Comments: a new typology for mountains and other relief classes: an application to global continental water resources and population distribution[J]. Mountain Research and Development,21(3): 307 - 309.

MILLER J R, 2005. Biodiversity conservation and the extinction of experience [J]. Trends in Ecology & Evolution,20(8): 430 - 434.

MITCHELL M G E, BENNETT E M, GONZALEZ A, 2015. Strong and nonlinear effects of fragmentation on ecosystem service provision at multiple scales [J]. Environmental Research Letters,10(9): 94 - 114.

MOFFATT S F, MCLACHLAN S M, KENKEL N C, 2014. Impacts of land use on riparian forest along an urban-rural gradient in southern Manitoba[J]. Plant Ecology(174):119 - 135.

MÜLLER A, BØCHER P K, SVENNING J C, 2015. Where are the wilder parts of anthropogenic landscapes? a mapping case study for Denmark[J]. Landscape and Urban Planning(144): 90 - 102.

MUNGUÍA-ROSAS M A, JURADO-DZIB S G, MEZETA-COB C R, et al, 2014. Continuous forest has greater taxonomic, functional and phylogenetic plant diversity than an adjacent naturally fragmented forest[J]. Journal of Tropical Ecology,30(04): 323 - 333.

MURATET A, MACHON N, JIGUET F, et al, 2007. The role of urban structures in the distribution of wasteland flora in the greater paris area, France[J]. Ecosystems,10(4): 661 - 671.

NEWBOLD T, HUDSON L N , HILL S L L, et al, 2015. Global effects of land use on local terrestrial biodiversity[J]. Nature(520):45 - 50.

NIEMELÄ J, 1999. Ecology and urban planning[J]. Biodiversity and Conservation,8(1): 119 - 131.

NOWAK D J, GREENFIELD E J, 2012. Tree and impervious cover change in US cities[J]. Urban Forestry & Urban Greening,11(1): 21 - 30.

ØKLAND R H,BRATLI H,DRAMSTAD W E,et al,2006. Scale-dependent importance of environment,land use and landscape structure for species richness and composition of SE Norwegian modern agricultural landscapes[J]. Landscape Ecology,21(7): 969 - 987.

OMER I,2017. Effect of city form and sociospatial divisions on cognitive representation of an urban environment[J]. Journal of Urban Affairs,40(4): 560 - 575.

ORROCK J L,CURLER G R,DANIELSON B J,et al,2011. Large-scale experimental landscapes reveal distinctive effects of patch shape and connectivity on arthropod communities[J]. Landscape Ecology,26(10): 1361 - 1372.

PALMER G C,FITZSIMONS J A,ANTOS M J,et al,2008. Determinants of native avian richness in suburban remnant vegetation: implications for conservation planning[J]. Biological Conservation,141(9) : 2329 - 2341.

PAUDEL S,VETAAS O R,2014. Effects of topography and land use on woody plant species composition and beta diversity in an arid Trans-Himalayan landscape,Nepal[J]. Journal of Mountain Science,11(5): 1112 - 1122.

PENG Y,MI K,WANG H,et al,2019. Most suitable landscape patterns to preserve indigenous plant diversity affected by increasing urbanization: a case study of Shunyi District of Beijing,China[J]. Urban Forestry & Urban Greening(38): 33 - 41.

PICKETT S T A,1989. Space-for-time substitution as an alternative to long-term studies. In long-term studies in ecology[M]. New York:Springer.

PLANCHUELO G,KOWARIK I,VON DER LIPPE M,2020. Plant traits,biotopes and urbanization dynamics explain the survival of endangered urban plant populations[J]. Journal of Applied Ecology,57(8): 1581 - 1592.

POURREZAEI J,KHAJEDDIN S J,KARIMZADEH H,et al,2021. Effects of road features on the phytogeographical characteristics of plant species on natural-area roadsides[J]. Folia Geobotanica,55(4): 365 - 379.

RAMALHO C E,HOBBS R J,2012. Time for a change: dynamic urban ecology [J]. Trends in Ecology & Evolution,27(3): 179 - 188.

RAMALHO C E,LALIBERTÉ E,POOT P,et al,2014. Complex effects of fragmentation on remnant woodland plant communities of a rapidly urbanizing biodiversity hotspot[J]. Ecology,95(9): 2466 - 2478.

RAMALHO C E,LALIBERTE E,POOT P,et al,2018. Effects of fragmentation on the plant functional composition and diversity of remnant woodlands in a young and rapidly expanding city[J]. Journal of Vegetation Science,29(2): 285 - 296.

RAMALHO C E,LALIBERTÉ E,POOT P,et al,2014. Complex effects of fragmentation on remnant woodland plant communities of a rapidly urbanizing biodiversity hotspot[J]. Ecology,95(09): 2466 - 2478.

RANTA P,VILJANEN V,2011. Vascular plants along an urban-rural gradient in the city of Tampere,Finland[J]. Urban Ecosystems,14(3): 361 - 376.

RICHARD T T F,2017. 城市生态学:城市之科学[M]. 邬建国,刘志锋,黄甘霖,等译. 北京:高等教育出版社.

RUFFELL J,CLOUT M N,DIDHAM R K,2016. The matrix matters,but how should we manage it? estimating the amount of high-quality matrix required to maintain biodiversity in fragmented landscapes[J]. Ecography,40(1): 171 - 178.

SAMIA J,TEMME A,BREGT A,et al,2016. Do landslides follow landslides? insights in path dependency from a multi-temporal landslide inventory[J]. Landslides,14(2): 547 - 558.

SANTANA L D,PRADO J A,RIBEIRO J H C,et al,2021. Edge effects in forest patches surrounded by native grassland are also dependent on patch size and shape[J]. Forest Ecology and Management(482): 118842.

SCHLESINGER M D, MANLEY P N, HOLYOAK M, 2008. Distinguishing stressors acting on land bird communities in an urbanizing environment[J]. Ecology,89(8): 2302 - 2314.

SCHRADER J,MOELJONO S,KEPPEL G,et al,2019. Plants on small islands revisited: the effects of spatial scale and habitat quality on the species-area relationship[J]. Ecography(42): 1405 - 1414.

SHARMA C M,SUYAL S,GAIROLA S,et al,2009. Species richness and diversity along an altitudinal gradient in moist temperate forest of Garhwal Himalaya[J]. Journal of American Science,5(5): 119 - 128.

SHUAI L Y,REN C L,YAN W B,et al,2017. Different elevational patterns of rodent species richness between the southern and northern slopes of a mountain[J]. Scientific Reports,7(1): 1-12.

SILVA DE ARAÚJO M L V,BERNARD E,2015. Green remnants are hotspots for bat activity in a large Brazilian urban area[J]. Urban Ecosystems,19(1): 287-296.

SMITH B,MARK D M,2003. Do Mountains exist? towards an ontology of landforms[J]. Environment and Planning B: Planning and Design,30(3): 411-427.

SONNIER G,JAMONEAU A,DECOCQ G,2014. Evidence for a direct negative effect of habitat fragmentation on forest herb functional diversity[J]. Landscape Ecology,29(5): 857-866.

STEVENS J T,SAFFORD H D,HARRISON S,et al,2015. Forest disturbance accelerates thermophilization of understory plant communities[J]. Journal of Ecology,103(5): 1253-1263.

SUSHINSKY J R,RHODES J R,POSSINGHAM H P,et al,2012. How should we grow cities to minimize their biodiversity impacts? [J]. Global Change Biology,19(2): 401-410.

SWENSON N G,2011. The role of evolutionary processes in producing biodiversity patterns, and the interrelationships between taxonomic, functional and phylogenetic biodiversity[J]. American Journal of Botany,98(3): 472-480.

TRIANTIS K A,GUILHAUMON F,WHITTAKER R J,2011. The island species-area relationship: biology and statistics[J]. Journal of Biogeography,39(2): 215-231.

TROY A R, GROVE J M, O'NEIL-DUNNE J P M, et al, 2007. Predicting opportunities for greening and patterns of vegetation on private urban lands [J]. Environmental Management,40(3): 394-412.

TURNER K,LEFLER L,FREEDMAN B,2005. Plant communities of selected urbanized areas of Halifax, Nova Scotia, Canada[J]. Landscape and Urban Planning,71(2-4): 191-206.

VAKHLAMOVA T, RUSTERHOLZ H P, KANIBOLOTSKAYA Y, et al, 2014. Changes in plant diversity along an urban-rural gradient in an expanding city in Kazakhstan,Western Siberia[J]. Landscape and Urban Planning(132):

111 - 120.

VAKHLAMOVA T, RUSTERHOLZ H P, KANIBOLOTSKAYA Y, et al, 2016. Effects of road type and urbanization on the diversity and abundance of alien species in roadside verges in Western Siberia[J]. Plant Ecology, 217(3): 241 - 252.

VAN VLIET J, 2019. Direct and indirect loss of natural area from urban expansion[J]. Nature Sustainability, 2(8): 755 - 763.

VOLLSTÄDT M G R, FERGER S W, HEMP A, et al, 2017. Direct and indirect effects of climate, human disturbance and plant traits on avian functional diversity[J]. Global Ecology and Biogeography, 26(8): 963 - 972.

VON DER LIPPE M, KOWARIK I, 2007. Do cities export biodiversity? traffic as dispersal vector across urban-rural gradients[J]. Diversity and Distributions, 14(01): 18 - 25.

WALKER J S, GRIMM N B, BRIGGS J M, et al, 2009. Effects of urbanization on plant species diversity in central Arizona[J]. Frontiers in ecology and the environment, 7(9): 465 - 470.

WALZ U, 2015. Indicators to monitor the structural diversity of landscapes[J]. Ecological Modelling(295): 88 - 106.

WANG H F, MACGREGOR-FORS I, LOPEZ-PUJOL J, 2012. Warm-temperate, immense, and sprawling: plant diversity drivers in urban Beijing, China [J]. Plant Ecology, 213 (06): 967 - 992.

WANG H, MACGREGOR-FORS I, LOPEZ-PUJOL J, 2012. Warm-temperate, immense, and sprawling: plant diversity drivers in urban Beijing, China[J]. Plant Ecology(213): 967 - 992.

WANG M, LI J, KUANG S, et al, 2020. Plant diversity along the urban-rural gradient and its relationship with urbanization degree in Shanghai, China[J]. Forests, 11(02): 171.

WANG Y, CHEN C, MILLIEN V, 2010. A global synthesis of the small-island effect in habitat islands[J]. Proceedings of the Royal Society B: Biological Sciences, 285(1889): 20181868.

WEHN S, LUNDEMO S, HOLTEN J I, 2014. Alpine vegetation along multiple environmental gradients and possible consequences of climate change [J].

Alpine Botany,124(2): 155 - 164.

WRIGHT D H,1983. Species-energy theory: an extension of species-area theory [J]. Oikos,41(3): 496 - 506.

XU X,XIE Y,QI K,et al,2018. Detecting the response of bird communities and biodiversity to habitat loss and fragmentation due to urbanization[J]. Science of the Total Environment(624): 1561 - 1576.

YAMAURA Y,KAWAHARA T,LIDA S,et al,2008. Relative importance of the area and shape of patches to the diversity of multiple taxa[J]. Conservation Biology,22(6): 1513 - 1522.

YAMU C,VAN NES A,GARAU C,2021. Bill hillier's legacy: space syntax—a synopsis of basic concepts, measures, and empirical application[J]. Sustainability,13(6): 3394.

YAN Z,TENG M,WEI H,et al,2019. Impervious surface area is a key predictor for urban plant diversity in a city undergone rapid urbanization[J]. Science of the Total Environment(650): 335 - 342.

YANG J Y,YANG J,XING D Q,et al,2020. Impacts of the remnant sizes,forest types,and landscape patterns of surrounding areas on woody plant diversity of urban remnant forest patches[J]. Urban Ecosystems,24(02): 345 - 354.

YE X,WANG T,SKIDMORE A K,2013. Spatial pattern of habitat quality modulates population persistence in fragmented landscapes [J]. Ecological Research,28(6): 949 - 958.

YI Y,ZHAO Y,DING G,et al,2016. Effects of urbanization on landscape patterns in a mountainous area: a case study in the mentougou district,Beijing, China[J]. Sustainability,8(11): 1190.

YOUNGSTEADT E,DALE A G,TERANDO A J,et al,2014. Do cities simulate climate change? a comparison of herbivore response to urban and global warming[J]. Global Change Biology,21(1): 97 - 105.

ZEEMAN B J,MINDEN V,MORGAN J W,2018. Non-native plant cover and functional trait composition of urban temperate grasslands in relation to local-and landscape-scale road density[J]. Biological Invasions,20(10): 3025 - 3036.

ZHANG A,ZHENG S,DIDHAM R K,et al,2021. Nonlinear thresholds in the effects of island area on functional diversity in woody plant communities[J].

Journal of Ecology,109(5): 2177－2189.

ZHANG Q P,WANG J,GU H L,et al,2018. Effects of continuous slope gradient on the dominance characteristics of plant functional groups and plant diversity in alpine meadows[J]. Sustainability,10(12): 4805.

ZHAO C,WENG Q,HERSPERGER A M,2020. Characterizing the 3-D urban morphology transformation to understand urban-form dynamics: a case study of Austin,Texas,USA[J]. Landscape and Urban Planning(203): 103881.

ZITER C,BENNETT E M,GONZALEZ A,2013. Functional diversity and management mediate above ground carbon stocks in small forest fragments[J]. Ecosphere,4(7): 85.